U0234124

AutoCAD
工程制图实例教程

主　编　李　岩　范　荣

副主编　席那顺朝克图　李　慧　丛志茹

参　编　万其号　盖　磊　王少俊

　　　　刘耘硕　李桂庆

北京理工大学出版社

BEIJING INSTITUTE OF TECHNOLOGY PRESS

内 容 简 介

　　本书是双高专业群建设项目成果。本书共包含八个项目，采用项目导向、任务驱动的教学模式，将知识点融入具体任务中。基础项目（项目一、二、三）涵盖了 AutoCAD 基础知识和基本操作，均配有知识、能力及素质目标一览表，明确每个项目要求学生掌握的知识点，以及培养学生要达到的知识、能力以及素质目标。专业项目（项目四、五、六、七、八）均来自企业的真实案例，由本校教师和企业工程师联合编写，涵盖了机械工程、电气工程、通信工程和物联网工程四个专业领域，切实反映职业岗位能力标准和岗位需求。教材本着"知识够用"为原则，少课时下突出实际应用。每个项目后均配有拓展训练，以巩固、促进学生对项目所涉及知识点的掌握，同时方便课时弹性安排。

　　本书为校企联合编写的工程绘图类课程教材，可作为相关专业学生用书，也可作为成人教育、自学考试以及社会从业人员的参考书。

版权专有　侵权必究

图书在版编目（CIP）数据

AutoCAD 工程制图实例教程 / 李岩，范荣主编. --
北京：北京理工大学出版社，2022.12
　ISBN 978-7-5763-2024-4

Ⅰ．①A… Ⅱ．①李… ②范… Ⅲ．①工程制图–
AutoCAD 软件–教材　Ⅳ．①TB237

中国国家版本馆 CIP 数据核字（2023）第 004907 号

出版发行 / 北京理工大学出版社有限责任公司
社　　址 / 北京市海淀区中关村南大街 5 号
邮　　编 / 100081
电　　话 / （010）68914775（总编室）
　　　　　 （010）82562903（教材售后服务热线）
　　　　　 （010）68944723（其他图书服务热线）
网　　址 / http://www.bitpress.com.cn
经　　销 / 全国各地新华书店
印　　刷 / 河北盛世彩捷印刷有限公司
开　　本 / 787 毫米×1092 毫米　1/16
印　　张 / 23　　　　　　　　　　　　　　　　　　责任编辑 / 张鑫星
字　　数 / 507 千字　　　　　　　　　　　　　　　文案编辑 / 张鑫星
版　　次 / 2022 年 12 月第 1 版　2022 年 12 月第 1 次印刷　　责任校对 / 周瑞红
定　　价 / 99.00 元　　　　　　　　　　　　　　　责任印制 / 李志强

图书出现印装质量问题，请拨打售后服务热线，本社负责调换

前　言

以贯彻全国教育大会精神为指导，积极响应"职教 20 条"中关于"深化校企合作，推进产教融合"的号召，本教材以学生为根本，以服务为宗旨，以就业为导向，立足于专业人才培养方向和地区经济发展特点，对接职业岗位能力需求，引入企业真实案例，校企合作开发立体式教材，助力提高职业教育人才培养质量，提升职业院校社会服务能力。

本书共包含八个项目，项目一、二、三（项目一样板文件创建调用、项目二简单平面图样识读与绘制、项目三复杂平面图样识读与绘制）借助典型案例，介绍了 AutoCAD 基础知识和基本操作；专业项目均源于企业真实案例：项目四某 GTQ-1 型管子台虎钳零件图及装配图识读与绘制，以某 GTQ-1 型管子台虎钳为例，介绍了运用 AutoCAD 软件识读和绘制零件图及装配图的方法、步骤与技巧；项目五某酒店供水水泵变频风机控制系统二次原理图识读与绘制，以某酒店供水水泵变频风机控制系统二次原理图为载体，介绍了运用 AutoCAD 软件识读和绘制电气工程图的方法、步骤与技巧；项目六某学院教学实验楼综合布线建设工程图识读与绘制，以某学院教学实验楼综合布线建设工程图为例，介绍了运用 AutoCAD 软件识读绘制平面图和系统图的方法、步骤与技巧，并基于图纸讲解了统计项目所对应工程量表、编制概预算表的方法。项目七某高校移动通信 5G 基站建设工程图识读与绘制，以某高校移动通信 5G 基站建设工程图为载体，介绍了绘制 5G 基站机房设备平面布置图、5G 基站主设备面板图、5G 基站机房缆线布放路由图、5G 基站天馈线示意图以及 5G 基站概预算编制的方法、步骤及技巧；项目八某广场移动通信覆盖系统工程识读与绘制，介绍了移动通信覆盖系统规划、移动通信覆盖系统勘测、移动通信覆盖系统设计、通信工程概预算等相关知识以及识读绘制工程图纸的方法、步骤及技巧。每个项目均包含项目说明及任务划分、项目实施、项目总结及项目拓展四个板块，每个任务又包含任务描述、任务要求、学习内容、任务实施和相关知识点五个环节，工程项目都具有一定的独立性，均可作为项目一、二、三的进阶模块，满足不同专业的学习需求，又为 AutoCAD 软件交叉学科的学习和使用提供了方便。学分制教学管理模式下，本教材搭配在线开放课程资源，为学生跨专业选课提供了方便条件，尊重了学生的自主选择和专业爱好，拓宽了就业渠道。在"职业素养"、"拓展训练"和"拓展阅读"等多个环节融入"职业素养"、"工匠精神"等相关内容，在"润物细无声"中逐步实现精益求精精神、大国工匠精神和爱国主义精神等方面的培养教育。

本教材打破了大多教材只服务于单一专业的局限性，方便弹性安排教学学时，满足不同阶段使用者的需求。

前　言

　　内蒙古电子信息职业技术学院李岩教授负责全书的框架设计，具体分工为：李岩编写项目一、项目三任务 3.5、任务 3.6 和项目五；范荣编写项目二、项目三任务 3.7；席那顺朝克图编写项目三任务 3.1、任务 3.2 和项目四；李慧编写项目三任务 3.4、项目六和项目七；丛志茹编写项目三任务 3.3 和项目八。在本书的编写过程中，中国农业科学院内蒙古草原研究所草地机械研究室万其号助理研究员、内蒙古电力勘测设计院有限责任公司李桂庆高级工程师、内蒙古工业大学李卫国教授、丹佛斯自动控制管理（上海）有限公司盖磊工程师、呼和浩特市五环信元科技有限公司王少俊工程师、刘耘硕工程师在提供企业真实案例、指导制图过程和明确企业岗位能力要求等方面给于了大力支持，在此表示衷心的感谢！

　　鉴于编写的水平和时间有限，书中难免存在不足和缺陷，敬请读者批评指正。

编　者

目 录

目 录

目 录

项目一 样板文件的创建与调用

项目说明及任务划分

按项目要求创建符合条件的样板文件，并在此样板文件上，综合利用多种坐标点的输入方式，完成精准图形绘制。

本项目共分为以下 2 个任务：

任务 1.1 创建样板文件

任务 1.2 调用样板文件完成精准绘图

项目一学习目标及知识点如表 1-1 所示。

表 1-1 项目一学习目标及知识点

序号	类别	目标
1	知识	1. 熟悉 AutoCAD 2020 软件界面及基本操作。 2. 熟悉 AutoCAD 2020 软件辅助工具的使用。 3. 掌握 AutoCAD 2020 软件绘图环境的设置
2	能力	1. 具备使用不同方法启动 AutoCAD 2020 的能力。 2. 能够灵活调用 AutoCAD 命令，并根据个人需求配置绘图环境。 3. 具有文件的基本操作能力，能快速准确地进行新建、保存、打开和输出打印文件的操作。 4. 具备熟练使用视图显示方式的能力。 5. 具备按照相关标准设置并应用图层的能力。 6. 具备使用向导进行基本设置的能力。 7. 具有按要求完成样板文件创建的能力。 8. 具备熟练应用辅助工具完成精准图形绘制的能力。 9. 具备完成精准图形绘制的能力
3	素质	1. 培养团队合作精神。 2. 锻炼人际沟通和口语表达能力。 3. 提高自主学习及抗挫折能力。 4. 培养发现问题及解决问题能力。 5. 培养职业素养及工匠精神。 6. 鼓励大胆尝试，勇于创新
4	知识点	1. AutoCAD 软件启动、保存等基本操作。 2. 辅助工具使用。 3. 绝对坐标和相对坐标输入方法。 4. 图层设置。 5. 图形界面、单位等绘图环境设置。 6. 样板文件创建

任务 1.1　创建样板文件

【任务描述】

按绘图环境要求配置创建样板文件，并以"AutoCAD2020-A4-S"命名保存，以备后用。

【任务要求】

1. 将窗口元素的颜色主题改为暗；

2. 将绘图区域背景改为白色；

3. 对象捕捉模式中，设置捕捉点为：端点、中点、圆心、象限点、交点、垂足、切点；

4. 动态输入取消"启用指针输入"和"可能时启动标注输入"勾选项；

5. 打印命令中，设置打印图纸尺寸为 ISO A4（210.00 mm×297.00 mm），打印范围设置为"图形界限"，打印比例为"1:1"，选用"无"打印样式表，打印选项勾选"打印对象线宽"和"按样式打印"，图形方向为"纵向"；

6. 将设置好的文件另存为"AutoCAD2020-A4-S"，文件类型为"AutoCAD 图形样板（*.dwt）"，并在"样板选项"中设置测量单位为"公制"。

【学习内容】

1. AutoCAD 2020 的多种启动方式；

2. AutoCAD 2020 用户界面；

3. AutoCAD 2020 命令的调用方法；

4. AutoCAD 2020 视图显示方式；

5. AutoCAD 2020 图形文件管理；

6. AutoCAD 2020 系统选项设置；

7. AutoCAD 2020 绘图环境设置；

8. AutoCAD 2020 打印设置；

9. AutoCAD 2020 样板文件的保存。

一、任务实施步骤

（1）启动软件 AutoCAD 2020；

（2）按要求设置绘图环境；

（3）保存样板文件"AutoCAD2020-A4-S.dwt"。

二、创建样板文件

1. 启动软件 AutoCAD 2020

AutoCAD 2020 常用启动方式有三种：

【执行命令】

● 双击桌面快捷图标 Ａ。

● 在"开始"菜单中选择"AutoCAD 2020 – 简体中文（Simplified Chinese）"。

● 打开已经创建的 AutoCAD 文件。

【操作步骤】

执行上述操作后，启动 AutoCAD 2020，其选项卡界面如图 1 – 1 – 1 所示。

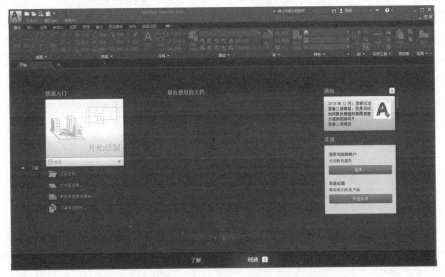

图 1 – 1 – 1   AutoCAD 2020 选项卡界面

单击"新建"，弹出"选择样板"窗口，选择样板文件"acadiso"，如图 1 – 1 – 2 所示，单击"打开"按钮，进入 AutoCAD 2020 工作界面，如图 1 – 1 – 3 所示。

图 1 – 1 – 2   "选择样板"文件窗口

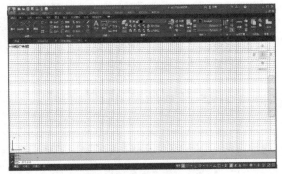

图 1 – 1 – 3   AutoCAD 2020 工作界面

2. 设置绘图环境

（1）单击菜单栏"工具"→"选项"命令，在弹出的"选项"对话框中单击"显示"选项卡，将"窗口元素"的颜色主题改为"暗"，单击"颜色"按钮，在弹出的"图形窗口颜色"对话框中，将"二维模型空间"中的"统一背景"改为"白色"，如图 1-1-4 所示，单击"应用并关闭"按钮，返回"选项"对话框，单击"确定"按钮，回到绘图界面。

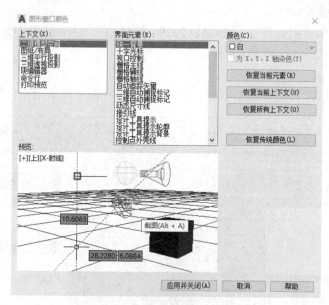

图 1-1-4　设置背景颜色

（2）单击菜单栏"工具"→"绘图设置"命令，弹出"草图设置"对话框，在对话框中完成"对象捕捉"和"动态输入"相关设置，如图 1-1-5 和图 1-1-6 所示，单击"确定"按钮，返回绘图界面。

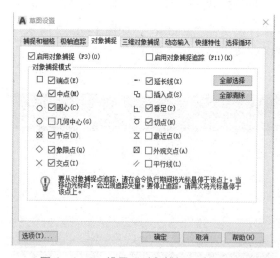

图 1-1-5　设置"对象捕捉"选项卡

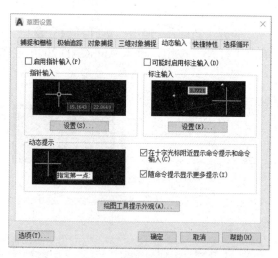

图 1-1-6　设置"动态输入"选项卡

（3）单击应用程序菜单按钮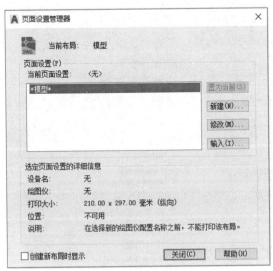右侧小三角形，选择"打印"→"页面设置管理器"命令，调用命令后，弹出"页面设置管理器"对话框，如图1-1-7所示。单击"新建"按钮，输入新页面设置名称"A4图幅-S"，如图1-1-8所示，单击"确定"按钮。弹出"页面设置-模型"对话框，选择相应的打印机，其他参数设置如图1-1-9所示，设置完成后，单击"确定"按钮，返回"页面设置管理器"，单击"置为当前"，单击"关闭"按钮。

图1-1-7　"页面设置管理器"对话框　　　　　图1-1-8　"新建页面设置"对话框

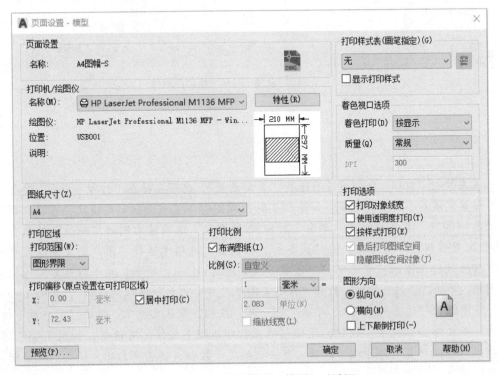

图1-1-9　"页面设置-模型"对话框

选择"文件"→"打印"命令，弹出"打印-模型"对话框，如图 1-1-10 所示，从对话框可以看出，打印设置自动采用了"A4 图幅-S"参数设置，单击"确定"按钮，关闭对话框，完成打印参数设置。

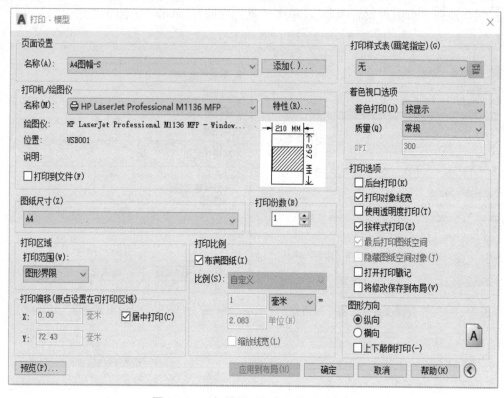

图 1-1-10　设置"打印-模型"参数

如果在执行"打印"命令前没有进行"页面设置"，也可直接在"打印-模型"参数进行设置，设置完成后，可进行预览。如果预览时出现图形不能完全显示的情况，可修改所选图纸有效打印区域。具体操作为：单击"打印机/绘图仪"选项区右侧的"特性"按钮，打开"绘图仪配置编辑器"对话框，在"设备和文档设置"选项卡选择"用户定义图纸尺寸与校准"下"修改标准图纸尺寸（可打印区域）"，如图 1-1-11 所示，在下拉菜单中选择要修改的图纸，单击"修改"按钮，打开"自定义图纸尺寸-可打印区域对话框"，如图 1-1-12 所示。将图纸打印边界均设为 0，单击"下一步"按钮，默认文件名，单击"下一步"按钮，弹出对话框，单击"完成"按钮，返回"修改打印机配置文件"对话框，如图 1-1-13 所示，选择打印机配置文件处理方式后，单击"确定"按钮，返回"打印-模型"对话框，至此完成图纸有效打印区域设置。

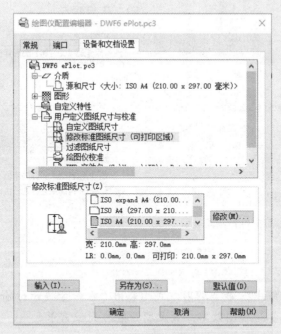

图 1-1-11 绘图仪配置编辑表

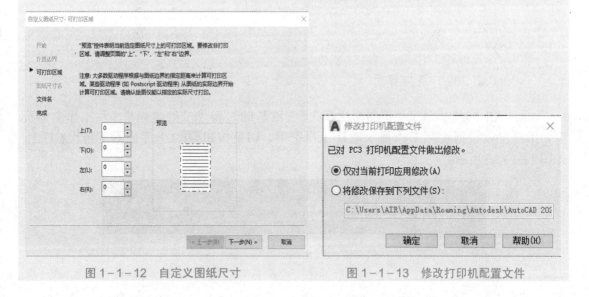

图 1-1-12 自定义图纸尺寸   图 1-1-13 修改打印机配置文件

3. 创建样板文件

选择菜单栏"文件"→"保存"命令，在弹出的"图形另存为"对话框中，选择文件类型为"AutoCAD 图形样板（*.dwt）"，然后输入样板名称"AutoCAD2020-A4-S"，单击"保存"按钮，即可创建一个样板文件，如图 1-1-14 所示。在"样板选项"对话框中，设置测量单位为"公制"，单击"确定"按钮，如图 1-1-15 所示，完成样板文件创建。

 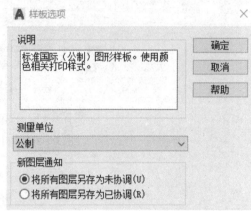

图 1-1-14 指定文件命名及类型　　　　　图 1-1-15 设置测量单位

书中案例及拓展训练中，命令调用方式均采用"在命令提示行输入命令（即快捷键）"的形式，以提高绘图质量和绘图效率，满足职业能力岗位需求。

1.1.1　AutoCAD 2020 用户界面

AutoCAD 2020 提供了"草图与注释""三维基础"和"三维建模" 3 种工作空间类型，用户可以根据实际工作需求选择工作空间。切换按钮█位于界面右下角状态栏上，如图 1-1-16 所示。

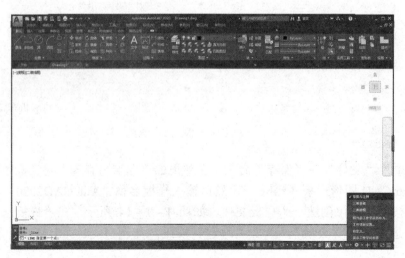

图 1-1-16　AutoCAD 2020 切换工作空间

"草图与注释"是我们最常用的工作空间，其工作界面主要由应用程序菜单栏、快速访问工具栏、标题栏、功能区选项卡、菜单栏、功能区面板、绘图窗口、命令行和状态栏等组成，如图1-1-17所示。

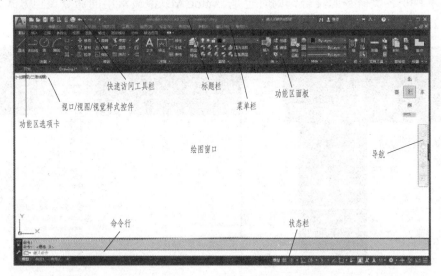

图1-1-17　AutoCAD 2020 "草图与注释" 工作界面

1. 应用程序菜单栏

单击应用程序菜单按钮，可以新建、打开、保存、打印和输出文件等，如图1-1-18所示。在右上方的搜索框中输入搜索字段，按回车键，将显示搜索到的选项，如图1-1-19所示。

图1-1-18　应用程序菜单栏

图1-1-19　输入 "I" 搜索到的内容

2. 菜单栏

用户可以根据实际需要,单击快速访问工具栏小三角,显示或隐藏菜单栏,如图 1-1-20 所示。菜单栏是各类命令的集合,同时也是 AutoCAD 中最常用的命令调用方式之一,如图 1-1-21 所示。

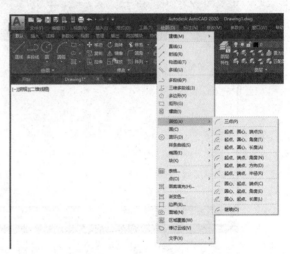

图 1-1-20 显示或隐藏菜单栏　　　　　　　　　　图 1-1-21 菜单栏

3. 选项卡与面板

AutoCAD 2020 根据任务标记,将很多面板组织集中到某一个选项卡中,以方便用户使用和查找功能类似的工具,面板包含的许多工具和控件与工具栏和对话框中的相同,如"插入"选项卡中的"块定义"面板,如图 1-1-22 所示。

图 1-1-22 "块"和"块定义"面板

4. 绘图窗口

绘图窗口是绘图的工作区域,绘图窗口显示了当前使用的坐标系类型和原点坐标,以及 X、Y、Z 轴方向等,默认情况下,坐标系采用世界坐标系。可以拖动窗口右边和下边的滚动条,移动图纸,以查看未显示部分的图纸。绘图窗口下面的"模型"和"布局"选项卡,可以用于模型空间和布局空间之间的切换。

5. 命令行与文本窗口

(1)命令行位于绘图窗口的底部,用于输入命令和显示 AutoCAD 提供的信息。在

AutoCAD 2020 中，命令行是可以隐藏和移动位置的，用户可以根据习惯固定命令行位置。常用命令行启动方式有以下几种：

【执行命令】

- 命令行：输入"COMMANDLINEHIDE"→"Enter"。
- 菜单栏：选择菜单栏中"工具"→"命令行"命令。
- 快捷键："Ctrl＋9"组合键。

【操作步骤】

执行上述操作后，可以启动显示和隐藏"命令行"窗口。

（2）"文本窗口"是记录 AutoCAD 命令的窗口，可以放大命令行显示窗口，它记录了已执行的命令，也可以用来输入新命令。

【执行命令】

- 命令行：输入"TEXTSCR"→"Enter"。
- 菜单栏：选择菜单栏中"视图"→"显示"→"文本窗口"命令。
- 快捷键："Ctrl＋F2"组合键。

【操作步骤】

执行上述操作后，会打开 AutoCAD 文本窗口，如图 1－1－23 所示。

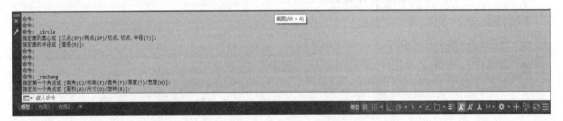

图 1－1－23　AutoCAD 2020 命令行和文本窗口

6. AutoCAD 2020 状态栏

状态栏用来显示 AutoCAD 当前的状态，例如是否使用对象捕捉、是否开启正交、是否显示线宽等，将鼠标放置于任何一个图标上，均会显示出该图标的用途，如图 1－1－24 所示。

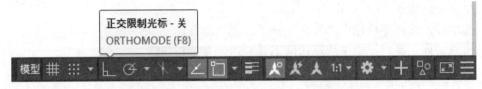

图 1－1－24　AutoCAD 2020 状态栏

单击状态栏最右端的自定义按钮"☰"，在弹出的菜单中可以选择显示或关闭状态栏的选项。

1.1.2　AutoCAD 2020　文件管理

1. 新建图形文件

AutoCAD 2020 提供了以下新建图形文件的方式：

【执行命令】

- 命令行：输入"NEW"→"Enter"。
- 菜单栏：选择菜单栏中"文件"→"新建"命令。
- 快速访问工具栏：单击快速访问工具栏"新建"按钮▣。
- 应用程序菜单：选择应用程序菜单中"新建"→"图形"命令。
- 快捷键："Ctrl＋N"组合键。

【操作步骤】

执行上述操作后，弹出"选择样板"对话框，用户按需求选择即可，一般情况下，无自建样板或指定样板，选择"acadiso.dwt"图形样板。

2. 打开图形文件

AutoCAD 2020 提供了以下几种打开图形文件的方式：

【执行命令】

- 命令行：输入"OPEN"→"Enter"。
- 菜单栏：选择菜单栏中"文件"→"打开"命令。
- 快速访问工具栏：单击快速访问工具栏"打开"按钮▣。
- 应用程序菜单：选择应用程序菜单中"打开"→"图形"命令。
- 快捷键："Ctrl＋O"组合键。

【操作步骤】

执行上述操作后，弹出"选择文件"对话框。

3. 保存图形文件

AutoCAD 2020 提供了以下几种保存图形文件的方式：

【执行命令】

- 命令行：输入"QSAVE"→"Enter"。
- 菜单栏：选择菜单栏中"文件"→"保存"命令。
- 快速访问工具栏：单击快速访问工具栏"保存"按钮▣。
- 应用程序菜单：选择应用程序菜单中"保存"命令。
- 快捷键："Ctrl＋S"组合键。

【操作步骤】

执行上述操作后，如果是第一次对图形文件进行保存，则会弹出"图形另存为"对话框，如图 1-1-25 所示，此时需要制定文件名、类型以及保存地址；如果该图形文件已经保存过，则不会弹出"图形另存为"对话框，直接保存即可；如果需要将该图形以新名称命名，则执行"另存为"命令。

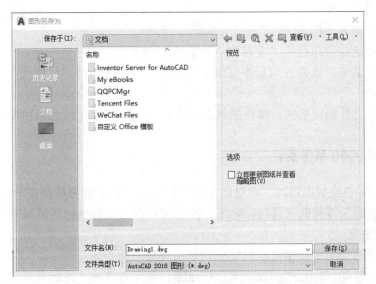

图 1-1-25　AutoCAD 2020 "图形另存为"对话框

4. 关闭图形文件

AutoCAD 2020 可以通过以下几种方式执行"关闭图形"命令:

【执行命令】

- 命令行: 输入 "CLOSE" → "Enter"。
- 菜单栏: 选择菜单栏中"文件" → "关闭"命令。
- 应用程序菜单: 选择应用程序菜单中"关闭" → "当前图层"命令。
- 在绘图窗口中单击"关闭"按钮 。

【操作步骤】

执行上述操作后,如果该图形文件未进行过保存,会弹出询问是否保存对话框,如图 1-1-26 所示,如果该图形文件已经保存过,直接执行关闭命令。

图 1-1-26　AutoCAD 2020 图形文件是否保存提示窗口

5. 文件输出

AutoCAD 2020 除了可以将文件保存为".dwg"格式外,还可以通过"输出"命令,将图形文件保存为其他格式。

【执行命令】

- 命令行：输入"EXPORT"→"Enter"。
- 菜单栏：选择菜单栏中"文件"→"输出"命令。
- 应用程序菜单：选择应用程序菜单中"输出"→选择一种文件格式。

【操作步骤】

选择不同的文件输出格式，弹出的对话框略有不同，修改文件名称和保存路径即可。

1.1.3　AutoCAD 2020 草图设置

在 AutoCAD 中绘制图形时，可以使用系统提供的"栅格和栅格捕捉""正交""对象捕捉"和"极轴追踪"等辅助工具进行绘图，便于用户在不知道坐标的情况下也能精准绘图。

【执行命令】

- 菜单栏：选择菜单栏中"工具"→"绘图设置"命令。
- 状态栏：移动鼠标至"捕捉模式"按钮▦，单击右键→"捕捉设置"。

【操作步骤】

执行上述操作后，弹出"草图设置"对话框，如图 1－1－27 所示。

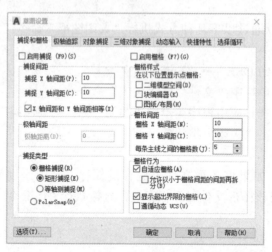

图 1－1－27　"草图设置"对话框

1. 捕捉和栅格

捕捉和栅格主要用于捕捉间距、捕捉类型、栅格样式和栅格间距的设置，并控制间距捕捉和栅格模式是否开启，如图 1－1－27 所示。该功能也可通过单击状态栏"捕捉"按钮▦、"栅格"按钮▦和"F9"（捕捉）、"F7"（栅格）功能键实现打开或关闭。

捕捉间距：可以根据实际需求设置 X 轴方向和 Y 轴方向的捕捉距离，以控制光标仅在制定的 X 轴和 Y 轴间距内移动。

栅格捕捉：可以指定点、光标沿垂直或水平栅格点进行捕捉。

栅格间距：可以形象化显示距离。X、Y 轴方向栅格间距可根据实际需求自行设置。

2. 极轴追踪

极轴追踪是采用相对极坐标形式进行自动跟踪来绘制指定角度的对象。它以一个输入点为中心，在设定的极轴增量角方向，显示追踪线。

该项主要用于设置极轴追踪的角度，并控制该功能的开启，如图 1-1-28 所示。

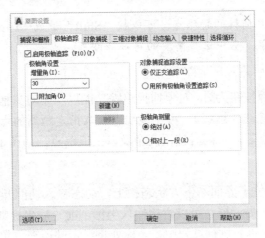

图 1-1-28　"极轴追踪"选项卡

增量角：设置极轴追踪对齐路径的极轴角度增量，用户可根据需要设置。当启用该功能后，系统将自动追踪该角度整数倍的方向，如图 1-1-29 所示。

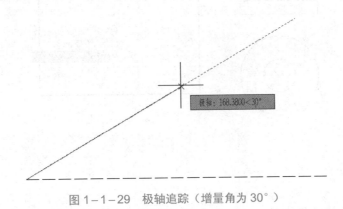

图 1-1-29　极轴追踪（增量角为 30°）

3. 对象捕捉

对象捕捉是 AutoCAD 中最常用的辅助工具之一，是提高绘图速度和绘图精度的重要工具。对象捕捉开启，可以快速准确地捕捉到对象上的特征点，如端点、中点、象限点、切点、平行线等。用户可以根据绘图需要，对需要捕捉的特征点进行设置，可以设置单点捕捉，也可以设置系统自动捕捉。当鼠标移动到特征点附近时，将会出现捕捉标记，单击鼠标左键，即可捕捉到相应的对象特征点，如图 1-1-30 所示。"对象捕捉"选项卡详见图 1-1-5。

图 1-1-30　捕捉到线段中点

绘图时遇到临时需要捕捉的特殊点，可以按"Shift"键或"Ctrl"键并右击鼠标，将弹出"对象捕捉"快捷菜单，从中选择需要的特征点即可。

4. 对象捕捉追踪（简称对象追踪）

状态栏对象捕捉追踪按钮为，对象捕捉追踪功能以一个对象捕捉点为中心，在给定的极轴增量方向上显示追踪线（虚线），可在该线上获取指定距离的点、与对象的交点，或者在两条追踪线上获得交点等，可同时使用两个及以上追踪点，如图 1-1-31 所示。

5. 动态输入

"动态输入"按钮位于界面右下方状态栏上，动态输入功能开启后，在执行操作时，光标位置处显示动态输入提示框，可以直接输入坐标，前、后坐标默认的是相对位置关系，因此输入时可以省略@字母。执行过程中，光标处将显示其所在位置的坐标，当移动光标即将输入下一点时，将显示当前光标位置点相对于上一点的距离、角度和极坐标等提示信息，这些信息随着光标移动而变化。动态输入适用于输入命令、对提示进行响应以及输入坐标值。

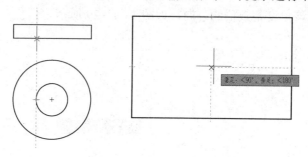

图 1-1-31　对象捕捉追踪

鼠标中键：长按鼠标中键，光标变为平移手势，如图 1-1-32 所示，此时移动鼠标，可以实现图形平移；滚动中键，可以缩放图形；双击中键，可以实现图形全屏显示。

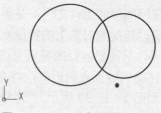

图 1-1-32　光标为平移手势

1.1.4 AutoCAD 2020 图形显示控制

在使用 AutoCAD 软件绘图时，图形显示控制命令作用显著且使用非常频繁，通过显示控制，既可以显示图形的细小结构又可以看到图形的整体全貌。

1. 图形缩放

利用"缩放"命令可以对整体图形或某一局部图形进行放大或缩小。命令调用方式如下：

【执行命令】

- 命令行：输入"ZOOM"→"Enter"。
- 菜单栏："视图"→"缩放"→选择相应的子菜单命令即可，如图1-1-33所示。
- "工具"→"工具栏"→"AutoCAD"→"缩放"，即可调出窗口缩放工具条，如图1-1-34所示。
- 导航栏：单击绘图区右侧导航栏中"缩放"按钮→下拉菜单中选择相应子命令即可，如图1-1-35所示。
- 快捷键：Z。

下面介绍窗口缩放中常用的缩放子命令。

1) 范围缩放

选择"范围缩放"工具按钮，所绘制的全部视图将显示在绘图窗口中，显示范围与绘图界限无关。

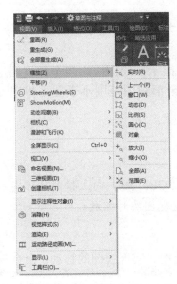

图1-1-33 "缩放"子菜单

图1-1-34 "缩放"工具条

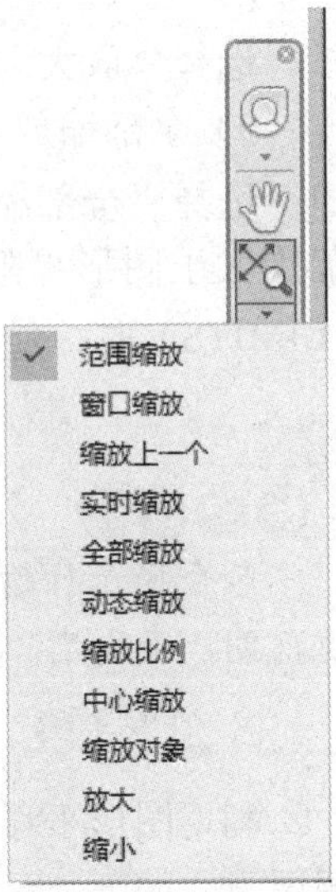

图1-1-35 导航栏"缩放"下拉菜单

2) 窗口缩放

选择"窗口缩放"工具按钮，此时光标变为十字形，用户可以根据实际需求，框选要放大的视图，此时被选中的视图范围布满整个绘图区域。

3）缩放上一个

选择"缩放上一个"工具按钮，启用"缩放上一个"功能，将缩放显示上一个视图。

4）动态缩放

选择"动态缩放"工具按钮，光标变成中心有"×"标记的矩形框，移动鼠标，将矩形框放置于适当位置上单击，矩形框右侧出现"→"标记，按回车键确认，矩形框中的视图被放大，并布满整个绘图区域。

5）比例缩放

选择"比例缩放"工具按钮，此时光标变成十字形，屏幕上出现提示"输入比例因子"，输入比例因子或单击鼠标左键，绘制一定长度直线作为缩放比例，回车后，视图按比例进行缩放并显示。

6）中心缩放

选择"中心缩放"工具按钮，此时光标变成十字形，屏幕上出现"输入中心点"的提示，在需要放大的视图中间位置单击鼠标左键，屏幕上出现"输入比例或高度"的提示，输入比例因子或单击鼠标左键，绘制一定长度直线作为缩放高度，视图将按照输入的比例或所绘制的高度被放大，并布满整个绘图区域。需要特别指出的是，输入比例或高度时，输入数值后加上字母"X"，数值表示比例；输入数值后，未加字母"X"时，数值表示视图高度。

7）缩放对象

选择"缩放对象"工具按钮，此时光标变成正方形小方块，单击鼠标左键，框选要缩放的视图对象，被选中的视图将全屏显示在绘图区域。

8）放大或缩小

选择"放大"或"缩小"工具按钮，将以 2 倍比例放大或 0.5 倍缩小视图。

9）全部缩放

选择"全部缩放"工具按钮，当前文件内全部视图将被显示在绘图区。当全部视图范围大于图形界限（LIMITS）时，显示范围为全部视图；当全部视图范围小于图形界限（LIMITS）时，显示范围为图形界限。

命令提示行输入"Z"回车，启动"窗口缩放"命令，按住"Ctrl"键，向上推动鼠标实现视图"放大"，向下推动鼠标实现视图"缩小"，即可快捷实现视图实时缩放。

2. 图形平移

利用图形平移命令可以将当前显示的视图在不被放大或缩小时，实现视图的移动。命令调用方式如下：

【执行命令】

- 命令行：输入"PAN"→"Enter"。
- 菜单栏："视图"→"平移"。
- "工具"→"工具栏"→"AutoCAD"→"标准"→实时平移。
- 导航栏：单击绘图区右侧导航栏中"平移"按钮。

● 快捷键：按住鼠标中间滚轮。

执行上述命令后，光标变为手形状 ，按住鼠标左键，拖动鼠标即可实现图形平移。按 Esc 键或回车键退出该命令。

任务 1.2　调用样板文件完成精准绘图

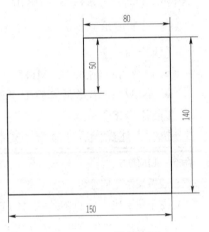

图 1-2-1　绘制图形

【任务描述】

调用"AutoCAD2020-A4-S.dwt"样板文件，合理设置图层，利用点的坐标输入方式，完成图 1-2-1 绘制，并按要求进行命名保存。

【任务要求】

1. 开启栅格，利用"Limits"命令设置 A4（210 mm×297 mm）纵向绘图界限并显示；

2. 设置绘图单位（"长度"类型为"小数"，"精度"为"0"，"角度"类型采用默认设置）；

3. 设置图层（图形轮廓线为粗实线层＜线型-Continuous 线宽-0.3 mm＞，细实线层＜线型-Continuous 线宽-默认＞，中心线层＜线型-CENTER 线宽-默认＞；虚线层＜线型-ACAD_ISO2W100 线宽-默认＞，尺寸标注层＜线型-Continuous 线宽-默认＞，文字标注层＜线型-Continuous 线宽-默认＞，各图层颜色均为黑色）；

4. 以上设置完成后，覆盖保存样板文件"AutoCAD2020-A4-S.dwt"；

5. 根据图示尺寸，利用点的坐标输入方式，完成图形绘制；

6. 绘制完成后，将其保存在以"学号+姓名"命名的文件夹中，并将文件命名为"1-T-2 调用样板文件完成精准绘图.dwg"。

【学习内容】

1. 样板文件的调用；

2. 图形界限设置及显示；

3. 图层设置及管理；

4. 点的坐标输入方式；

5. 辅助工具的使用。

任务实施

一、任务实施步骤

（1）调用已创建的样板文件"AutoCAD2020-A4-S.dwt"；

（2）设置图形界限、图层及绘图单位，保存覆盖原样板文件；

（3）利用点的坐标输入方式，完成图形绘制，并保存。

二、设置参数保存覆盖原样板文件

1. 调用样板文件"AutoCAD2020-A4-S.dwt"

键盘输入快捷键"Ctrl+N"，弹出"选择样板"对话框，选取任务 1.1 创建的样板文件"AutoCAD2020-A4-S"，单击"打开"按钮。

2. 设置图形显示界限

【执行命令】

- 命令行：输入"LIMITS"→"Enter"。
- 菜单栏：选择菜单栏中"格式"→"图形界限"命令。

【操作步骤】

执行上述操作后，命令行文本窗口显示如下：

命令：LIMITS

重新设置模型空间界限：

指定左下角点或［开（ON）/关（OFF）］<0.0000，0.0000>：（Enter）

指定右上角点<900.0000，400.0000>：210，290

移动鼠标到状态栏栅格显示处，单击按钮▦，显示图形栅格，如图 1-2-2 所示。

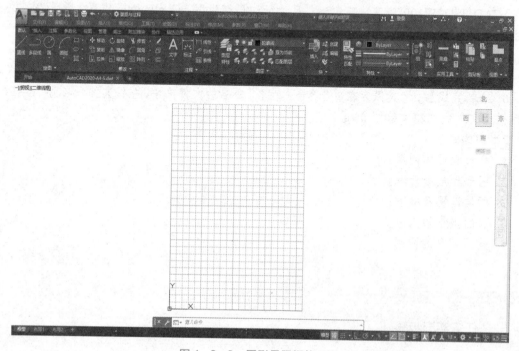

图 1-2-2　图形界限栅格显示

　　如果设置完图形界限，打开栅格显示按钮，发现栅格仍然布满全屏，并未按照所设置的图形界限显示栅格，将鼠标移至状态栏栅格按钮，单击鼠标右键，选择"网格设置"，打开草图设置对话框，取消"显示超出界限的栅格"勾选项，单击"确定"按钮，返回 AutoCAD 2020 界面，则栅格显示图形界限。

3. 设置绘图单位

【执行命令】

● 命令行：输入"UNITS"→"Enter"。

● 菜单栏："格式"→"单位"。

● 快捷键：UN。

【操作步骤】

　　执行上述操作后，打开"图形单位"对话框，设置"长度"类型为"小数"，"精度"为"0"，"角度"类型为"十进制度数"，"精度"为"0"，如图 1-2-3 所示，单击"确定"按钮，完成图形单位设置。

图 1-2-3　图形单位设置

4. 设置图层

【执行命令】

● 命令行：输入"LAYER"→"Enter"。

● 菜单栏：选择菜单栏中"格式"→"图层"命令。

● 功能区选项卡：单击"默认"选项卡"图层"面板中的"图层特性"按钮。

● 快捷键：LA。

【操作步骤】

　　执行上述操作后，打开"图层特性管理器"对话框，在"图层特性管理器"对话框中单击"新建图层"按钮，修改该图层名称为"粗实线"，单击"颜色"列黑色图标，修改颜色为黑色，单击线宽，修改线宽为 0.3 mm，新建粗实线图层如图 1-2-4 所示，单击"置为当前"按钮，将新建的"粗实线"层置为当前图层。

　　依次新建细实线层、中心线层、虚线层、尺寸标注层，结果如图 1-2-5 所示，关闭"图层特性管理器"对话框。

5. 保存覆盖原样板文件

　　选择菜单栏"文件"→"保存"命令，在弹出的"图形另存为"对话框中，选择文件类型为"AutoCAD 图形样板（*.dwt）"，然后输入样板名称"AutoCAD2020-A4-S"，覆盖原样板文件，单击"保存"按钮，更新样板文件。

图 1-2-4　新建粗实线图层

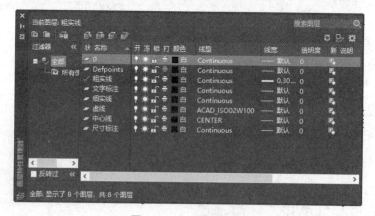

图 1-2-5　图层设置

三、利用点的坐标输入方式绘制图形并保存

【执行命令】

● 命令行：输入"L"→"Enter"（直线命令详见知识点 2.1.1）。

【操作步骤】

执行"直线"命令后，依次输入各点坐标值，具体操作过程如下：

命令：L（键盘输入"直线"命令"L"）

LINE

指定第一个点：150, 0

指定下一点或 [放弃（U）]：@0, 140

指定下一点或 [退出（E）/放弃（U）]：@-80, 0

指定下一点或 [关闭（C）/退出（X）/放弃（U）]：@0, -50

指定下一点或 [关闭（C）/退出（X）/放弃（U）]：@-70, 0

指定下一点或 [关闭（C）/退出（X）/放弃（U）]：@0, -90

指定下一点或 [关闭（C）/退出（X）/放弃（U）]：C

直线命令结束后，图形绘制结果如图1-2-6所示。

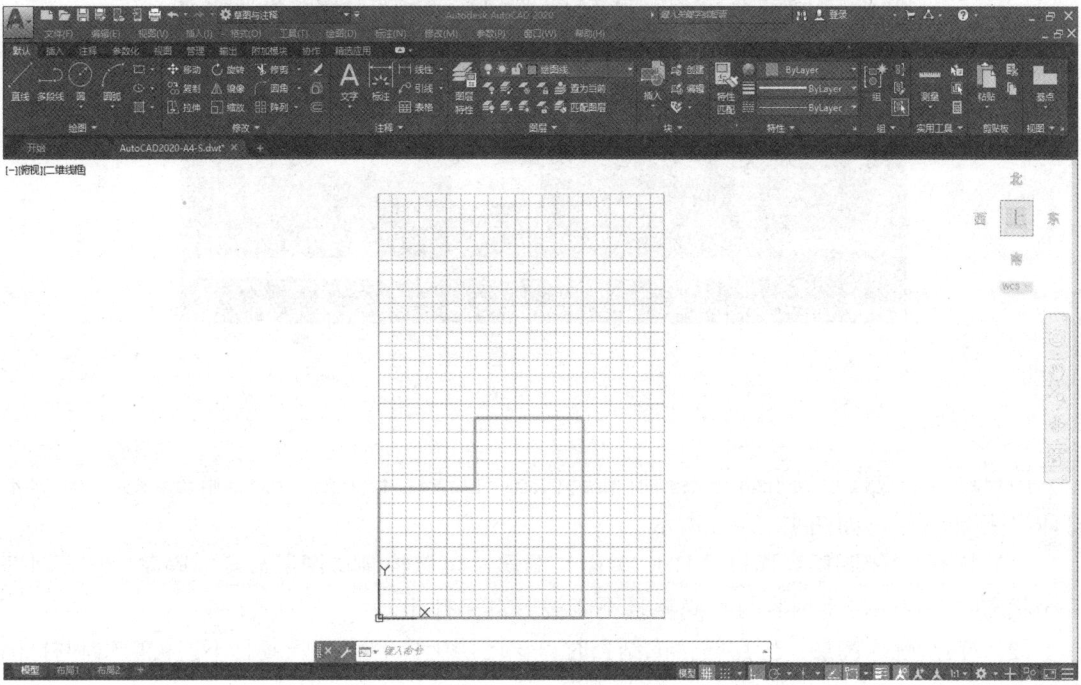

图1-2-6　图形绘制结果

【执行命令】

● 命令行：输入"Ctrl+S"。

【操作步骤】

执行"保存"命令后，弹出"图形另存为"对话框，修改文件名为"1-T-2 调用样板文件完成精准绘图.dwg"，文件类型选择默认，制定保存路径后，将其保存在以"班级+姓名"命名的文件夹中，单击"保存"。

相关知识

1.2.1　AutoCAD 2020图层设置

图形犹如重叠在一起的透明图纸，每一层图纸上均可以绘图，用户可以把类型相同或相似的对象，制定在同一层。每层图纸均能设置本层的名称、颜色、线型和线宽等特性，将所有图纸上的图形绘制完成后，根据实际需要隐藏或显示某些图层，即得到最终图形需求结果。

1. 图层特性管理器

"图层特性管理器"对话框如图1-2-7所示，用于显示图层列表及特性，可以新建、删除图层，更改图层特性等。

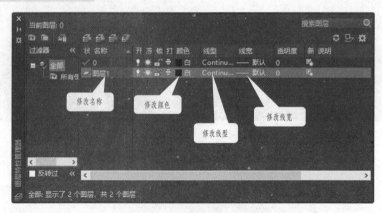

图 1-2-7 "图层特性管理器"对话框

2. 图层控制

用户可以通过图层特性管理器控制图层状态，包括打开/关闭、冻结/解冻、锁定/解锁和打印/不打印图层，如图 1-2-8 所示。

（1）打开/关闭图层：通过"打开/关闭"图层，可以控制该图层显示或隐藏，图层处于关闭状态时，该图层上内容将被隐藏且不能被剪辑和打印。

（2）冻结/解冻图层：图层被"冻结"时，该图层上内容将被隐藏且不能被剪辑和打印，冻结图层可以减少复杂图形的重生成时间。

（3）锁定/解锁图层：图层被锁定后，图层上的内容仍然可见，但是不能被编辑。

（4）打印/不打印图层：只有当图层处于"打开"且"解冻"状态时才能被打印。

3. 图层管理

图层管理包括"切换当前图层""更改对象所在图层"和"删除图层"。

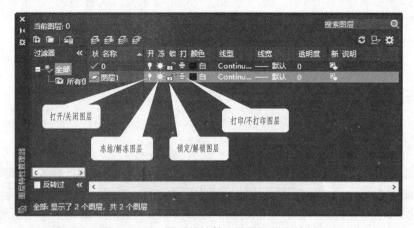

图 1-2-8 图层特性管理器图层状态控制

1）切换当前图层

【执行命令】

● 单击"图层特性管理器"对话框"置为当前"按钮。

● 选择"图层"选项卡中某一图层，此时该图层默认为"置为当前"图层。

● 菜单栏："格式"→"图层工具"→"将对象的图层置为当前"。

【操作步骤】

执行上述操作后，所选图层被置为当前图层。

2）更改对象所在图层

【执行命令】

● 在绘图区选中要更改图层的对象，然后在"默认"选项卡"图层"面板中，选择要更改到的图层，即可实现对象图层的更改。

● 特性匹配：单击"默认"选项卡"特性"面板中"特性匹配"按钮 ，根据命令行提示，先选择"源对象"即更改后图形对象所在图层中的对象，再选择"目标对象"即需要更改的图形对象，即可完成图层更改，如图1-2-9所示。

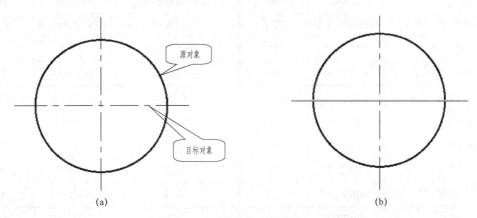

图1-2-9　特性匹配更改对象所在图层

（a）更改前；（b）更改后

3）删除图层

【执行命令】

● 在"图层特性管理器"对话框中，选中要删除的图层，单击"删除"按钮 。

【操作步骤】

执行上述操作后，所选图层被删除。

【提示】

图层中，系统默认图层、包含对象的图层、当前图层以及使用外部参照的图层不能被删除。

1.2.2　AutoCAD 2020 命令的调用方法

AutoCAD 中每个命令都提供了多种调用方法，例如通过菜单栏、功能区选项卡以及工具栏等。另外，还可以通过命令行调用，配合"空格键 Space"或"回车键 Enter"使用，这种方法大大提高了绘图的速度，是行业执业者首选命令调用方法。本书中，所有案例中的命令调用（命令讲解除外），均采用命令行调用的方式。

1. 命令输入与执行

绘图时，在命令行输入所要使用图形的命令，如直线命令为"LINE"或"L"，输入完成后，按"Enter"键或"Space"键，即可执行指令。表 1-2 所示为 AutoCAD 常用的图形命令及其缩写。命令执行后，在命令行的文本窗口有相关提示及选项，供用户选择。

表 1-2 AutoCAD 常用的图形命令及其缩写

执行操作	命令全拼	命令缩写	执行操作	命令全拼	命令缩写
绘制点	POINT	PO	绘制直线	LINE	L
绘制构造线	XLINE	XL	绘制多段线	PLINE	PL
绘制多线	MLINE	ML	绘制样条曲线	SPLINE	SPL
绘制正多边形	POLYGON	POL	绘制矩形	RECTANGLE	REC
绘制圆	CIRCLE	C	绘制圆弧	ARC	A
绘制圆环	DONUT	DO	绘制椭圆	ELLIPSE	EL
面域	REGION	REG	多行文本	MTEXT	MT/T
块定义	BLOCK	B	插入块	INSERT	I
定义块文件	WBLOCK	W	定数等分	DIVIDE	DIV
填充	BHATCH	H	复制	COPY	CO/CP
镜像	MIRROR	MI	阵列	ARRAY	AR
偏移	OFFSET	O	旋转	ROTATE	RO
移动	MOVE	M	分解	EXPLODE	X
修剪	TRIM	TR	延伸	EXTEND	EX
拉伸	STRETCH	S	比例缩放	SCALE	SC
打断	BREAK	BR	倒角	CHAMFER	CHA
编辑多段线	PEDIT	PE	修改文本	DDEDIT	ED
平移	PAN	P	视图修改	ZOOM	Z

2. 命令退出

命令退出包含命令执行后退出和命令调用后未执行完退出两种。对于已执行完的命令退出，可以通过"Enter"键、"Space"键或"Esc"键完成；对于未执行完的命令退出，可以通过"Esc"键完成。

3. 命令重复执行

重复执行刚执行过的命令，可以通过以下几种方式执行：

【执行命令】

● 单击鼠标右键，选择"重复×××"命令，或"最近输入"里选择命令。

● 单击命令行"最近使用的命令"的下拉按钮，如图1-2-10所示。

● 快捷键：直接按"Enter"键或"Space"键（重复执行刚结束的上一命令）。

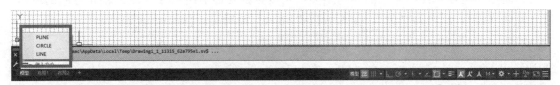

图1-2-10 命令行"最近使用的命令"按钮

1.2.3 AutoCAD 2020 点的坐标输入

在AutoCAD中，所有对象都需要根据坐标系精准定位，无特殊要求情况下，默认使用世界坐标系，坐标原点为（0，0），所有点坐标值的大小都是依据原点确定的。绘图时，可以使用绝对直角坐标、相对直角坐标、相对极坐标和直接输入距离的方法来确定点的位置。

1. 绝对直角坐标

【操作步骤】

输入格式：X，Y

绝对直角坐标是相对于坐标系原点（0，0）的坐标，输入后按"Enter"键确定。例如：

命令：L

LINE

指定第一个点：0，0

指定下一点或［放弃（U）］：10，20

表示该点相对于坐标原点（0，0），X轴的坐标值是10，Y轴的坐标值是20。

2. 相对直角坐标

【操作步骤】

输入格式：@ΔX，ΔY

相对直角坐标是输入点相对于上一点的坐标增量，输入后按"Enter"键确定。X轴向右增量为"正"，反之为"负"；Y轴向上增量为"正"，反之为"负"。例如：

命令：L

LINE

指定第一个点：10，20

指定下一点或［放弃（U）］：@28，-15

表示该点相对于上一点（10，20），X轴坐标增量为28，方向向右，Y轴坐标增量为15，方向向下。

3. 相对极坐标

【操作步骤】

输入格式：@距离＜角度

距离指的是输入点与上一点间的距离，角度指的是前后两点连线与 X 轴正方向的夹角，逆时针为"正"，反之为"负"，输入后按"Enter"键确定。例如：

命令：L

LINE

指定第一个点：10，20

指定下一点或［放弃（U）］：@28，−15

指定下一点或［退出（E）/放弃（U）］：@30＜60

表示该点相对于上一点（@28，−15）距离为 30 mm，两点连线与 X 轴夹角为 60°。

4. 直接输入距离

直接输入距离的方式，需要用鼠标导向，直接在键盘输入相对前一点的距离，输入后按"Enter"键确定。这种输入方式，一般需要在"正交模式"或"极轴追踪"模式开启状态下使用。

项目总结

本项目通过两个任务的实施，讲解了 AutoCAD 2020 软件界面、辅助工具的使用以及绘图环境的设置等软件相关基础操作，具体知识、能力及素质培养目标及知识点详见表 1−1，此处不再赘述。

拓展训练

（1）创建"AutoCAD2020−A4−H"样板文件。要求如下：

① 将窗口元素的颜色主题改为明。

② 将绘图区域背景改为白色。

③ 设置捕捉点为：端点、中点、圆心、象限点、交点、垂足、切点。

④ 动态输入取消"启用指针输入"和"可能时启动标注输入"勾选项。

⑤ 打印命令中，设置默认图纸尺寸为 A4，打印比例为"布满图纸"，选用"monochrome.ctb"打印样式表，打印选项勾选"打印对象线宽"和"按样式打印"，图形方向为"横向"。

⑥ 设置图形界限为 297×210（A4 纸横向），并用栅格显示。

⑦ 设置图形单位，长度单位精度为"0.0"，角度单位精度为"0"。

⑧ 设置图层（粗实线层＜线型−Continuous 线宽−0.4 mm＞、细实线层＜线型−Continuous 线宽−默认＞、虚线层＜线型−ACAD_ISO02W100 线宽−默认＞、中心线层＜线型 ACAD_ISO04W100 线宽−默认＞、辅助线层＜线型−DASHED2 线宽−默认＞、尺寸标注层＜线型−Continuous 线宽−默认＞、文字层＜线型−Continuous 线宽−默认＞，颜色任意）。

⑨ 将设置好的文件另存为"AutoCAD2020-A4-H",文件类型为"AutoCAD 图形样板（*.dwt）"，并在"样板选项"中设置测量单位为"公制"。

（2）利用点的坐标输入方式绘制图1-E-1、图1-E-2。

图1-E-1中，点的坐标输入方式只能使用绝对直角坐标和相对极坐标。

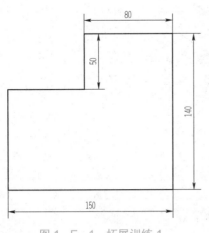

图1-E-1 拓展训练1

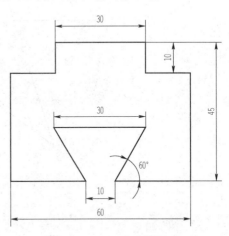

图1-E-2 拓展训练2

（3）利用点的坐标输入方式绘制大五角星，结果如图1-E-3所示。

（中华人民共和国国家标准-国旗 GB 12982—2004 对国旗中五角星尺寸规定如表1-3所示，本例中绘制的是5号国旗中的大五角星，因为还未涉及多边形命令，为了同学们点坐标输入方便，特标注了尺寸。）

表1-3 标准国旗尺寸和允许误差

规格		1号	2号	3号	4号	5号	车旗	签字旗	桌旗
旗面	长/mm	$2\,880^{+30}_{-15}$	$2\,400^{+24}_{-12}$	$1\,920^{+20}_{-10}$	$1\,440^{+18}_{-9}$	960^{+15}_{-8}	300^{+6}_{-3}	210^{+4}_{-2}	150^{+3}_{-2}
	高/mm	$1\,920^{+20}_{-10}$	$1\,600^{+16}_{-8}$	$1\,280^{+12}_{-7}$	960^{+12}_{-6}	640^{+10}_{-5}	200^{+4}_{-2}	140^{+3}_{-2}	100^{+2}_{-1}
大五角星外接圆直径/mm		576±10	480±10	384±8	288±6	192±4	60±2	42±2	30±1
小五角星外接圆直径/mm		192±4	160±3	128±3	96±2	64±2	20±1	14±1	10±2
大五角星上角尖距旗面上边/mm		192±10	160±10	128±8	96±8	64±8	20±4	14±2	10±2
小五角星上角尖距旗套/mm		480±10	400±10	320±8	240±8	160±8	50±4	35±2	25±2
小五角星下角尖距旗面高的中心线/mm		5	4	3	2	2	0	0	0
大五角星的星斜长度*/mm ≤		24	20	15	12	10	2	1	1
旗面纬斜/mm		30	24	20	20	15	—	—	—
旗杆套宽度/mm		80～85	70～75	60～65	50～55	40～45	15～25	10～16	8～12

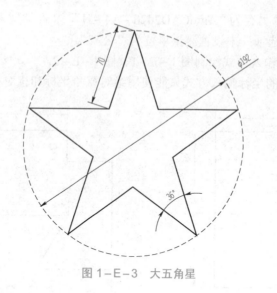

图 1-E-3　大五角星

2000 年前的工程图

　　我国在 2000 年前就有了正投影法表达的工程图样，1977 年冬在河北省平山县出土的公元前 323—309 年的战国中山王墓，发现在青铜板上用金银线条和文字制成的建筑平面图，这也是世界上罕见的最早工程图样，如图 1-E-4 和图 1-E-5 所示。该图用 1:500 的正投影绘制并标注有尺寸。中国古代传统的工程制图技术，与造纸术一起于唐代同一时期（公元 751 年后）传到西方。公元 1100 年宋代李诫所著的雕版印刷书《营造法式》中有各种方法画出的约 570 幅图，是当时的一部关于建筑制图的国家标准、施工规范和培训教材。图 1-E-6 所示为《营造法式》中的一幅，从图可看出，该图已具有正投影法的画法了。此外，宋代天文学家、药学家苏颂所著的《新仪象法要》，元代农学家王桢撰写的《农书》，明代科学家宋应星所著的《天工开物》等书中都有大量为制造仪器和工农业生产所需要的器具和设备的插图。清代和民国时期，我国在工程制图方面有了一定的发展。新中国成立后，随着社会主义建设蓬勃发展和对外交流的日益增长，工程制图学科得到飞快发展，学术活动频繁，画法几何、射影几何、透视投影等理论的研究得到进一步深入，并广泛与生产、科研相结合。与此同时，由于生产建设的迫切需要，由国家相关职能部门批准颁布了一系列制图标准，如技术制图标准、机械制图标准、建筑制图标准、道路工程制图标准、水利水电工程制图标准等。20 世纪 70 年代，计算机图形学、计算机辅助设计（CAD）、计算机绘图在我国得到迅猛发展，图形图像软件如 AutoCAD、Pro/E、CAXA、中望 CAD 等也在设计、教学、科研生产单位得到广泛使用。随着我国智能制造相关技术的发展，计算机辅助设计与工程制图必将进一步深度融合，助力社会经济高速发展。

图 1-E-4 1977 年在河北省平山县三汲公社"战国中山国王墓"出土的《兆域图》

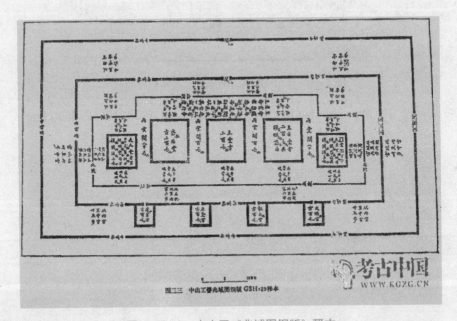

图 1-E-5 中山王《兆域图铜版》释本

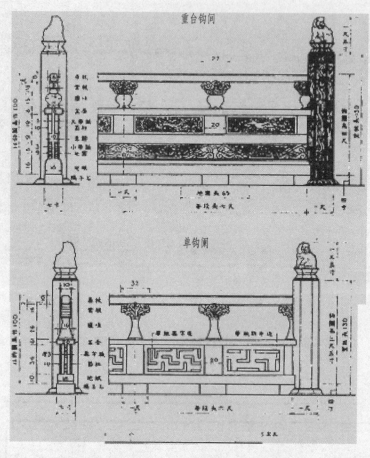

图 1-E-6　宋代《营造法式》石作栏杆制度

（文字资源来自：https://zhidao.baidu.com/question/1701193524756776820.html）

项目二　简单平面图样的识读与绘制

本项目要求利用 AutoCAD 平台的各种绘图命令，按要求完成简单图样绘制。通过项目的实施，学习各种绘图命令的使用方法和技巧。绘图命令的输入，强调使用"键盘输入命令"的方式（即快捷键），以提高绘图质量和效率，满足岗位能力要求。

本项目共分为以下 4 个任务进行：

任务 2.1　绘制直线类图样

任务 2.2　绘制圆弧类图样

任务 2.3　绘制椭圆弧类图样

任务 2.4　绘制组合图形

项目二学习目标及知识点如表 2－1 所示。

表 2－1　项目二学习目标及知识点

序号	类别	目标
1	知识	1. 熟练掌握"直线"命令和"圆"命令。 2. 掌握"椭圆"命令、"矩形"命令、"多边形"命令和"图案填充"命令。 3. 熟悉"多段线"命令、"点"的设置、"圆弧"命令和"椭圆弧"命令
2	能力	1. 熟练应用"正交模式""极轴追踪"等功能。 2. 具备能合理设置并选用图层能力。 3. 具备使用"对象捕捉""对象捕捉追踪"以及"动态输入"等功能辅助绘图能力。 4. 使用"在命令提示行输入命令（即：快捷键）"的形式调用绘图命令，注重"功能键"和"组合键"的使用，以提高绘图效率。 5. 具备识读命令栏的能力。 6 具备基本识图读图以及绘图能力
3	素质	1. 培养团队合作精神。 2. 锻炼人际沟通和口语表达能力。 3. 提高自主学习及抗挫折能力。 4. 培养发现问题及解决问题能力。 5. 培养职业素养及工匠精神。 6. 鼓励大胆尝试，勇于创新
4	知识点	1. "直线"命令、"多段线"命令的多种调用方法及使用。 2. "点"的设置以及"点""等分点"的调用方法及使用。 3. "圆"命令、"圆弧"命令的多种调用方法及使用。 4. "椭圆"命令、"椭圆弧"命令的多种调用方法及使用。 5. "矩形"命令、"多边形"命令的多种调用方法及使用。 6. "图案填充"的调用方法、设置及使用

项目实施

任务 2.1   绘制直线类图样

【任务描述】

调用样板文件"AutoCAD2020-A4-S.dwt",根据图示尺寸,利用"直线"绘图命令,绘制如图 2-1-1 所示直线类图样,并按要求命名保存。

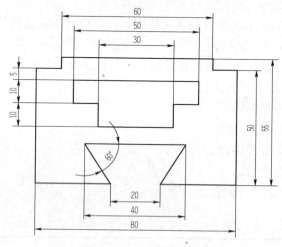

图 2-1-1   直线类图样

【任务要求】

1. 在"粗实线"层绘制图形轮廓线;

2. 使用"直线"命令绘制过程中熟练切换直角坐标、极坐标;

3. 使用"正交模式""极轴追踪""对象捕捉"和"对象捕捉追踪"等功能辅助绘图;

4. 使用"直线"命令或者"多段线"命令绘制图形,区分"直线"命令和"多段线"命令;

5. 使用"点"命令绘制定位点;

6. 图样绘制完成后,将其保存在以"学号+姓名"的文件夹中,并将文件命名为"2-T-1 绘制直线类图样.dwg";

7. 使用"在命令提示行输入命令"的形式调用绘图命令,注重"功能键"和"组合键"的使用,以提高绘图效率。

【学习内容】

1. "直线"命令、"多段线"命令、"点"命令的多种调用方法及使用;

2. 使用"直线"命令时能够根据需求切换直角坐标和极坐标;

3. "正交模式""极轴追踪""对象捕捉"和"对象捕捉追踪"等功能的使用,图层的合理选用。

一、绘图方式及步骤

（1）分析所给图形，确定绘图起始点。此图例由两部分组成，外轮廓 A～L，内轮廓 M～T，且所有线条都是直线。确定点 A 为外轮廓的绘图起始点，点 M 为内轮廓的绘图起始点。

（2）打开"极轴追踪"和"对象捕捉"功能，在"粗实线"层使用"直线"命令绘制外轮廓。

（3）使用"点"命令，绘制定位点，确定内轮廓相对外轮廓的位置，然后使用"直线"命令绘制内轮廓，最后删掉定位点，图例绘制完毕。

养成分析问题的好习惯

在绘制图形时，绘图速度与准确度都很关键。拿到一幅图应该从哪里开始绘制、怎样布局、先使用哪些命令、先绘制哪些线条等问题，这些都应该是我们在没有开始绘制之前要考虑好的事情。正所谓磨刀不误砍柴工，绘图方法及顺序正确可能很快就会完成绘制，而绘图方法及顺序不当，除了会做一些无用功从而降低绘图速度以外，还可能会导致一些连接线条尺寸有误。所以拿到一幅图不应该着急调用命令绘制，而应该先去分析图形，确定绘图步骤，然后再去调用命令，从而提升绘图速度和准确度。

除了在这个软件的学习中，我们在实际生活中也应该注重培养自己分析问题的能力，养成思考的好习惯，做到事事有规划、件件有着落。

二、任务图形绘制

1. 调用样板文件

调用样板文件"AutoCAD2020－A4－S.dwt"，并激活"粗实线"层。

2. 绘制外轮廓

（1）调用"直线"命令，以点 A 为起点，沿逆时针方向绘制外轮廓 A～G，如图 2－1－2 所示。

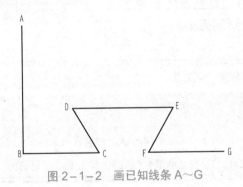

图 2－1－2 画已知线条 A～G

具体操作步骤如下：

命令：L（在"粗实线"图层下，键盘输入"直线"命令"L"）

LINE

指定第一个点：（单击屏幕适当位置，作为起始点 A 的位置）

指定下一点或 [放弃（U）]：50（光标竖直向下）

指定下一点或 [退出（E）/放弃（U）]：30（光标水平向右）

指定下一点或 [关闭（C）/退出（X）/放弃（U）]：@20＜120（通过"＜"符号，切换极坐标系，绘制线段 CD）

指定下一点或 [关闭（C）/退出（X）/放弃（U）]：40（光标水平向右）

指定下一点或 [关闭（C）/退出（X）/放弃（U）]：@20＜－120（切换极坐标系，绘制线段 EF）

指定下一点或 [关闭（C）/退出（X）/放弃（U）]：30（光标水平向右）

指定下一点或 [关闭（C）/退出（X）/放弃（U）]：*取消*（单击键盘上 Esc 键退出"直线"命令）

注：括号内为命令行说明及键盘鼠标操作，在 AutoCAD 软件命令栏里并无括号里内容，以下皆适用。

在使用 CAD 软件绘图时，如果采用中文输入法，经常会出现快捷键输入无效或其他一些符号输入无效等各种问题，导致无法实现用户所需要的效果。所以除非当下需要输入汉字要用到中文输入法，其余时候应将输入法调成英文输入法。

（2）绘制线段 GH。

线段 GH 采用"极轴追踪"与"对象捕捉追踪"的方式来绘制。需在状态栏打开"极轴追踪""对象捕捉追踪""对象捕捉"开关，其中"对象捕捉"需勾选"端点"。具体操作如图 2-1-3 所示。

① 继续使用"直线"命令，起点为 G，然后拖动鼠标指向点 A，直到 A 点处显示端点标识，如图 2-1-3（a）所示。

② 拖动鼠标水平向右，直到出现如图 2-1-3（b）所示标识，单击鼠标左键，得到图 2-1-3（c），线段 GH 绘制完毕。

具体操作步骤如下：

命令：L（键盘输入"直线"命令"L"）

LINE

指定第一个点：（鼠标单击点 G）

指定下一点或 [放弃（U）]：（按图 2-1-3 步骤绘制端点 H）

指定下一点或 [退出（E）/放弃（U）]：*取消*（单击键盘上 Esc 键退出）

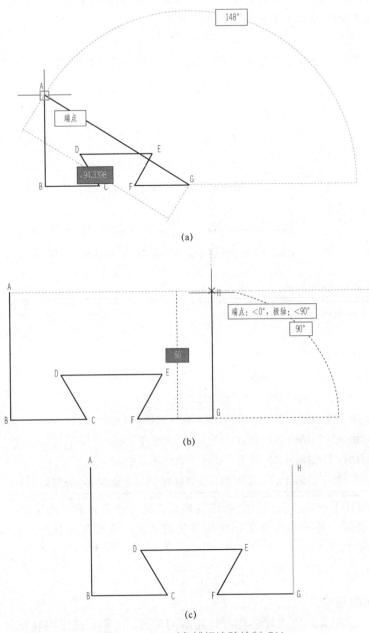

图 2-1-3　对象捕捉追踪绘制 GH

（a）捕捉点 A；（b）极轴定点 H；（c）绘制成功 GH

操作技巧

　　取消命令有三种方式，分别为单击【Esc】键、单击【Enter】键或者单击【空格】键。一般情况下会单击【Enter】键或者【空格】键取消，因为使用这两种方式取消命令后，如果想要继续调用上条命令，只需再单击一次【Enter】键或者【空格】键就能直接调用上一命令，无须输入快捷键，较为方便。但是也有一些命令在单击【Enter】键或者【空格】键后无法退出，这个时候就只能通过单击【Esc】键来取消了。

（3）使用"直线"命令，绘制剩余线条 H～A，外轮廓绘制完毕，如图 2-1-4 所示。

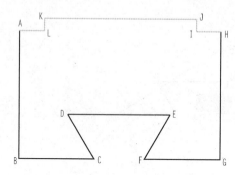

图 2-1-4　剩余外轮廓线条 H～A 的绘制

具体操作步骤如下：

命令：L（键盘输入"直线"命令"L"）

LINE

指定第一个点：（鼠标单击点 H）

指定下一点或 [放弃（U）]：10（光标水平向左）

指定下一点或 [退出（E）/放弃（U）]：5（光标竖直向上）

指定下一点或 [关闭（C）/退出（X）/放弃（U）]：60（光标水平向左）

指定下一点或 [关闭（C）/退出（X）/放弃（U）]：5（光标竖直向下）

指定下一点或 [关闭（C）/退出（X）/放弃（U）]：（鼠标单击点 A）

指定下一点或 [关闭（C）/退出（X）/放弃（U）]：*取消*（单击键盘上 Esc 键退出）

注：以上轮廓可用一次"直线"命令连续画出，这里分为三步，用了三次"直线"命令，一方面为了方便讲解，另一方面为了让学生多使用几次"直线"快捷键"L"增强记忆，后遇此情况，不再赘言。

3. 绘制内轮廓

1）确定内轮廓起始点 M

绘制内轮廓，首先需确定内轮廓相对外轮廓的位置，而只要确定内轮廓其中一点即可确定内轮廓位置，在此，将点 M 作为内轮廓这一关键点。

（1）设置点样式，如图 2-1-5 所示。键盘输入"点样式"快捷键"PTYPE"，弹出"点样式"窗口，选择合适的点样式，设置点的大小为 5 个单位，选择"按绝对单位设置大小"，单击"确定"按钮，完成点样式的设置。

（2）将外轮廓上 A 点作为参照点。输入"点"快捷键"PO"，在点 A 处单击鼠标左键，确定参照点 A 点，如图 2-1-5 所示。

（3）输入"点"快捷键"PO"，输入点 M 相对 A 点的坐标"@15，-5"，确定点 M 位置，如图2-1-6所示。

图2-1-5 设置点样式

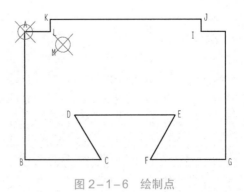

图2-1-6 绘制点

具体操作步骤如下：

命令：PO（输入"点"命令"PO"）

POINT

当前点模式：PDMODE=35   PDSIZE=5.0000（点的样式和大小，提前设置如图2-1-5所示）

指定点：（单击点A）

命令：PO（输入"点"命令"PO"）

POINT

当前点模式：PDMODE=35   PDSIZE=5.0000

指定点：@15，-5（输入点M相对点A的坐标）

2）绘制内轮廓

以点M为起始点，逆时针绘制内轮廓。然后删掉上一步绘制的两点。绘制完毕，如图2-1-7所示。

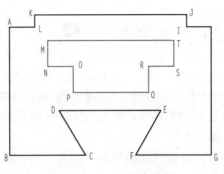

图2-1-7 绘制内轮廓

具体操作步骤如下：

命令：L（键盘输入"直线"命令"L"）

LINE

指定第一点：（单击 M 点）

指定下一点或 [放弃（U）]：10（竖直向下）

指定下一点或 [退出（E）/放弃（U）]：10（水平向右）

指定下一点或 [关闭（C）/退出（X）/放弃（U）]：10（竖直向下）

指定下一点或 [关闭（C）/退出（X）/放弃（U）]：30（水平向右）

指定下一点或 [关闭（C）/退出（X）/放弃（U）]：10（竖直向上）

指定下一点或 [关闭（C）/退出（X）/放弃（U）]：10（水平向右）

指定下一点或 [关闭（C）/退出（X）/放弃（U）]：10（竖直向上）

指定下一点或 [关闭（C）/退出（X）/放弃（U）]：（向左单击 M 点）

指定下一点或 [关闭（C）/退出（X）/放弃（U）]：*取消*（单击键盘上 Esc 键退出）

命令：E（输入"删除"命令"E"）

ERASE

选择对象：找到 1 个（选择点 A）

选择对象：找到 1 个，总计 2 个（选择点 M）

选择对象：（单击"空格"退出命令）

4. 保存图样

按要求保存图样，任务完成。

2.1.1 直线

【执行命令】

- 命令行：输入"LINE"→"Enter"。
- 菜单栏："绘图"→"直线"。
- 功能区："默认"选项卡→"绘图"面板→ ■ 。
- 命令缩写：L。

【操作步骤】

执行上述操作后，可使用"直线"命令进行绘图，可以直接使用鼠标单击确定直线端点，也可通过键盘输入直线端点坐标绘制直线，输入坐标时分为直角坐标输入和极坐标输入两种（详见知识点 1.2.3 点的坐标输入）。

在绘制水平线或竖直线时，可以将状态栏的"正交限制光标"功能打开，此时光标只能在水平或竖直方向移动。

当命令行提示"指定下一点或［关闭（C）/退出（X）/放弃（U）："时，输入"C"可使已绘制直线首尾相连、图形闭合，输入"X"可结束命令，输入"U"可以删除绘制过程的最后一条直线。

2.1.2 多段线

【执行命令】

- 命令行：输入"PLINE"→"Enter"。
- 菜单栏："绘图"→"多段线"。
- 功能区："默认"选项卡→"绘图"面板→ ■■。
- 命令缩写：PL。

【操作步骤】

在菜单栏或功能区选择该命令或输入快捷键"PL"，命令栏提示如下：

命令：PL（键盘输入"多段线"命令"PL"）

PLINE

指定起点：（可任意指定一起点）

当前线宽为 0.0000（系统默认线宽）

指定下一个点或［圆弧（A）/半宽（H）/长度（L）/放弃（U）/宽度（W）]：

当出现以上最后一条命令时，可直接指定下一点，这时"多段线"命令就类似"直线"命令，与"直线"命令不同的是，使用"多段线"命令连续绘制完的图形，该图形整体是一个对象；而用"直线"命令连续绘制完的图形，每一条直线都是一个对象。本任务也可用多段线命令进行绘制。

现对该命令方括号内选项依次进行说明：

（1）圆弧（A）：将绘制直线改为绘制圆弧，且当前圆弧与上一条直线或圆弧总是相切。

（2）长度（L）：确定直线的长度。

（3）放弃（U）：放弃上一操作。

（4）半宽（H）/宽度（W）：更改多段线的线宽，其中半宽指多段线线宽的一半。

现通过以下例题加以说明，绘制如图 2-1-8 所示图形，线宽为 4 mm，箭头出线宽为 8 mm，下端直线长度为 100 mm，半圆半径为 20 mm，上端直线长度为 40 mm，箭头长度为 20 mm。

图 2-1-8 多段线实例

具体操作步骤如下：

命令：PL（键盘输入"多段线"命令"PL"）

PLINE

指定起点：（可任意指定一起点）

当前线宽为 0.0000（系统默认线宽）

指定下一个点或 [圆弧（A）/半宽（H）/长度（L）/放弃（U）/宽度（W）]：w（修改线宽）

指定起点宽度<0.0000>：4（设置起始宽度为4）

指定端点宽度<4.0000>：（尖括号内为默认值，端点宽度也为4）

指定下一个点或 [圆弧（A）/半宽（H）/长度（L）/放弃（U）/宽度（W）]：100（直线长度为100）

指定下一点或 [圆弧（A）/闭合（C）/半宽（H）/长度（L）/放弃（U）/宽度（W）]：a（由直线变为圆弧）

指定圆弧的端点或

[角度（A）/圆心（CE）/闭合（CL）/方向（D）/半宽（H）/直线（L）/半径（R）/第二个点（S）/放弃（U）/宽度（W）]：r（采用半径画圆弧）

指定圆弧的半径：20（输入圆弧半径）

指定圆弧的端点或 [角度（A）]：a（通过确定角度画圆弧）

指定包含角：180（设置圆心角为180°）

指定圆弧的弦方向<0>：（弦方向竖直向上）

指定圆弧的端点或

[角度（A）/圆心（CE）/闭合（CL）/方向（D）/半宽（H）/直线（L）/半径（R）/第二个点（S）/放弃（U）/宽度（W）]：l（由绘制圆弧变为绘制直线）

指定下一点或 [圆弧（A）/闭合（C）/半宽（H）/长度（L）/放弃（U）/宽度（W）]：40（输入直线长度）

指定下一点或 [圆弧（A）/闭合（C）/半宽（H）/长度（L）/放弃（U）/宽度（W）]：h（设置线宽）

指定起点半宽<2.0000>：4

指定端点半宽<4.0000>：0（端点恢复为0，形成箭头形状）

指定下一点或 [圆弧（A）/闭合（C）/半宽（H）/长度（L）/放弃（U）/宽度（W）]：20（输入直线长度）

指定下一点或 [圆弧（A）/闭合（C）/半宽（H）/长度（L）/放弃（U）/宽度（W）]：（Enter 键退出命令）

2.1.3 点

1. 设置点样式

【执行命令】

- 命令行：输入"PTYPE"→"Enter"。
- 菜单栏："格式"→"点样式"。
- 功能区："默认"选项卡→"实用工具"面板→ 点样式... 。
- 命令缩写：PTYPE。

【操作步骤】

执行上述操作后，弹出"点样式"对话框，如图2-1-5所示，可根据不同需求对点进行样式选择及大小设置。

2. 点

【执行命令】

- 命令行：输入"POINT"→"Enter"。

- 菜单栏："绘图"→"点"→"单点"或"多点"。
- 功能区："默认"选项卡→"绘图"面板→■■■■。
- 命令缩写：PO。

【操作步骤】

执行上述操作后，可进行点的绘制。可拾取点进行标记，也可采用输入坐标的方式绘制点。

需要注意的是，在功能区选择"点"命令时为"多点"，使用快捷键"PO"执行"点"命令时为"单点"。

3. 等分点

1）定数等分

【执行命令】

- 命令行：输入"DIVIDE"→"Enter"。
- 菜单栏："绘图"→"点"→"定数等分"。
- 功能区："默认"选项卡→"绘图"面板→■n。
- 命令缩写：DIV。

【操作步骤】

执行上述操作后，可以将所选择的对象分成指定的段数，且每段长度相等。如图2-1-9所示，将长90 mm的线段均匀地分为五段。

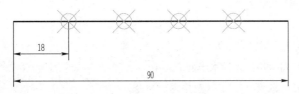

图2-1-9　定数等分

具体操作步骤如下：

命令：L（键盘输入"直线"命令"L"）
LINE
指定第一个点：（绘图区任意指定一点）
指定下一点或［放弃（U）］：90（光标水平向右）
指定下一点或［退出（E）/放弃（U）］：（空格退出命令）
命令：DIV（键盘输入"定数等分"命令"DIV"）
DIVIDE
选择要定数等分的对象：（选择刚绘制好的直线）
输入线段数目或［块（B）］：5

2）定距等分

【执行命令】

- 命令行：输入"MEASURE"→"Enter"。

- 菜单栏："绘图"→"点"→"定距等分"。
- 功能区："默认"选项卡→"绘图"面板→ [图标]。
- 命令缩写：ME。

【操作步骤】

执行上述操作后，可以将所选择的对象按指定间距等分，直到余下的部分不足一个间距。在调用"定距等分"命令后，命令栏弹出"选择要定距等分的对象："时，选择对象要注意鼠标单击的位置，这将决定是从该对象的哪一端开始划分间隔，系统默认从靠近鼠标单击的一端开始计算。

如图 2-1-10 所示，在长 90 mm 的线段上，每隔 20 mm 设置一个等分点，最后一段线段长度为 10 mm。鼠标在选择该直线时，应单击在直线的中点左端，才能得到如下等分。

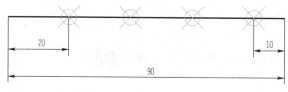

图 2-1-10　定距等分

具体操作步骤如下：

命令：L（键盘输入"直线"命令"L"）

LINE

指定第一个点：（绘图区任意指定一点）

指定下一点或［放弃（U）］：90（光标水平向右）

指定下一点或［退出（E）/放弃（U）］：（空格退出命令）

命令：ME（键盘输入"定距等分"命令"ME"）

MEASURE

选择要定距等分的对象：（选择刚绘制好的直线）

指定线段长度或［块（B）］：20

任务 2.2　绘制圆弧类图样

【任务描述】

调用样板文件"AutoCAD2020-A4-S.dwt"，在"粗实线"层和"中心线"层，综合利用"直线"命令、"圆"命令等绘图命令，根据图 2-2-1 所示尺寸，绘制如下圆弧类图样，并按要求命名保存。

【任务要求】

1. 在"中心线"层下，使用"直线"命令绘制图例中三组同心圆的中心线，完成圆心定位，并设置大小合适的线性比例，使其显示合理美观；

2. 在"粗实线"层下，用"圆命令"绘制三组同心圆及连接圆弧；

3. 打开"切点捕捉"功能，使用"直线"命令完成右侧与圆相切的直线绘制；

4. 使用"极轴追踪""对象捕捉"和"动态输入"等功能辅助绘图；

5. 图样绘制完成后，将其保存在以"学号＋姓名"的文件夹中，并将文件命名为"2－T－2绘制圆弧类图样.dwg"；

6. 使用"在命令提示行输入命令"的形式调用绘图命令，注重"功能键"和"组合键"的使用，以提高绘图效率。

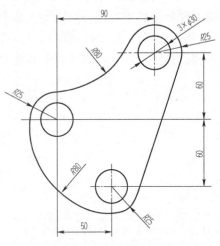

图 2－2－1　图示尺寸

【学习内容】

1."圆"命令、"圆弧"命令的多种调用方法，以及不同情况下所对应的各种绘制圆、圆弧方式的选用；

2."极轴追踪""对象捕捉"和"动态输入"等辅助功能的使用；

3. 图层的设置及选用。

一、绘图方式及步骤

（1）分析所给图形，确定绘图方案。通过分析图 2－2－1，此图由一些直线和圆弧组成，因此需用到"直线"命令、"圆"命令。

（2）绘制中心线。绘制这类图形，需先绘制圆弧的中心线来确定圆弧的圆心，从而确定各段圆弧的相对位置。在"中心线"层下，选择"直线"命令绘制中心线。

（3）绘制已知线段。确定好圆的圆心位置后，就可以去绘制圆心位置，确定尺寸大小及圆弧（如图 2－2－1 中 R25 mm、ϕ30 mm 的圆弧）。在"粗实线"层下，使用"圆"命令绘制各圆。

（4）绘制中间线段和连接线段。这一阶段去绘制一些定位尺寸不全或者没有定位尺寸的中间线段和连接线段（如 R80 mm 的圆弧、右侧的切线）。在"粗实线"层，打开"极轴追踪"和"对象捕捉"等功能，使用"圆"命令、"直线"命令绘制各元素。

（5）修剪、调整、完善图形。修剪多余线条，调整点画线比例等。

二、任务图形绘制

1. 调用样板文件

调用样板文件"AutoCAD2020－A4－S.dwt"。

2. 绘制圆的中心线

在"状态栏"打开"极轴追踪"和"对象捕捉"开关。在"中心线"层下，使用"直线"命令绘制圆的中心线。先绘制水平中心线 AB，然后重新选择"直线"命令，通过"对象捕捉"捕捉到端点 A，拖动鼠标水平向右，当出现如图 2-2-2 所示符号和文字时输入数值"30"，再将鼠标竖直向上绘制竖直中心线 DE。

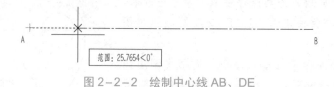

图 2-2-2　绘制中心线 AB、DE

具体操作步骤如下：

命令：L（键盘输入"直线"命令"L"）

LINE

指定第一个点：（在屏幕适当位置单击，作为起始点 A 的位置）

指定下一点或［放弃（U）］：150（光标水平向右，绘制完成直线 AB）

指定下一点或［退出（E）/放弃（U）］：（单击键盘上 Enter 键退出）

命令：L（键盘输入"直线"命令"L"）

LINE

指定第一个点：30（对象捕捉点 A，水平向右移动鼠标，输入 D 点距 A 点的距离 30）

指定下一点或［放弃（U）］：30（光标竖直向上，绘制完成直线 DE）

指定下一点或［退出（E）/放弃（U）］：（单击键盘上 Enter 键退出）

绘制其余中心线的方式与绘制直线 DE 的方式相同。最终绘制结果如图 2-2-3 所示。

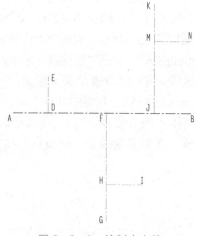

图 2-2-3　绘制中心线

具体操作步骤如下：

命令：L（键盘输入"直线"命令"L"）

LINE

指定第一个点：50（对象捕捉点 D，水平向右移动鼠标，输入 F 点距 D 点的距离 50）

指定下一点或［放弃（U）］：90（光标竖直向下，绘制完成直线 FG）

指定下一点或［退出（E）/放弃（U）]]：（单击键盘上 Enter 键退出）

命令：L（键盘输入"直线"命令"L"）

LINE

指定第一个点：60（对象捕捉点 F，竖直向下移动鼠标，输入 H 点距 F 点的距离 60）

指定下一点或［放弃（U）］：30（光标水平向右，绘制完成直线 HI）

指定下一点或［退出（E）/放弃（U）]]：（单击键盘上 Enter 键退出）

命令：L（键盘输入"直线"命令"L"）

LINE

指定第一个点：90（对象捕捉点 D，水平向右移动鼠标，输入 J 点距 D 点的距离 90）

指定下一点或［放弃（U）］：90（光标竖直向上，绘制完成直线 JK）

指定下一点或［退出（E）/放弃（U）]]：（单击键盘上 Enter 键退出）

命令：L（键盘输入"直线"命令"L"）

LINE

指定第一个点：60（对象捕捉点 J，竖直向上移动鼠标，输入 M 点距 J 点的距离 60）

指定下一点或［放弃（U）］：30（光标水平向右，绘制完成直线 MN）

指定下一点或［退出（E）/放弃（U）]]：（单击键盘上 Enter 键退出）

3. 绘制已知线段

在"粗实线"图层下，调用"圆"命令，分别以点 D、点 H、点 M 为圆心，绘制三组同心圆，如图 2-2-4 所示。

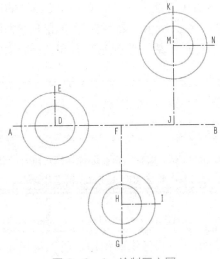

图 2-2-4　绘制同心圆

具体操作步骤如下：

命令：C（键盘输入"圆"命令"C"）

CIRCLE

指定圆的圆心或 [三点（3P）/两点（2P）/切点、切点、半径（T）]：（鼠标单击圆心点 D）

指定圆的半径或 [直径（D）]：25（输入大圆半径）

命令：CIRCLE（单击空格键，执行上一条命令）

指定圆的圆心或 [三点（3P）/两点（2P）/切点、切点、半径（T）]：（鼠标单击圆心点 H）

指定圆的半径或 [直径（D）] <25.0000>：（单击空格键，括号里为默认值）

命令：CIRCLE（单击空格键，执行上一条命令）

指定圆的圆心或 [三点（3P）/两点（2P）/切点、切点、半径（T）]：（鼠标单击圆心点 M）

指定圆的半径或 [直径（D）] <25.0000>：（单击空格键，括号里为默认值）

命令：C（键盘输入"圆"命令"C"）

CIRCLE

指定圆的圆心或 [三点（3P）/两点（2P）/切点、切点、半径（T）]：（鼠标单击圆心点 D）

指定圆的半径或 [直径（D）] <25.0000>：d（选择直径画圆）

指定圆的直径 <50.0000>：30（输入小圆直径）

命令：CIRCLE（单击空格键，执行上一条命令）

指定圆的圆心或 [三点（3P）/两点（2P）/切点、切点、半径（T）]：（鼠标单击圆心点 H）

指定圆的半径或 [直径（D）] <15.0000>：（单击空格键，括号里为默认值）

命令：CIRCLE（单击空格键，执行上一条命令）

指定圆的圆心或 [三点（3P）/两点（2P）/切点、切点、半径（T）]：（鼠标单击圆心点 M）

指定圆的半径或 [直径（D）] <15.0000>：（单击空格键，括号里为默认值）

4. 绘制中间线段和连接线段

1）绘制右端切线

在"粗实线"图层下，调用"直线"命令，单击"Ctrl"的同时单击鼠标右键，在弹出的菜单选择"切点"，如图 2-2-5 所示，然后鼠标单击下方大圆第四象限上任意一点；接着再以同样的方式找出另一个切点，从而绘制完毕右端切线，如图 2-2-6 所示。

具体操作步骤如下：

命令：L（键盘输入"直线"命令"L"）

LINE

指定第一个点：_tan 到（Ctrl+鼠标右键，选择切点，鼠标单击下方大圆第四象限任意一点）

指定下一点或 [放弃（U）]：_tan 到（Ctrl+鼠标右键，选择切点，鼠标单击最右大圆第四象限任意一点）

指定下一点或 [退出（E）/放弃（U）]：（单击键盘上 Enter 键退出）

2）绘制已知相切圆弧

继续在"粗实线"图层下，使用"圆"命令绘制左端两端相切圆弧。选择"圆"命令，因为已知这两段圆弧的半径，并且与两已知圆相切，所以可以使用"相切、相切、半径"的方式绘制这两段圆弧。因为当一个圆与另两个已知圆相切时有多种情况，所以在选择切点时要特别注意鼠标单击的位置。绘制结果如图 2-2-7 所示。

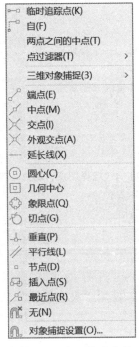

图 2-2-5 快捷菜单

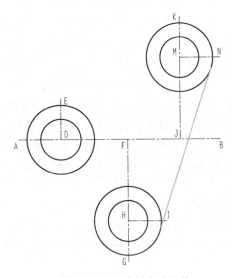

图 2-2-6 绘制右端切线

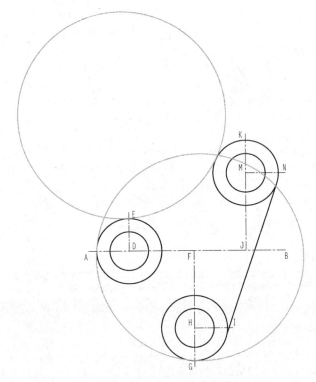

图 2-2-7 绘制相切圆弧

具体操作步骤如下：

命令：C（键盘输入"圆"命令"C"）

CIRCLE

指定圆的圆心或［三点（3P）/两点（2P）/切点、切点、半径（T）］：t（选择切点、切点、半径画圆）

指定对象与圆的第一个切点：（鼠标单击最左端大圆第二象限任意一点）

指定对象与圆的第二个切点：（鼠标单击最右端大圆第二象限任意一点）

指定圆的半径＜15.0000＞：80（输入圆半径）

命令：C（键盘输入"圆"命令"C"）

CIRCLE

指定圆的圆心或［三点（3P）/两点（2P）/切点、切点、半径（T）］：t（选择切点、切点、半径画圆）

指定对象与圆的第一个切点：（鼠标单击最左端大圆第二象限任意一点）

指定对象与圆的第二个切点：（鼠标单击下方大圆第三象限任意一点）

指定圆的半径＜80.0000＞：（单击空格键，尖括号里为默认值）

5. 修剪、整理

使用"修剪"命令（详见知识点 3.4.1）修剪多余线条，使用"夹点编辑"（详见知识点 3.6.4）调整点画线的长度，最终完成图如图 2-2-8 所示。

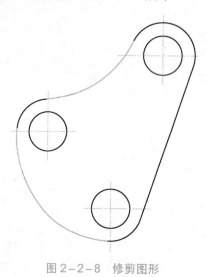

图 2-2-8　修剪图形

具体操作步骤如下：

命令：TR（键盘输入"修剪"命令"TR"）

TRIM

当前设置：投影＝UCS，边＝无

选择剪切边…

选择对象或＜全部选择＞：（单击空格键，默认全选）

选择要修剪的对象，或按住 Shift 键选择要延伸的对象，或

[栏选（F）/窗交（C）/投影（P）/边（E）/删除（R）/放弃（U）]：（依次选择要修剪的线条，后续重复命令略过，无法修剪的线条用"删除"命令删掉）

6. 保存图样

按要求保存图样，任务完成。

 相关知识

2.2.1 圆

【执行命令】

- 命令行：输入"CIRCLE"→"Enter"。
- 菜单栏："绘图"→"圆"命令。
- 功能区："默认"选项卡→"绘图"面板→![icon]。
- 命令缩写：C。

【操作步骤】

AutoCAD 中提供了 6 种方式绘制圆，如图 2-2-9 所示，接下来依次进行介绍。

1. "圆心、半径"画圆

此方式是 AutoCAD 中绘制圆的缺省模式，功能区选择此方式或者命令栏输入快捷键"C"后，根据命令栏提示，先指定圆心，后输入半径，即可完成圆的绘制。如本任务中的"R25"圆的绘制。

2. "圆心、直径"画圆

功能区：选择此方式后，根据命令栏提示，先指定圆心，后输入直径，即可完成圆的绘制。如本任务中的"φ30"圆的绘制。

快捷键：输入快捷键"C"，根据命令栏提示，先指定圆心，后输入表示"直径（D）"画圆的字母"D"，接着输入圆的直径，即可完成圆的绘制。如本任务中的"φ30"圆的绘制。

3. "两点"画圆

此方式适用于圆心位置未知，但是已知圆周上两点，且这两点连线为该圆直径。

功能区：选择此方式后，根据命令栏提示，先指定圆直径的第一个端点，后指定圆直径的第二个端点，即可完成圆的绘制。

快捷键：输入快捷键"C"，根据命令栏提示，输入表示"两点（2P）"画圆的数字字母"2P"，接着指定圆直径的第一个端点，再指定圆直径的第二个端点，即可完成圆的绘制。

图 2-2-9 圆命令的调用

练习：绘制一个等边三角形，边长自定，然后分别以三角形的边作为圆的直径画圆，如图 2-2-10 所示。

4. "三点" 画圆

此方式适用于圆的圆心半径未知，通过圆周上任意三点确定圆的大小和位置。

功能区：选择此方式后，根据命令栏提示，先指定圆上的第一个点，再指定圆上的第二个点，最后指定圆上的第三个点，即可完成圆的绘制。

快捷键：输入快捷键 "C"，根据命令栏提示，输入表示 "三点（3P）" 画圆的数字字母 "3P"，接着指定圆上的第一个点，再指定圆上的第二个点，最后指定圆上的第三个点，即可完成圆的绘制。

练习：绘制一个等边三角形，边长自定，然后过三角形的三个顶点画圆，如图 2-2-11 中的大圆。

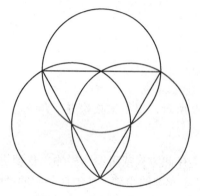

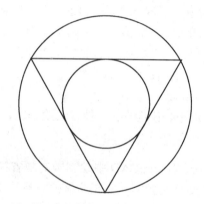

图 2-2-10 "两点" 画圆   图 2-2-11 "三点" 画圆和 "相切、相切、相切" 画圆

5. "相切、相切、半径" 画圆

此方式适用于圆的圆心未知，但是已知圆的半径，且与两个对象相切。

功能区：选择此方式后，根据命令栏提示，先指定对象与圆的第一个切点，然后指定对象与圆的第二个切点，最后输入圆的半径，即可完成圆的绘制。如本任务中的 "R80" 圆的绘制。

快捷键：输入快捷键 "C"，根据命令栏提示，输入表示 "切点、切点、半径（T）" 画圆的字母 "T"，接着指定对象与圆的第一个切点，再指定对象与圆的第二个切点，最后输入圆的半径，即可完成圆的绘制，如本任务中的 "R80" 圆的绘制。

当相切对象相同、半径相同时，会产生多个圆，所以使用本方式进行画圆时，选择相切对象切点位置至关重要。如果相切对象是圆，选择切点位置时可根据象限点大致对切点分区。总之，需要通过观察，选一个比较接近真实切点的位置。

6. "相切、相切、相切"画圆

此方式适用于圆的圆心半径未知,但是已知圆与三个对象相切。

功能区:选择此方式后,根据命令栏提示,先指定对象与圆的第一个切点,然后指定对象与圆的第二个切点,最后指定对象与圆的第三个切点,即可完成圆的绘制。

快捷键:输入快捷键"C",根据命令栏提示,输入表示"三点(3P)"画圆的数字字母"3P",接着指定圆上的第一个点之前,按下 Shift+鼠标右键,选择切点,同样方式再指定圆与对象的第二个切点、第三个切点,即可完成圆的绘制。

练习:绘制一个等边三角形,边长自定,然后作一个圆,该圆与三角形的三条边都相切,如图 2-2-10 中的小圆。

2.2.2 圆弧

【执行命令】

● 命令行:输入"ARC"→"Enter"。
● 菜单栏:"绘图"→"圆弧"命令。
● 功能区:"默认"选项卡→"绘图"面板→▨。
● 命令缩写:A。

【操作步骤】

AutoCAD 中提供了 11 种方式绘制圆弧,如图 2-2-12 所示,接下来依次进行介绍。

1. "三点"画圆弧

此方式是 AutoCAD 中绘制圆弧的缺省模式,功能区选择此方式或者命令栏输入快捷键"A"后,根据命令栏提示,先指定圆弧的起点,再指定圆弧的第二个点(圆弧上的任意一点,在起点和端点之间),最后指定圆弧的端点,即可完成该圆弧的绘制,如图 2-2-13 所示。

2. "起点、圆心、X"画圆弧

选择此类别进行圆弧绘制时,根据命令栏提示,先指定圆弧的起点,接着指定圆弧的圆心,起点到圆心的距离即圆弧半径,最后指定该圆弧的端点、角度或者弦长,即可完成该圆弧的绘制。

1)"起点、圆心、端点"画圆弧

功能区:选择此方式后,根据命令栏提示,先指定圆弧的起点,接着指定圆弧的圆心,最后指定该圆弧的端点,即可完成圆弧的绘制,如图 2-2-14 所示的圆弧 1。

快捷键:输入快捷键"A",根据命令栏提示,先指定圆弧的起点,接着输入选择"圆心(C)"的字母"C",指定圆弧的

图 2-2-12 圆弧命令调用

圆心，最后指定该圆弧的端点，即可完成圆弧的绘制。

使用此方式绘制圆弧应注意，从起点开始绘制，到端点结束绘制，必须是逆时针的方向，如图 2-2-13 所示的圆弧 1 和圆弧 2，起点沿着圆弧旋转到端点，均为逆时针方向。

2）"起点、圆心、角度"画圆弧

功能区：选择此方式后，根据命令栏提示，先指定圆弧的起点，接着指定圆弧的圆心，最后输入该圆弧的圆心角数值，即可完成圆弧的绘制，如图 2-2-15 所示的圆弧 1。

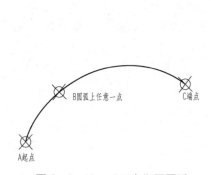

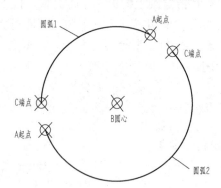

图 2-2-13 "三点"画圆弧　　　　图 2-2-14 "起点、圆心、端点"画圆弧

快捷键：输入快捷键"A"，根据命令栏提示，先指定圆弧的起点，接着输入选择"圆心（C）"的字母"C"，指定圆弧的圆心，最后输入选择"角度（A）"的字母"A"，输入该圆弧的圆心角数值，即可完成圆弧的绘制。

使用此方式绘制圆弧应注意，此处角度是指圆弧对应的圆心角的角度，有正负之分，当为正值时，该圆弧从起点逆时针旋转所输数值后得到，如图 2-2-15 所示的圆弧 1；当为负值时，该圆弧从起点顺时针旋转所输数值后得到，如图 2-2-15 所示的圆弧 2。

3）"起点、圆心、长度"画圆弧

功能区：选择此方式后，根据命令栏提示，先指定圆弧的起点，接着指定圆弧的圆心，最后输入该圆弧对应的弦长数值，即可完成圆弧的绘制，如图 2-2-16 所示的圆弧 1。

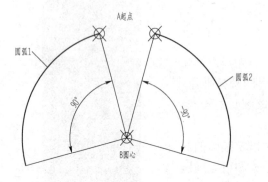

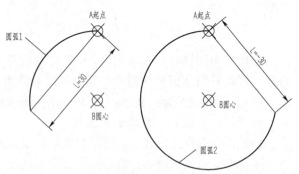

图 2-2-15 起点、圆心、角度绘制圆弧　　　图 2-2-16 "起点、圆心、长度"画圆弧

快捷键：输入快捷键"A"，根据命令栏提示，先指定圆弧的起点，接着输入选择"圆心（C）"的字母"C"，指定圆弧的圆心，最后输入选择"弦长（L）"的字母"L"，输入该

圆弧的弦长数值，即可完成圆弧的绘制。

使用此方式绘制圆弧应注意，由于在输入弦长数值之前已由起点和圆心确定了该圆的半径，即确定了该圆直径，故所输入弦长数值不可大于该圆直径。此处的弦长也有正负之分，当其为正值时，将得到小于半圆的劣弧，如图 2-2-16 所示的圆弧 1；当为负值时，将得到大于半圆的优弧，如图 2-2-16 所示的圆弧 2。

3."起点、端点、X"画圆弧

选择此类别进行圆弧绘制时，根据命令栏提示，先指定圆弧的起点，接着指定圆弧的端点，起点到端点的连线实为所成圆弧的弦，最后指定该圆弧的圆心角、圆弧起点的切线方向或者半径，即可完成该圆弧的绘制。

1)"起点、端点、角度"画圆弧

功能区：选择此方式后，根据命令栏提示，先指定圆弧的起点，接着指定圆弧的端点，最后输入该圆弧的圆心角数值，即可完成圆弧的绘制，如图 2-2-17 所示的圆弧 1。

快捷键：输入快捷键"A"，根据命令栏提示，先指定圆弧的起点，接着输入选择"端点（E）"的字母"E"，指定圆弧的端点，最后输入选择"角度（A）"的字母"A"，输入该圆弧的圆心角数值，即可完成圆弧的绘制。

使用此方式绘制圆弧应注意，圆心角有正负之分。当输入圆心角为正值时，该圆弧从起点到端点为逆时针旋转所输角度后得到，当输入圆心角数值为小于 180°时，将得到小于半圆的劣弧，如图 2-2-17 所示的圆弧 1；当输入圆心角数值为等于 180°时，该圆弧正好为半圆；当输入圆心角数值为大于 180°，将得到大于半圆的优弧。当输入圆心角为负值时，该圆弧从起点到端点为顺时针旋转所输角度后得到，如图 2-2-17 所示的圆弧 2。

2)"起点、端点、方向"画圆弧

功能区：选择此方式后，根据命令栏提示，先指定圆弧的起点，接着指定圆弧的端点，最后指定圆弧起点的切线方向，即可完成圆弧的绘制，如图 2-2-18 所示。

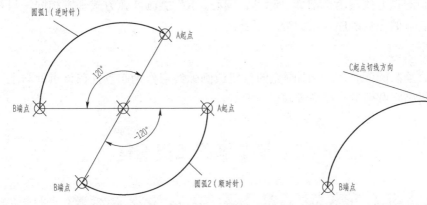

图 2-2-17　"起点、端点、角度"画圆弧　　　　图 2-2-18　"起点、端点、方向"画圆弧

快捷键：输入快捷键"A"，根据命令栏提示，先指定圆弧的起点，接着输入选择"端点（E）"的字母"E"，指定圆弧的端点，最后输入选择"方向（D）"的字母"D"，指定圆弧起点的切线方向，即可完成圆弧的绘制。

3）"起点、端点、半径"画圆弧

功能区：选择此方式后，根据命令栏提示，先指定圆弧的起点，接着指定圆弧的端点，最后输入该圆弧的半径，即可完成圆弧的绘制，如图2-2-19所示的圆弧1。

快捷键：输入快捷键"A"，根据命令栏提示，先指定圆弧的起点，接着输入选择"端点（E）"的字母"E"，指定圆弧的端点，最后输入选择"半径（R）"的字母"R"，输入该圆弧的半径，即可完成圆弧的绘制。

使用此方式绘制圆弧应注意，圆弧为起点到端点逆时针旋转所得，半径值有正负之分。半径为正值时，将得到小于半圆的劣弧，如图2-2-19所示的圆弧1；当为负值时，将得到大于半圆的优弧，如图2-2-19所示的圆弧2。

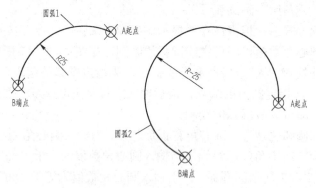

图2-2-19　"起点、端点、半径"画圆弧

4. "圆心、起点、X"画圆弧

此类画圆弧方式分为"圆心、起点、端点"画圆弧，"圆心、起点、角度"画圆弧，"圆心、起点、长度"画圆弧三种方式。

由于此类画圆弧方式与第2部分"起点、圆心、X"类画圆弧方式基本相同，只是交换了绘制圆心和起点的先后顺序，故此处不再赘述。

5. "连续"画圆弧

选择该方式绘制圆弧时，会以刚画完的直线或圆弧终点作为起点且在该点处与上一对象相切，所以只需确定圆弧端点位置即可。

任务 2.3　绘制椭圆弧类图样

【任务描述】

调用样板文件"AutoCAD2020-A4-S.dwt"，在"粗实线"层和"中心线"层，综合利用"直线"命令、"圆"命令、"椭圆"命令等绘图命令，根据图2-3-1所示尺寸，绘制如下椭圆类图样，并按要求命名保存。

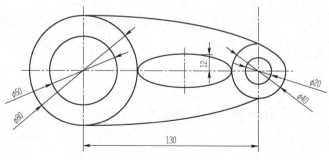

图 2-3-1　图示尺寸

【任务要求】

1. 在"中心线"层下，使用"直线"命令绘制图 2-3-1 各个圆、椭圆的中心线，完成圆心定位，并设置合适的线性比例，使其显示整齐美观；

2. 在"粗实线"层下，使用"圆"命令、"椭圆"命令绘制轮廓线；

3. 使用"极轴追踪""对象捕捉"和"动态输入"等功能辅助绘图；

4. 图样绘制完成后，将其保存在以"学号＋姓名"的文件夹中，并将文件命名为"2-T-3 绘制椭圆弧类图样.dwg"；

5. 使用"在命令提示行输入命令"的形式调用绘图命令，注重"功能键"和"组合键"的使用，以提高绘图效率。

【学习内容】

1. "椭圆"命令、"椭圆弧"命令的多种调用方法，以及不同情况下所对应的各种绘制椭圆、椭圆弧方式的选用；

2. "极轴追踪""对象捕捉"和"动态输入"等辅助功能的使用；

3. 图层的设置及选用。

一、绘图方式及步骤

（1）分析所给图形，确定绘图方案。通过分析上图，此图由一些直线、圆弧、椭圆弧组成，因此需用到"直线"命令、"圆"命令、"椭圆"命令。

（2）绘制中心线。绘制这类图形需先绘制已知圆心位置的圆弧、椭圆弧的中心线，通过确定其圆心从而确定各个圆弧、椭圆弧的相对位置。在"中心线"层下，选择"直线"命令绘制中心线。

（3）绘制已知线段。确定好圆的圆心位置后，就可以去绘制圆心位置确定且尺寸大小也确定的圆弧或者椭圆弧（如图 2-3-1 中 ϕ80 mm、ϕ50 mm 的圆弧）。在"粗实线"层下，使用"圆"命令绘制各圆。

（4）绘制中间线段和连接线段。这一阶段去绘制一些定位尺寸不全或者没有定位尺寸的中间线段和连接线段（如中间的椭圆）。在"粗实线"层下，打开"极轴追踪"和"对象捕捉"等功能，使用"椭圆"命令绘制各元素。

（5）修剪、调整、完善图形。修剪多余线条，调整点画线比例、长度等。

二、任务图形绘制

1. 调用样板文件

调用样板文件"AutoCAD2020-A4-S.dwt"。

2. 绘制圆、椭圆的中心线

在"状态栏"打开"极轴追踪"和"对象捕捉"开关。在"点画线"图层下，使用"直线"命令绘制圆、椭圆的中心线。先绘制水平中心线 AB，然后重新选择"直线"命令，通过"对象捕捉"捕捉到端点 A，拖动鼠标水平向右移动，输入"45"确定 D 点位置，绘制直线 DE；接下来再重新选择"直线"命令，通过"对象捕捉"捕捉到端点 D，拖动鼠标水平向右移动，输入"130"确定 F 点位置，绘制直线 FG。绘制完毕如图 2-3-2 所示。

图 2-3-2　中心线绘制

具体操作步骤如下：

命令：L（键盘输入"直线"命令"L"）

LINE

指定第一个点：（在屏幕适当位置单击，作为起始点 A 的位置）

指定下一点或 [放弃（U）]：200（光标水平向右，绘制完成直线 AB）

指定下一点或 [退出（E）/放弃（U）]：（单击键盘上 Enter 键退出）

命令：L（键盘输入"直线"命令"L"）

LINE

指定第一个点：45（对象捕捉点 A，水平向右移动鼠标，输入 D 点距 A 点的距离 45）

指定下一点或 [放弃（U）]：45（光标竖直向上，绘制完成直线 DE）

指定下一点或 [退出（E）/放弃（U）]：（单击键盘上 Enter 键退出）

命令：L（键盘输入"直线"命令"L"）

LINE

指定第一个点：130（对象捕捉点 D，水平向右移动鼠标，输入 F 点距 D 点的距离 130）

指定下一点或 [放弃（U）]：25（光标竖直向上，绘制完成直线 DE）

指定下一点或 [退出（E）/放弃（U）]：（单击键盘上 Enter 键退出）

3. 绘制已知圆

在"粗实线"图层下，使用"圆"命令采用"圆心、直径"的方式，分别以点 D、点 F 为圆心绘制两组同心圆，如图 2-3-3 所示。

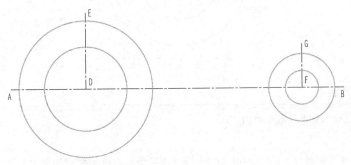

图 2-3-3　绘制同心圆

具体操作步骤如下：

命令：C（键盘输入"圆"命令"C"）

CIRCLE

指定圆的圆心或 [三点（3P）/两点（2P）/切点、切点、半径（T）]：（鼠标单击圆心点 D）

指定圆的半径或 [直径（D）] <22.4068>：d（选择直径画圆）

指定圆的直径<44.8136>：50（输入小圆直径）

命令：CIRCLE（单击空格键，执行上一条命令）

指定圆的圆心或 [三点（3P）/两点（2P）/切点、切点、半径（T）]：（鼠标单击圆心点 D）

指定圆的半径或 [直径（D）] <25.0000>：d（选择直径画圆）

指定圆的直径<50.0000>：80（输入大圆直径）

命令：C（键盘输入"圆"命令"C"）

CIRCLE

指定圆的圆心或 [三点（3P）/两点（2P）/切点、切点、半径（T）]：（鼠标单击圆心点 F）

指定圆的半径或 [直径（D）] <40.0000>：d（选择直径画圆）

指定圆的直径<80.0000>：20（输入小圆直径）

命令：CIRCLE（单击空格键，执行上一条命令）

指定圆的圆心或 [三点（3P）/两点（2P）/切点、切点、半径（T）]：（鼠标单击圆心点 F）

指定圆的半径或 [直径（D）] <10.0000>：d（选择直径画圆）

指定圆的直径<20.0000>：40（输入大圆直径）

4. 绘制椭圆

在"粗实线"图层下，使用"椭圆"命令绘制椭圆。其中采用"圆心"的方式绘制较大椭圆，采用"轴、端点"方式绘制较小椭圆，如图 2-3-4 所示。

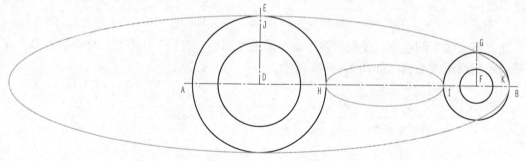

图 2-3-4　绘制椭圆

具体操作步骤如下：

命令：EL（键盘输入"椭圆"命令"EL"）

ELLIPSE

指定椭圆的轴端点或［圆弧（A）/中心点（C）］：c（选择中心点绘制椭圆的方式）

指定椭圆的中心点：（鼠标单击点 D）

指定轴的端点：（鼠标单击点 J）

指定另一条半轴长度或［旋转（R）］：（鼠标单击点 K）

命令：EL（键盘输入"椭圆"命令"EL"）

ELLIPSE

指定椭圆的轴端点或［圆弧（A）/中心点（C）］：（鼠标单击点 H）

指定轴的另一个端点：（鼠标单击点 I）

指定另一条半轴长度或［旋转（R）］：12（光标竖直向上，输入短轴半径）

5. 修剪、整理

使用"修剪"命令（详见知识点 3.4.1）、"删除"命令修剪删除多余线条，使用夹点编辑（详见知识点 3.6.4）调整点画线的长度。最终完成如图 2-3-5 所示图样。

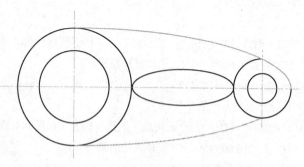

图 2-3-5　修剪、整理

具体操作步骤如下：

命令：TR（键盘输入"修剪"命令"TR"）

TRIM

当前设置：投影 = UCS，边 = 无

选择剪切边…

选择对象或＜全部选择＞：（单击空格键，默认全选）

选择要修剪的对象，或按住 Shift 键选择要延伸的对象，或

[栏选（F）/窗交（C）/投影（P）/边（E）/删除（R）/放弃（U）]：（依次选择要修剪的线条，后续重复
命令略过，无法修剪的线条用"删除"命令删掉）

6. 保存图样

按要求保存图样，任务完成。

2.3.1　椭圆和椭圆弧命令

【执行命令】

- 命令行：输入"ELLIPSE"→"Enter"。
- 菜单栏："绘图"→"椭圆"命令。
- 功能区："默认"选项卡→"绘图"面板→  。
- 命令缩写：EL。

【操作步骤】

AutoCAD 中提供了 2 种方式绘制椭圆，1 种方式绘制椭圆弧，
如图 2-3-6 所示，接下来依次进行介绍。

图 2-3-6　椭圆命令调用

1. "圆心"画椭圆

功能区：选择此方式或者命令栏输入快捷键"EL"后，根据命
令栏提示，先指定椭圆的中心点，然后指定其中一个轴的端点，再
指定另一条半轴长度，即可完成椭圆的绘制，如本任务中外围较大椭圆的绘制。

快捷键：输入快捷键"EL"，根据命令栏提示"指定椭圆的轴端点或 [圆弧（A）/中心
点（C）]："，输入选择"中心点（C）"的字母"C"，指定椭圆的圆心，接着指定其中一个轴
的端点，再指定另一条半轴长度，即可完成椭圆的绘制。

2. "轴、端点"画椭圆

此方式是 AutoCAD 中绘制椭圆的缺省模式。

功能区：选择此方式或者命令栏输入快捷键"EL"后，根据命令栏提示，先指定椭圆
第一个轴线的两个端点，后确定另一个轴的轴半径，即可完成椭圆的绘制。如本任务中中间
较小椭圆的绘制。

快捷键：输入快捷键"EL"，根据命令栏提示，先指定椭圆的第一个轴的端点，然后指
定该轴的另一个端点，最后指定另一条半轴长度，即可完成椭圆的绘制。

3. 椭圆弧的绘制

绘制椭圆弧与绘制椭圆类似，只是在最后加两步，指定起始角度和终止角度，注意起始点到终止点为逆时针旋转，其余这里不再赘述。

任务 2.4　绘制组合图形

【任务描述】

调用样板文件"AutoCAD2020－A4－S.dwt"，在"粗实线"层和"中心线"层，综合利用"矩形"命令、"直线"命令、"圆"命令、"多边形"命令、"图案填充"命令等绘图命令，根据图 2－4－1 所示尺寸，绘制如下组合图样，并按要求命名保存。

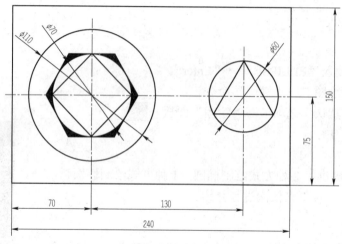

图 2－4－1　组合图样

【任务要求】

1. 在"粗实线"层下，使用"矩形"命令绘制矩形；

2. 在"中心线"层下，使用"直线"命令绘制图例中圆的中心线，完成圆心定位，并设置大小合适的线性比例，使其显示合理美观；

3. 在"粗实线"层下，用"圆命令"绘制左右两组圆；

4. 在"粗实线"层下，使用"多边形"命令绘制等边三角形、正方形、正六边形；

5. 在"粗实线"层下，使用"直线"命令绘制切线；

6. 在"粗实线"层下，使用"图案填充"命令填充左侧黑色部分；

7. 使用"极轴追踪""对象捕捉"和"动态输入"等功能辅助绘图；

8. 图样绘制完成后，将其保存在以"学号＋姓名"的文件夹中，并将文件命名为"2－T－4绘制组合图样.dwg"；

9. 使用"在命令提示行输入命令"的形式调用绘图命令，注重"功能键"和"组合键"

的使用，以提高绘图效率。

【学习内容】

1. "矩形"命令、"多边形"命令、"图案填充"的多种调用方法及使用；

2. "极轴追踪""对象捕捉"和"动态输入"等辅助功能的使用。

一、绘图方式及步骤

（1）分析所给图形，确定绘图方案。通过分析上图，此图由一些直线、圆、矩形、正多边形组成，因此需用到"直线"命令、"圆"命令、"矩形"命令、"多边形"命令。

（2）绘制矩形外框。绘制这类图形一般情况下可从外往内绘制，因此首先在"粗实线"层下，使用"矩形"命令绘制矩形外框。

（3）绘制中心线。绘制完矩形后，画内部的图形时需先绘制圆的中心线用以确定圆心。在"中心线"层下，选择"直线"命令绘制中心线。

（4）绘制圆。确定好圆的圆心位置后，就可以去绘制左边的一组同心圆和右边的一个圆。在"粗实线"层下，使用"圆"命令绘制各圆。

（5）绘制正多边形。在"粗实线"层下，使用"多边形"命令绘制左边的正方形、正六边形和右边的等腰三角形。

（6）绘制切线。在"粗实线"层下，调用"直线"命令，通过"对象捕捉"捕捉切点来完成绘制。

（7）图案填充。在"粗实线"层下，使用"图案填充"命令填充左边正六边形和小圆之间的区域。

（8）调整、完善图形。调整点画线比例、长度等，使图样整洁美观。

二、任务图形绘制

1. 调用样板文件

调用样板文件"AutoCAD2020－A4－S.dwt"。

2. 绘制矩形外框

在"粗实线"层下，使用"矩形"命令绘制矩形外框，如图2－4－2所示。

具体操作步骤如下：

命令：REC（键盘输入"矩形"命令"REC"）
RECTANG
指定第一个角点或［倒角（C）/标高（E）/圆角（F）/厚度（T）/宽度（W）］：（鼠标单击绘图区任意一点，记为点A）
指定另一个角点或［面积（A）/尺寸（D）/旋转（R）］：@240，150（输入C点相对于A点的坐标）

3．绘制中心线

在"中心线"图层，使用"直线"命令绘制圆的中心线。

首先绘制水平中心线，因正好是矩形的中线，所以在调用了"直线"命令后，可通过单击"Ctrl"的同时单击鼠标右键，在弹出的菜单选择"中点"，然后水平向右拖动鼠标绘制。

接着重新选择"直线"命令，通过"对象捕捉"捕捉到端点 A，拖动鼠标水平向右移动，输入"70"确定 E 点位置，绘制直线 EF；接下来再重新选择"直线"命令，通过"对象捕捉"捕捉到端点 E，拖动鼠标水平向右移动，输入"130"确定 G 点位置，绘制直线 GH。绘制完毕如图 2-4-3 所示。

具体操作步骤如下：

命令：L（键盘输入"直线"命令"L"）

LINE

指定第一个点：_mid 于（Ctrl+右键，选择中点，单击 AD 中点）

指定下一点或 [放弃（U）]：（水平向右绘制直线，与 BC 相交）

指定下一点或 [退出（E）/放弃（U）]：（空格退出命令）

命令：L（键盘输入"直线"命令"L"）

LINE

指定第一个点：70（对象捕捉点 A，水平向右移动鼠标，输入 E 点距 A 点 70）

指定下一点或 [放弃（U）]：（竖直向上绘制）

指定下一点或 [退出（E）/放弃（U）]：（空格退出命令）

命令：LINE（单击空格，执行上一命令）

指定第一个点：130（对象捕捉点 E，水平向右移动鼠标，输入 G 点距 E 点 130）

指定下一点或 [放弃（U）]：（竖直向上绘制）

指定下一点或 [退出（E）/放弃（U）]：（空格退出命令）

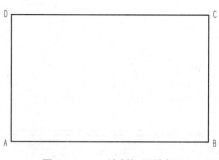

图 2-4-2　绘制矩形外框

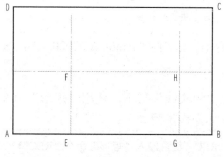

图 2-4-3　绘制中心线

4．绘制圆

在"粗实线"图层，使用"圆"命令绘制左端的一组同心圆以及右端的圆，绘制完成如图 2-4-4 所示。具体操作步骤如下：

命令：C（键盘输入"圆"命令"C"）

CIRCLE

指定圆的圆心或 ［三点（3P）/两点（2P）/切点、切点、半径（T）］：（单击点 F）

指定圆的半径或 ［直径（D）］：d（选择直径画圆）

指定圆的直径：70（输入左边小圆直径）

命令：CIRCLE（单击空格键，执行上一命令）

指定圆的圆心或 ［三点（3P）/两点（2P）/切点、切点、半径（T）］：（单击点 F）

指定圆的半径或 ［直径（D）］＜35.0000＞：d（选择直径画圆）

指定圆的直径＜70.0000＞：110（输入左边大圆直径）

命令：CIRCLE（单击空格键，执行上一命令）

指定圆的圆心或 ［三点（3P）/两点（2P）/切点、切点、半径（T）］：（单击点 H）

指定圆的半径或 ［直径（D）］＜55.0000＞：d（选择直径画圆）

指定圆的直径＜110.0000＞：60（输入右边圆直径）

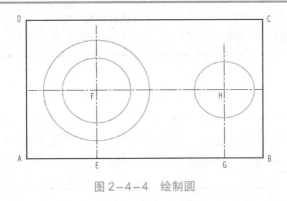

图 2-4-4 绘制圆

5. 绘制正多边形

在"粗实线"图层下，使用"多边形"命令绘制内接于圆的等边三角形和正方形、外切于圆的正六边形，绘制完成如图 2-4-5 所示。

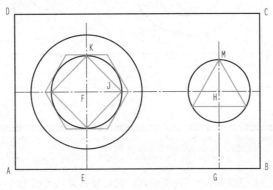

图 2-4-5 绘制正多边形

具体操作步骤如下：

命令：POL（键盘输入"多边形"命令"POL"）

POLYGON 输入侧面数<3>：4（输入左侧正方形边数）

指定正多边形的中心点或［边（E）］：（单击中心点 F）

输入选项［内接于圆（I）/外切于圆（C）］<I>：（尖括号内默认内接于圆，单击空格键）

指定圆的半径：（单击点 J）

命令：POL（键盘输入"多边形"命令"POL"）

POLYGON 输入侧面数<4>：6（输入左侧正六边形边数）

指定正多边形的中心点或［边（E）］：（单击中心点 F）

输入选项［内接于圆（I）/外切于圆（C）］<I>：c（选择外切于圆）

指定圆的半径：（单击点 K）

命令：POL（键盘输入"多边形"命令"POL"）

POLYGON 输入侧面数<6>：3（输入右侧正三角形边数）

指定正多边形的中心点或［边（E）］：（单击中心点 H）

输入选项［内接于圆（I）/外切于圆（C）］<C>：i（选择内接于圆）

指定圆的半径：（单击点 M）

6. 绘制切线

在"粗实线"图层，使用"直线"命令绘制上下两条切线。

调用"直线"命令，单击"Ctrl"的同时单击鼠标右键，在弹出的菜单选择"切点"，然后鼠标单击左边大圆上方任意一点（尽量避开特殊点）；接着再以同样的方式单击右边圆的上方，从而绘制完毕上端切线。下端切线的绘制方法同上。绘制完毕如图2-4-6所示。

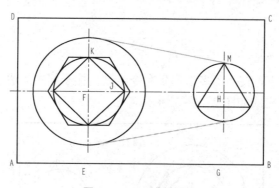

图2-4-6 绘制切线

具体操作步骤如下：

命令：L（键盘输入"直线"命令"L"）

LINE

指定第一个点：_tan 到（Ctrl+鼠标右键，选择切点，鼠标单击左边大圆上方任意一点）

指定下一点或［放弃（U）］：_tan 到（Ctrl+鼠标右键，选择切点，鼠标单击右圆上方任意一点）

指定下一点或［退出（E）/放弃（U）］：（单击空格退出命令）

命令：LINE（单击空格键，执行上一命令）

指定第一个点：_tan 到（Ctrl＋鼠标右键，选择切点，鼠标单击左边大圆下方任意一点）

指定下一点或［放弃（U）］：_tan 到（Ctrl＋鼠标右键，选择切点，鼠标单击右圆下方任意一点）

指定下一点或［退出（E）/放弃（U）］：（单击空格键退出命令）

7. 图案填充

在"粗实线"图层，使用"图案填充"命令填充指定区域，设置如图2－4－7所示。图案选择"SOLID"，颜色选择"黑色"。绘制完成如图2－4－8所示。

图2－4－7 图案填充设置

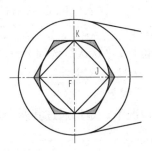

图2－4－8 图案填充

具体操作步骤如下：

命令：H（键盘输入"图案填充"命令"H"）

HATCH

拾取内部点或［选择对象（S）/放弃（U）/设置（T）］：t（设置图案类型，如图2－4－7所示）

拾取内部点或［选择对象（S）/放弃（U）/设置（T）］：正在选择所有对象...（单击填充区域）

正在选择所有可见对象...

正在分析所选数据...

正在分析内部孤岛...

8. 整理、检查

最后需要对所绘制的图形进行检查、整理，调整中心线长度，如图2－4－9所示。

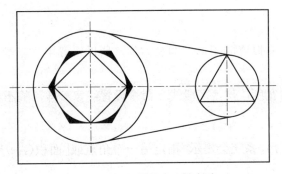

图2－4－9 调整中心线长度

9. 保存图样

按要求保存图样，任务完成。

2.4.1 矩形

【执行命令】

- 命令行：输入"RECTANG"→"Enter"。
- 菜单栏："绘图"→"矩形"命令。
- 功能区："默认"选项卡→"绘图"面板→▣。
- 命令缩写：REC。

【操作步骤】

通常情况下，矩形通过其两个对角点来绘制。

1. 第一步

执行"矩形"命令后，命令栏提示"指定第一个角点或［倒角（C）/标高（E）/圆角（F）/厚度（T）/宽度（W）］："，现分别进行说明。

1）指定第一个角点

该方式是选择矩形命令后系统默认的绘制矩形方式，若选择上述方括号内的其他情况，在设置完成相关内容后，也还是需要指定第一个角点。

2）倒角（C）

用于绘制带倒角的矩形，也可先绘制常规矩形，后用"倒角"命令统一进行倒角的绘制。（见知识点 3.4.3）

3）标高（E）

用于指定矩形所在平面的高度（Z 轴上），所以一般用于三维绘图，默认 Z 坐标为 0。

4）圆角（F）

用于绘制带倒圆角的矩形，也可先绘制常规矩形，后用"倒圆角"命令统一进行圆角的绘制。（见知识点 3.4.4）

5）厚度（T）

用于绘制在 Z 轴上有厚度的矩形，即长方体，所以一般用于三维制图。

6）宽度（W）

用于指定矩形线的宽度，与"多段线"命令设置线宽一样，故不再赘述。

2. 第二步

指定完第一个角点后，系统会提示"指定另一个角点或［面积（A）/尺寸（D）/旋转（R）］："，现分别进行说明。

1）指定另一个角点

此方法是最常规的绘制矩形的方式，通过确定矩形的两个角点的位置来确定矩形的大小。若已知矩形长和宽，与在直角坐标系中绘制直线无异，可理解为通过确定矩形的对角线从而确定矩形。本任务中的矩形绘制即选用了此方式。

2）面积（A）

此方式用于绘制已知面积的矩形，系统会根据已知的长或宽，自动计算出另一边的长度。

3）尺寸（D）

用于绘制已知长和宽的矩形，根据系统提示，指定矩形长度（X坐标）、宽度（Y坐标），然后确定第二个角点的方位。

4）旋转（R）

用于绘制按指定角度旋转的矩形。选择该选项后，系统提示"指定旋转角度或［拾取点（P）］＜0＞："可直接输入旋转角度，逆时针旋转为正值；也可选择"拾取点（P）"，通过拾取两个点来确定矩形的旋转角度，并确定矩形的一条边。

2.4.2　多边形

【执行命令】

- 命令行：输入"POLYGON"→"Enter"。
- 菜单栏："绘图"→"多边形"命令。
- 功能区："默认"选项卡→"绘图"面板→■。
- 命令缩写：POL。

【操作步骤】

多边形命令指的是绘制正多边形，执行"多边形"命令后，系统会提示"指定正多边形的中心点或［边（E）］："。AutoCAD 中提供了两种类别的方式进行正多边形的绘制，一种是通过确定"内接于圆"或"外切于圆"的多边形的圆心来绘制，另一种是通过确定正多边形边长来绘制，现分别进行说明。

1. 指定正多边形的中心点

当已知正多边形的边数、外接圆或内切圆的圆心位置及半径，可采用此方式绘制正多边形。

1）内接于圆

如图 2-4-10 所示，绘制内接于圆的正六边形，且已知其外接圆半径和圆心位置。本任务中内接四边形和内接三角形的绘制即采用了此方式。

2）外切于圆

如图 2-4-11 所示，绘制外切于圆的正六边形，且已知其内切圆半径和圆心位置。本任务中外切正六边形的绘制即采用了此方式。

2. 边长

当已知正多边形的边数和其中一条边的位置和长度，可采用此方式绘制。绘制时首先输入多边形边数，然后选择"边长（E）"，绘制已知边的两个端点后会按照逆时针的方向创建多边形。

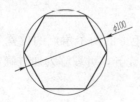

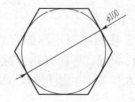

图 2-4-10　内接于圆的正六边形　　图 2-4-11　外切于圆的正六边形

2.4.3　图案填充

【执行命令】

- 命令行：输入"HATCH"→"Enter"。
- 菜单栏："绘图"→"图案填充"命令。
- 功能区："默认"选项卡→"绘图"面板→■。
- 命令缩写：H。

【操作步骤】

1. 图案填充创建

执行"图案填充"命令后，功能区会显示"图案填充创建"选项卡，包含"边界""图案""特性""原点""选项""关闭"6个面板，如图2-4-12所示。通过选择填充边界、指定填充图案、设置图案特性、指定原点、设置相关选项等来完成图案的填充。

图 2-4-12　"图案填充创建"选项卡

1）边界

确定图案填充的边界有两种方式："拾取点"和"选择"。

采用"拾取点"的方式时，单击所需填充的封闭区域内任意一点，系统会根据现有对象自动确定图案填充边界。

采用"选择"的方式时，单击线条，使其围成一个封闭区域，系统会根据形成封闭区域的选定对象确定图案填充边界。

2）图案

供用户根据不同需求选择不同图案，其中纯色填充选择"SOLID"。

3）特性

用于设置图案类型、线条颜色、背景色、透明度、图案的角度以及比例。

4）原点

用于设定图案生成时的起始位置。

5）选项

用于设置关联性及孤岛检测模式等，其面板如图2-4-13所示。孤岛检测有三种方式，普通孤岛检测、外部孤岛检测、忽略孤岛检测，如图 2-4-14 所示。

图 2-4-13　"选项"面板

图 2-4-14　孤岛检测样式

2. 图案填充设置

执行图案填充命令后，命令栏会显示"选择对象或 [拾取内部点（K）/放弃（U）/设置（T）]；"，这时输入"T"，可进入图案填充设置的对话框，或者单击选项面板右下角箭头，也可弹出该对话框，如图 2-4-15 所示。

在该对话框中可进行图案类型、颜色的选择，角度和比例的调整、填充原点的设置、边界的选择、孤岛样式的选择等。

除了选择常规的图案，也可进行渐变色的设置，这里不再详细展开说明。

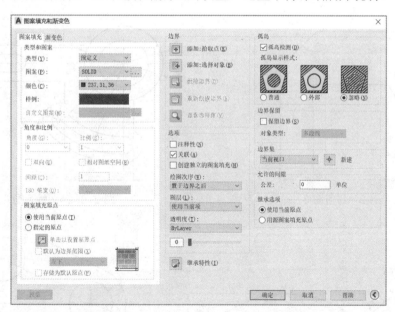

图 2-4-15　"图案填充和渐变色"对话框

 项目总结

本项目通过四个任务的实施，主要讲解了 AutoCAD 2020 软件的基本绘图命令的调用及应用，以及识图、绘图的方式方法。具体知识、能力及素质培养目标及知识点详见表 2-1，此处不再赘述。任务实施过程中，着重培养学生的绘图、识图分析能力，使用键盘输入调用命令及识读命令栏以提高绘图效率的岗位能力。

拓展训练

练习图如图 2-E-1～图 2-E-12 所示。

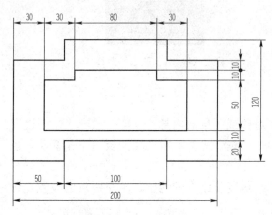

图 2-E-1 练习图 1

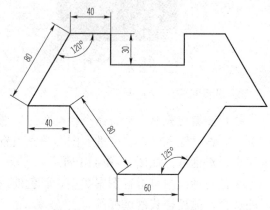

图 2-E-2 练习图 2

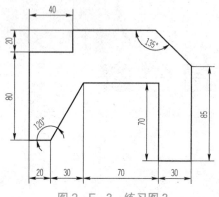

图 2-E-3 练习图 3

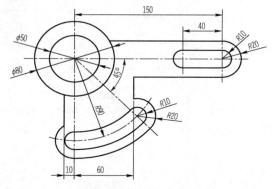

图 2-E-4 练习图 4

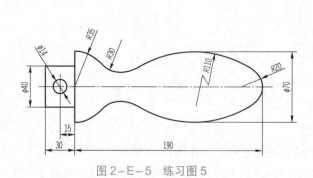

图 2-E-5 练习图 5

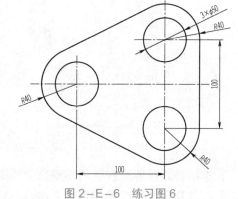

图 2-E-6 练习图 6

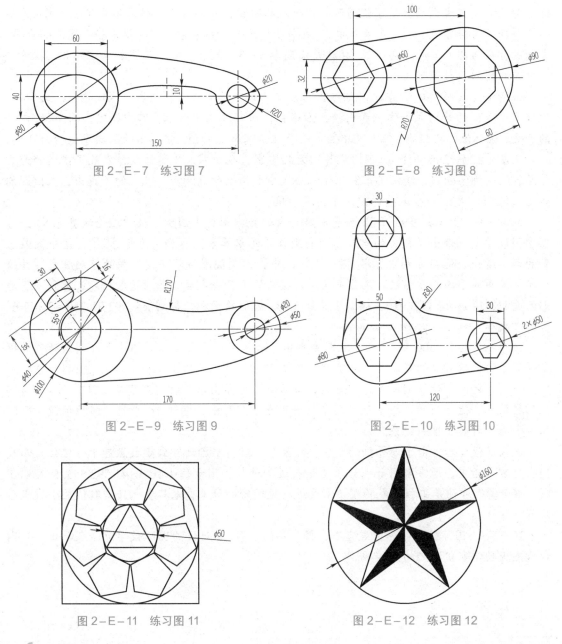

图 2-E-7　练习图 7

图 2-E-8　练习图 8

图 2-E-9　练习图 9

图 2-E-10　练习图 10

图 2-E-11　练习图 11

图 2-E-12　练习图 12

拓展阅读

圆周率的演算发展史

　　圆周率是圆的周长与直径的比值，一般用希腊字母 π 来表示，是一个无限不循环小数。圆周率的应用非常广泛，特别是在天文、历法等方面，凡牵涉圆的问题，通常都要使用圆周率来进行推算。所以如何进行圆周率这个无理数的推算，成为了世界数学史上的一个重要课题。为此，我国古代的数学家们通过一代代人的研究，对圆周率的计算做出了杰出贡献。

早在《周髀算经》和《九章算术》（成书于公元一世纪左右）中就提出径一周三的古率，即圆的直径与圆的周长比为1:3，也就是圆周率 π≈3。此后，经过历代数学家的相继探索，推算出的圆周率数值日益精确。

张衡（78—139年），东汉时期杰出的天文学家、数学家、发明家、地理学家、文学家，他研究过球体的外切立方体积和内接立方体积，研究过球的体积，其中还定圆周率值为 10 的开方，这个值比较粗略，但却是中国第一个理论求得 π 的值。推算出的圆周率值约为3.16。

王蕃（228—266年），三国时期吴国天文学家、数学家。王蕃修改并发展了张衡的天文数学，经过科学验证，修正了张衡球体积公式中取用 π 的圆周率。在他的论说中，求出圆周率为3.155 6，更进一步地接近圆周率的准确值。

刘徽（约225—约295年），魏晋时期伟大的数学家，中国古典数学理论的奠基人之一。在中国数学史上做出了极大的贡献，他的杰作《九章算术注》和《海岛算经》，是中国最宝贵的数学遗产。他在《九章算术 圆田术》注中，用割圆术证明了圆面积的精确公式，并给出了计算圆周率的科学方法。他首先从圆内接六边形开始割圆，每次边数倍增，算到192边形的面积，得到 π=157/50=3.14，又算到3 072边形的面积，得到 π=3 927/1 250=3.141 6，称为"徽率"。

祖冲之（429—500年），南北朝时期杰出的数学家、天文学家。祖冲之在刘徽开创的探索圆周率的精确方法的基础上，首次将"圆周率"精算到小数第七位，即在 3.141 592 6 和3.141 592 7之间，他也因此入选"世界纪录协会"世界上第一位将圆周率值计算到小数第7位的科学家。他提出的"祖率"对数学的研究有重大贡献。直到16世纪，阿拉伯数学家阿尔·卡西才打破了这一纪录。

进入现代以后，由于计算机的发展，现如今，圆周率已计算到小数点后十万亿位。而我们在日常生活中，通常都用 π≈3.14 去进行近似计算，用十位小数 3.141 592 653 便足以应对一般计算。即使是工程师或物理学家要进行较精密的计算，充其量也只需取值至小数点后几百位即可。

2011年，国际数学协会正式宣布，将每年的3月14日设为国际数学节，来源正是我国古代杰出数学家祖冲之的圆周率。

项目三　复杂平面图样识读与绘制

项目说明及任务划分

综合利用 AutoCAD 平台绘图及编辑命令，按要求完成复杂图样绘制。通过项目的实施，熟练各种绘图命令和编辑命令的使用方法和绘图技巧。绘图、编辑命令的输入，强调使用"键盘输入命令"的命令调用方式，以提高绘图质量和效率，满足岗位能力要求。

本项目实施共分为以下 7 个任务：

任务 3.1　绘制法兰图样

任务 3.2　绘制模板图样

任务 3.3　绘制导向板图样

任务 3.4　绘制曲轴简图图样

任务 3.5　平面图样尺寸标注

任务 3.6　创建带标题栏的样板文件

任务 3.7　绘制阶梯轴图样

项目三学习目标及知识点如表 3-1 所示。

表 3-1　项目三学习目标及知识点

序号	类别	目标
1	知识	1. 掌握常用绘图和编辑命令的含义、功能及操作方法。 2. 按要求熟练创建、编辑表格。 3. 熟练定义、创建、调用图块。 4. 熟悉文字、尺寸标注样式设置，能熟练标注文字及尺寸。 5. 灵活运用夹点命令，修改图样及表格
2	能力	1. 具有针对同一图样开发多种绘图顺序和方法，并能进行方法优化的思维拓展能力。 2. 具备按要求熟练创建、调用样板文件的能力。 3. 掌握复杂平面图形的识读与绘制技巧，具备按国标要求，准确、完整绘制平面图样的能力。 4. 灵活运用命令的多种调用方法，注重"功能键"和"组合键"的使用，具备熟练使用"键盘输入命令"的命令调用方式实现高效绘图的能力
3	素质	1. 培养团队合作精神。 2. 锻炼人际沟通和口语表达能力。 3. 提高自主学习及抗挫折能力。 4. 培养发现问题及解决问题能力。 5. 培养职业素养及工匠精神。 6. 鼓励大胆尝试，勇于创新

序号	类别	目标
4	知识点	1. 基本编辑命令调用及使用。 2. 文字样式设置及文字输入。 3. 表格创建与编辑。 4. 图块创建及调用。 5. 尺寸标注样式设置及尺寸标注。 6. 夹点命令的使用

任务 3.1　绘制法兰图样

【任务描述】

　　调用已创建样板文件，以点（50，50）为法兰圆心，绘制图 3-1-1 所示法兰图样，绘制完成后将法兰图样移动至圆心点绝对坐标为（50，100）处，并按要求命名保存。

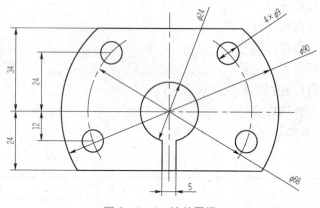

图 3-1-1　法兰图样

【任务要求】

　　1. 正确使用基本绘图命令及复制、镜像编辑命令，绘制法兰图样；

　　2. 利用复制命令正确绘制中心线左侧两 ϕ9 mm 圆；

　　3. 利用镜像命令正确绘制中心线右侧两 ϕ9 mm 圆；

　　4. 最终将法兰图样移动至圆心点绝对坐标为（50，100）处；

　　5. 灵活使用对象捕捉等辅助绘图手段，精准绘图；

　　6. 合理设置线型比例，使中心线显示正确、美观；

　　7. 图样绘制完成后，将其保存在"学号+姓名"的文件夹中，并将文件命名为"3-T-1 绘制法兰图样.dwg"；

　　8. 使用"在命令提示行输入命令"的方式，调用绘图、编辑命令，注重"功能键"与"组合键"的使用，提高绘图效率。

【学习内容】

1. 选择对象命令的调用及使用；

2. 复制命令的调用及使用；

3. 镜像命令的调用及使用；

4. 移动命令的调用及使用；

5. 打断命令的调用及使用；

6. 删除命令的调用及使用。

一、任务实施步骤

（1）确定法兰图样圆心，绘制 ϕ 24 mm、ϕ 68 mm 同心圆；

（2）使用"复制""镜像"命令，绘制 $4 \times \phi$ 9 mm 圆；

（3）使用"偏移""修剪"等命令完成其余部分绘制；

（4）使用"打断""特性"等命令，完善图样，使之规范、美观；

（5）使用"移动"命令，将绘制图样圆心点移动至绝对坐标点为（50，100）处。

二、任务图形绘制

（1）确定图样圆心坐标（50，50），绘制同心圆和中心线。

① 调用"圆"命令，将圆形中心点定位在绝对坐标为（50，50）处，从而确定法兰图样圆心点，并绘制 ϕ 24 mm 圆。

② 将图层切换至"中心线"层，调用"直线"命令绘制圆的两条中心线，如图 3-1-2 所示。

③ 设置对象捕捉"圆心"，选择 ϕ 24 mm 圆心为基点，绘制 ϕ 68 mm 辅助圆，如图 3-1-3 所示。

图 3-1-2　绘制圆中心线　　　　　　　图 3-1-3　绘制辅助圆

具体操作如下：

命令：C（键盘输入"圆"命令"C"）

CIRCLE

指定圆的圆心或［三点（3P）/两点（2P）/切点、切点、半径（T）］：50，50（在命令行输入（50，50），单击空格键）

指定圆的半径或［直径（D）］：12（输入圆的半径，单击空格键）

命令：L（在"中心线"图层下，输入"直线"命令"L"）

LINE

指定第一个点：（利用极轴跟踪，在圆心点左侧超出圆的位置选择一点，单击鼠标左键）

指定下一点或［放弃（U）］：（"F8"打开正交命令，光标水平向右，选择圆外任一点单击鼠标左键）

指定下一点或［退出（E）/放弃（U）］：*取消*

命令：LINE（单击空格键，重复上一命令）

指定第一个点：（利用极轴跟踪，在圆心点上方超出圆的位置选择一点，单击鼠标左键）

指定下一点或［放弃（U）］：（光标竖直向下，在圆外任一点单击鼠标左键）

指定下一点或［退出（E）/放弃（U）］：*取消*

命令：C（键盘输入"圆"命令"C"）

CIRCLE

指定圆的圆心或［三点（3P）/两点（2P）/切点、切点、半径（T）］：（捕捉ϕ24 mm 圆的圆心，单击鼠标左键）

指定圆的半径或［直径（D）］＜12.0000＞：34（输入圆的半径）

（2）绘制 $4 \times \phi 9$ mm 圆。

① 执行"偏移"命令，确定ϕ9 mm 圆的圆心位置，绘制ϕ9 mm 圆，如图 3-1-4、图 3-1-5 所示。

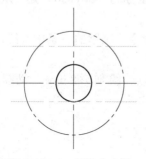
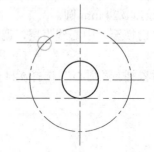

图 3-1-4　偏移中心线　　　　　图 3-1-5　绘制ϕ9 mm 圆

具体操作如下：

命令：O（键盘输入"偏移"命令"O"）

OFFSET

当前设置：删除源=否　图层=源　OFFSETGAPTYPE=0

指定偏移距离或［通过（T）/删除（E）/图层（L）］＜通过＞：12（输入偏移距离）

选择要偏移的对象，或［退出（E）/放弃（U）］＜退出＞：（单击水平中心线）

指定要偏移的那一侧上的点，或［退出（E）/多个（M）/放弃（U）］＜退出＞：（在水平中心线下方任一点，单击鼠标左键）

选择要偏移的对象，或［退出（E）/放弃（U）］＜退出＞：（单击空格键）

命令：OFFSET（单击空格键，重复上一命令）

当前设置：删除源＝否　图层＝源　OFFSETGAPTYPE＝0

指定偏移距离或［通过（T）/删除（E）/图层（L）］＜12.0＞：24（输入偏移距离）

选择要偏移的对象，或［退出（E）/放弃（U）］＜退出＞：（单击水平中心线）

指定要偏移的那一侧上的点，或［退出（E）/多个（M）/放弃（U）］＜退出＞：（在水平中心线上方任一点，单击鼠标左键）

选择要偏移的对象，或［退出（E）/放弃（U）］＜退出＞：（单击空格键，结束命令）

命令：C（键盘输入"圆"命令"C"）

CIRCLE

指定圆的圆心或［三点（3P）/两点（2P）/切点、切点、半径（T）］：（捕捉偏移直线与ϕ68 mm 圆交点，单击鼠标左键）

指定圆的半径或［直径（D）］＜34.0＞：4.5（输入圆的半径）

　② 执行"复制""镜像"命令绘制其余小圆，如图 3-1-6、图 3-1-7 所示。

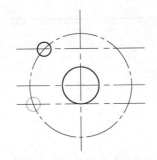
图 3-1-6　复制ϕ9 mm 圆

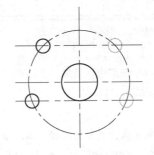
图 3-1-7　镜像ϕ9 mm 圆

　具体操作如下：

命令：CO（键盘输入"复制"命令"CO"）

COPY

选择对象：找到 1 个

选择对象：（鼠标单击ϕ9 圆）

当前设置：复制模式 ＝ 单个

指定基点或［位移（D）/模式（O）］＜位移＞：（选择ϕ9 mm 圆圆心，单击鼠标左键）

指定第二个点或［阵列（A）］＜使用第一个点作为位移＞：（捕捉向下偏移中心线与ϕ68 mm 圆交点，单击鼠标左键）

指定第二个点或［阵列（A）/退出（E）/放弃（U）］＜退出＞：（单击空格键，结束命令）

命令：MI（键盘输入"镜像"命令"MI"）

MIRROR

选择对象：找到 1 个

选择对象：找到 1 个，总计 2 个（选中左边两个ϕ9 小圆）

选择对象：指定镜像线的第一点：（在垂直中心线上任一点，单击鼠标左键）

指定镜像线的第二点：（在垂直中心线上除第一点外任一点，单击鼠标左键）

要删除源对象吗？［是（Y）/否（N）］＜否＞：直接回车（保留源对象）

（3）执行"打断"命令，修剪辅助圆。

① 键盘输入"E"，执行"删除"命令，将偏移出的两条辅助线删除。

② 执行"打断"命令，逆时针方向修剪辅助圆，如图3-1-8所示。

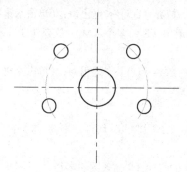

图3-1-8 修剪辅助圆

具体操作步骤如下：

命令：E（键盘输入"删除"命令"E"）

ERASE

选择对象：（鼠标单击选中两条偏移出的辅助线，单击空格键）

命令：BR（键盘输入"打断"命令"BR"）

BREAK

选择对象：（在辅助圆合适位置选择一点，单击鼠标左键）

指定第二个打断点，或［第一点（F）］：（鼠标逆时针移动，单击要打断部分的第二点）

命令：BREAK（单击空格键，重复上一命令）

选择对象：（选择辅助圆开始打断的第一点）

指定第二个打断点，或［第一点（F）］：（鼠标逆时针移动单击要打断部分的第二点）

（4）绘制法兰轮廓。

① 执行"圆"命令，绘制 ϕ90 mm 圆，如图3-1-9所示；

② 执行"偏移"命令，分别将水平中心线向下偏移24 mm，向上偏移34 mm，如图3-1-10所示；

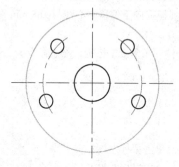

图3-1-9 绘制ϕ90 mm 圆

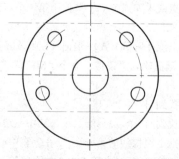

图3-1-10 偏移中心线

③ 执行"修剪"命令，修剪法兰外轮廓图线，如图 3-1-11 所示；

④ 执行"特性匹配"命令，将偏移线段修改为粗实线，如图 3-1-12 所示。

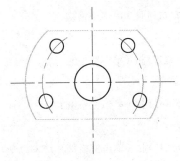
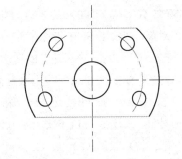

图 3-1-11　修剪法兰外轮廓线　　　　图 3-1-12　修改图线为粗实线

具体操作如下：

命令：C（键盘输入"圆"命令"C"）

CIRCLE

指定圆的圆心或［三点（3P）/两点（2P）/切点、切点、半径（T）］：（选择同心圆圆心，单击鼠标左键）

指定圆的半径或［直径（D）］：45（输入圆的半径）

命令：O（键盘输入"偏移"命令"O"）

OFFSET

指定偏移距离或［通过（T）/删除（E）/图层（L）］：＜0.0000＞：24（输入偏移距离）

选择要偏移的对象，或［退出（E）/放弃（U）］：＜退出＞：（选择水平中心线）

指定要偏移的那一侧上的点，或［退出（E）/多个（M）/放弃（U）］：＜退出＞：（在水平中心线下任一点，单击鼠标左键）

选择要偏移的对象，或［退出（E）/放弃（U）］：＜退出＞：（单击空格键，结束命令）

命令：OFFSET（单击空格键，重复上一命令）

指定偏移距离或［通过（T）/删除（E）/图层（L）］：＜0.0000＞：34（输入偏移距离）

选择要偏移的对象，或［退出（E）/放弃（U）］：＜退出＞：（选择水平中心线）

指定要偏移的那一侧上的点，或［退出（E）/多个（M）/放弃（U）］：＜退出＞：（在水平中心线上任一点，单击鼠标左键）

选择要偏移的对象，或［退出（E）/放弃（U）］：＜退出＞：（单击空格键，结束命令）

命令：TR（键盘输入"修剪"命令"TR"）

TRIM

当前设置：投影＝UCS，边＝无

选择剪切边…

选择对象或＜全部选择＞：（选中圆与两条偏移直线）

选择要修剪的对象，或按住 Shift 键选择要延伸的对象，或

［栏选（F）/窗交（C）/投影（P）/边（E）/删除（R）/放弃（U）］：（依次选择要修剪的线条）

选择要修剪的对象，或按住 Shift 键选择要延伸的对象，或

［栏选（F）/窗交（C）/投影（P）/边（E）/删除（R）/放弃（U）］：（单击空格键）

选择要修剪的对象，或按住 Shift 键选择要延伸的对象，或

［栏选（F）/窗交（C）/投影（P）/边（E）/删除（R）/放弃（U）］：（单击空格键）

选择要修剪的对象，或按住 Shift 键选择要延伸的对象，或

［栏选（F）/窗交（C）/投影（P）/边（E）/删除（R）/放弃（U）］：（单击空格键）

选择要修剪的对象，或按住 Shift 键选择要延伸的对象，或

［栏选（F）/窗交（C）/投影（P）/边（E）/删除（R）/放弃（U）］：（单击空格键，结束命令）

命令：MA（输入"特性匹配"命令"MA"）

MATCHPROP

选择源对象：（选择任一粗实线，单击鼠标左键）

选择目标对象 ［或设置（S）］：（依次选择偏移的直线段）

选择目标对象 ［或设置（S）］：（单击空格键，结束命令）

（5）绘制中心图形。

① 执行"偏移"命令，将垂直中心线分别向左向右偏移，偏移距离为 2.5 mm，绘制辅助线，结果如图 3-1-13 所示；

② 执行"修剪"命令，剪切多余线段，结果如图 3-1-14 所示；

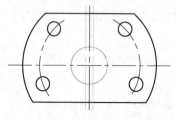

图 3-1-13 偏移中心线

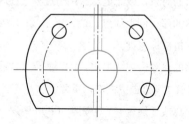

图 3-1-14 修剪辅助线

③ 执行"删除"命令，删除辅助线，结果如图 3-1-15 所示；

④ 执行"特性匹配"命令，将绘制的中心图形修改至"粗实线"层，结果如图 3-1-16 所示。

图 3-1-15 删除辅助线

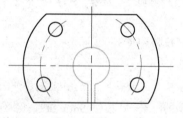

图 3-1-16 修改至"粗实线"层

具体操作如下：

命令：O（键盘输入"偏移"命令"O"）

OFFSET

指定偏移距离或［通过（T）/删除（E）/图层（L）］：＜0.0000＞：2.5（输入偏移距离）

选择要偏移的对象，或［退出（E）/放弃（U）］：＜退出＞：（选择垂直中心线）

指定要偏移的那一侧上的点，或［退出（E）/多个（M）/放弃（U）］：（分别在垂直中心线左侧、右侧任一点，单击鼠标左键）

选择要偏移的对象，或［退出（E）/放弃（U）］：＜退出＞：（单击空格键，结束命令）

命令：TR（键盘输入"修剪"命令"TR"）

TRIM

当前设置：投影＝UCS，边＝无

选择剪切边…

选择对象或＜全部选择＞：指定对角点：找到 10 个

选择对象或＜全部选择＞：（选择偏移后的两条中心线、ϕ24 圆和图样下方外轮廓线）

选择要修剪的对象，或按住 Shift 键选择要延伸的对象，或

［栏选（F）/窗交（C）/投影（P）/边（E）/删除（R）/放弃（U）］：（鼠标依次选择要修建的部分）

选择要修剪的对象，或按住 Shift 键选择要延伸的对象，或

［栏选（F）/窗交（C）/投影（P）/边（E）/删除（R）/放弃（U）］：

选择要修剪的对象，或按住 Shift 键选择要延伸的对象，或

［栏选（F）/窗交（C）/投影（P）/边（E）/删除（R）/放弃（U）］：

选择要修剪的对象，或按住 Shift 键选择要延伸的对象，或

［栏选（F）/窗交（C）/投影（P）/边（E）/删除（R）/放弃（U）］：（单击空格键，结束命令）

命令：E（键盘输入"删除"命令"E"）

ERASE

选择对象：（选中两条多余的线段，单击空格键）

命令：MA（键盘输入"特性匹配"命令"MA"）

MATCHPROP

选择源对象：（选择任意粗实线，单击鼠标左键）

选择目标对象［或设置（S）］：（依次选择刚绘制完的两条图线）

选择目标对象［或设置（S）］：（单击空格键，结束命令）

（6）修改中心线线型比例。

选取两条中心线和辅助圆，单击鼠标右键，选择"特性"，弹出"特性"选项板，如图 3－1－17 所示，修改线型比例为 0.3，关闭"特性"选项板，结果如图 3－1－18 所示。

（7）执行"移动"命令，将绘制的法兰图样移动至圆心点绝对坐标值为（50，100）处，结果如图 3－1－19 所示。

图 3-1-17 "特性"选项板

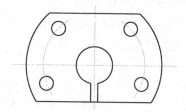

图 3-1-18 修改中心线线型比例

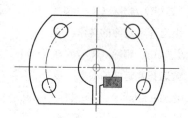

图 3-1-19 将法兰图样移动至圆心点绝对坐标值为（50，100）处

具体操作如下：

命令：M（键盘输入"移动"命令"M"）

MOVE

选择对象：指定对角点：找到 15 个（全选法兰图样）

选择对象：

指定基点或［位移（D）］＜位移＞：（选择法兰图样圆心点，单击鼠标左键）

指定第二个点或＜使用第一个点作为位移＞：@0，50（输入相对坐标值）

3.1.1　选择对象

在 AutoCAD 中选择对象是基本技能之一，在进行绝大多数操作时，首先选择对象，常规选择方式有 3 种，分别为点选、窗口选择和交叉选择。

1. 点选

单击对象逐个点选是一种最基本、最简单的对象选择方式，此方式一次只能选择一个对象，在执行编辑命令时，命令行会提示"选择对象"，此时光标会变为矩形选择窗口，直接用鼠标逐个单击对象，直到选择完毕，被选中的对象将出现多个夹点，按"Esc"取消选择，即使不执行命令，也可以直接点选对象，如图 3-1-20 所示。

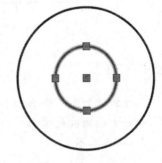

图 3-1-20　点选对象

如果选择过程中选择了不需要的对象，可以按住"Shift"键单击多选的对象，将这些对象取消。

2. 窗口选择

此方式一次可以选择多个对象，当未执行任何命令时，在空白处单击鼠标左键，从左向右拖动窗口，将要选择的对象全部框入矩形窗口中，若有部分在矩形窗口外则不能被选中，当要选择的对象全部在选择区域内，再次单击鼠标确定即可选中对象。

窗口选择对象时，鼠标从左向右框选时 AutoCAD 显示蓝色实线方框，需要将选择对象全部框入蓝色方框，如图 3-1-21、图 3-1-22 所示。

3. 交叉选择

此方式一次也可选择多个对象，当未执行任何命令时，在空白处单击鼠标左键，鼠标从右向左拖动窗口，此时不仅矩形框内图形被选中，与矩形框有交集的图形也将被选中。

交叉选择对象时，鼠标从右向左框选时 AutoCAD 显示绿色虚线方框，只需将选择对象与绿色方框交叉即可选定对象，如图 3-1-23、图 3-1-24 所示。

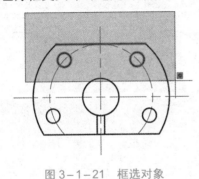

图 3-1-21　框选对象

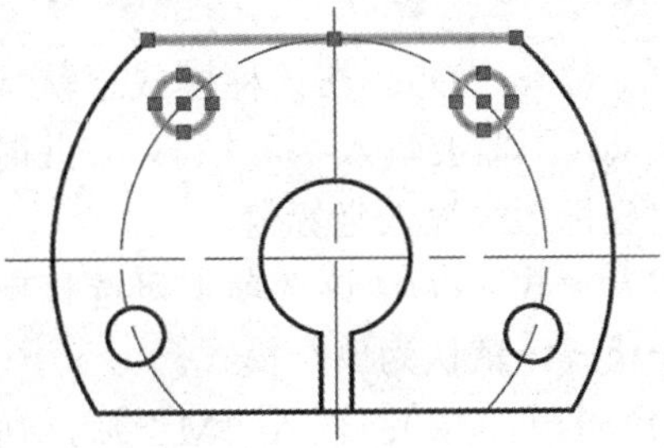

图 3-1-22　选定对象

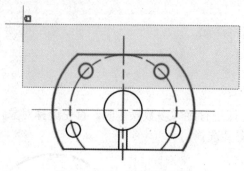

图 3-1-23　交叉选择对象

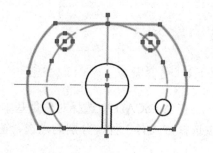

图 3-1-24　选定对象

3.1.2　复制

　　执行"复制"命令可以将对象复制到指定方向的指定距离处。复制出的图形尺寸大小、形状和方向等保持不变，只有位置发生改变。

　　【执行命令】

- 命令行：输入"COPY"→"Enter"。
- 菜单栏："修改"→"复制"。
- 功能区："默认"选项卡→"修改"面板→"复制"按钮 ⬛复制。
- 命令缩写：CO。

　　【操作步骤】

　　下面以图 3-1-25 为例，讲解复制命令的使用。

命令：CO（键盘输入"复制"命令"CO"）

COPY

选择对象：找到 1 个（选择圆形 A）

选择对象：

当前设置：复制模式 ＝ 单个

指定基点或 [位移（D）/模式（O）/多个（M）] <位移>：（选择圆 A 的上象限点，单击鼠标左键）

指定第二个点或 [阵列（A）] <使用第一个点作为位移>：（利用对象捕捉，捕捉圆 B 下象限点，单击鼠标左键）

　　（1）位移（D）：在该种模式下默认的位移是相对距离，不需要输入"@"符号。此时也可以利用绝对坐标形式输入坐标值。

　　（2）模式（O）：该选项下可选择单个模式或者多个模式，默认为单个模式。

　　（3）多个（M）：输入"M"后，切换为多个模式。

　　（4）阵列（A）：在指定复制第二点时，可进行阵列复制，此时第一点为参考点。

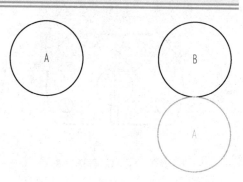

图 3-1-25　单个复制

如图3-2-26所示，将圆1复制到相对坐标为"@30，50"圆2处，利用阵列命令复制两个距离圆1为50 mm的圆3。操作步骤如下：

命令：CO（键盘输入"复制"命令"CO"）

COPY

选择对象：找到 1 个（选择圆1，单击左键）

选择对象：

当前设置：复制模式 = 单个

指定基点或［位移（D）/模式（O）/多个（M）］＜位移＞：m（输入m，改为多个复制模式）

指定基点或［位移（D）/模式（O）/多个（M）］＜位移＞：（左键选取圆1圆心点）

指定第二个点或［阵列（A）］＜使用第一个点作为位移＞：@30，50（输入圆2距离圆1相对坐标点）

指定第二个点或［阵列（A）/退出（E）/放弃（U）］＜退出＞：a（执行阵列复制）

输入要进行阵列的项目数：3（输入阵列数目3）

指定第二个点或［布满（F）］：50（输入圆3距离圆1的距离，此时鼠标方向水平向右）

指定第二个点或［阵列（A）/退出（E）/放弃（U）］＜退出＞：（单击空格键，结束命令）

执行上述操作后，结果如图3-2-26所示。

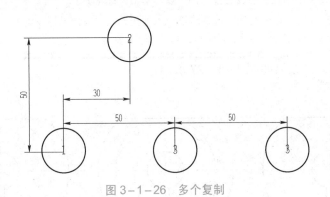

图3-1-26 多个复制

3.1.3 镜像

镜像命令是指将选择的对象以某一直线为对称轴将其对称的另部分图像进行复制创建。执行命令最后可选择删除源对象还是保留源对象。

【执行命令】

- 命令行：输入"MIRROR"→"Enter"。
- 菜单栏："修改"→"镜像"命令。
- 功能区："默认"选项卡→"修改"面板→ ⚠ 镜像 。
- 命令缩写：MI。

【操作步骤】

执行上述操作后，调用"镜像"命令，以图3-1-27为例，介绍命令应用。

（1）选择"镜像"功能。命令行提示"选择对象"，画一个参照物，按照命令行的提示指定镜像线的第一点。

（2）移动鼠标可以看到参照物两边有两个图形，随着这条线的移动右边的图形也随着移动，然后选择第二点。

（3）最后按空格键确定。

如图 3-1-27 所示，执行上述命令后，命令行提示选择要镜像的对象，并指定镜像线 A-B 的第一个点和第二个点，确定是否删除源对象，命令行提示如下：

命令：MI（键盘输入"镜像"命令"MI"）

MIRROR

选择对象：找到 1 个（单击鼠标左键，依次选择左侧两个小圆）

选择对象：找到 1 个，总计 2 个

选择对象：指定镜像线的第一点：（在竖直中心线上选择任一点，单击鼠标左键）

指定镜像线的第二点：（在竖直中心线上选择除第一点外任一点，单击鼠标左键）

要删除源对象吗？［是（Y）/否（N）］＜否＞：（保留源对象）

命令：MIRROR（单击空格键，重复上一命令）

找到 2 个（单击鼠标左键，依次选择左侧两个小圆）

指定镜像线的第一点：（在竖直中心线上选择任一点，单击鼠标左键）

指定镜像线的第二点：（在竖直中心线上选择除第一点外任一点，单击鼠标左键）

要删除源对象吗？［是（Y）/否（N）］＜否＞：Y（删除源对象）

执行上述操作后，结果如图 3-1-27 所示。

图 3-1-27　镜像

温馨提示

对于文字的镜像，需通过 MIRRTEXT 系统变量来控制是否使文字与其他对象一样被镜像。系统默认为 0，此时文字不被镜像，当系统变量设为 1 时，文字将被镜像处理，如图 3-1-28 和图 3-1-29 所示。

ABCD

图 3-1-28　MIRRTEXT＝0 文字镜像

ABCD

图 3-1-29　MIRRTEXT＝1 文字镜像

3.1.4 移动

移动命令是指将选择的对象按指定方向或角度或距离进行重新定位，被移动对象只发生位置变化，其方向和大小不变。

【执行命令】

- 命令行：输入"MOVE"→"Enter"。
- 菜单栏："修改"→"移动"命令。
- 功能区："默认"选项卡→"修改"面板→ ✛ 移动 。
- 命令缩写：M。

【操作步骤】

以图3-1-30、图3-1-31为例，介绍移动命令。

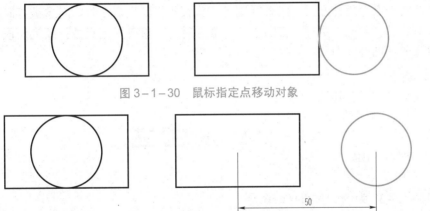

图3-1-30 鼠标指定点移动对象

图3-1-31 输入距离移动对象

执行移动命令后，命令行提示选择对象，具体步骤如下：

命令：M（键盘输入"移动"命令"M"）

MOVE

选择对象：找到 1 个（单击鼠标左键选择圆形）

选择对象：

指定基点或［位移（D）］＜位移＞：（鼠标左键单击圆形左象限点）

指定第二个点或＜使用第一个点作为位移＞：（鼠标左键单击矩形右侧边线中心点，结果如图 3-1-30 所示）

命令：MOVE（单击空格键，重复上一命令）

选择对象：找到 1 个（单击鼠标左键选择圆形）

选择对象：

指定基点或［位移（D）］＜位移＞：（鼠标左键单击圆形圆心点）

指定第二个点或＜使用第一个点作为位移＞：50（鼠标水平向右，输入移动距离50，结果如图3-1-31

所示）

命令：MOVE（单击空格键，重复上一命令）

选择对象：找到 1 个

选择对象：

指定基点或［位移（D）］＜位移＞：d（切换到利用位移移动对象模式）

指定位移＜0.0，0.0，0.0＞：@50，0（输入相对坐标值，结果如图 3−1−31 所示）

3.1.5 打断

　　打断对象是指将一个整体对象打断为相连的两部分，打断的两部分之间可以有间隙，或者打断并删除图形对象上的一部分，"打断"命令可以执行于圆弧、圆、多段线、椭圆、样条曲线和直线等对象，将其拆分为两个对象或删除其中某个对象的一部分。软件中提供了"打断"和"打断于点"两种方式。两者区别是：执行"打断"命令时，对象被打断为两段，并删除所选对象的一部分；执行"打断于点"命令时，对象在指定点被打断为两段，但不删除所选对象任何一部分。

　　【执行命令】

- 命令行：输入"BREAK"→"Enter"。
- 菜单栏："修改"→"打断"。
- 功能区："默认"选项卡→"修改"面板→
- 命令缩写：BR。

　　【操作步骤】

以图 3−1−32 为例，介绍打断命令。

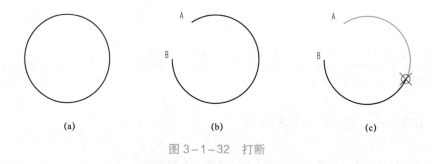

图 3−1−32　打断

(a) 圆；(b) 打断；(c) 打断于点

　　执行打断操作后，命令行提示如下：

命令：BR（键盘输入"打断"命令"BR"）

BREAK

选择对象：（鼠标选取圆形 A 点，同时 A 点也默认是打断第一点）

指定第二个打断点 或 [第一点(F)]：（鼠标选取圆形 B 点，此时结果如图 3−1−32（b）所示。

> 命令：BREAK（单击空格键，重复上一命令）
>
> 选择对象：（鼠标选取圆形）
>
> 指定第二个打断点 或 [第一点(F)]: f（重新确定第一个打断点）
>
> 指定第一个打断点：（鼠标左键拾取图 3－1－32（c）所示点）
>
> 指定第二个打断点：（在同一点再次单击鼠标左键，实现打断于点，结果如图 3－1－32（c）所示，圆弧被分成两个图元）

第一点（F）：该选项用于替换原来的点重新确定第一个打断点。在选择对象时如果不能准确地拾取到第一个打断点，此时就可以选择该选项，重新确定第一个打断点的位置。

3.1.6　删　除

【执行命令】

- 命令行：输入"ERASE"→"Enter"。
- 菜单栏："修改"→"删除"。
- 功能区："默认"选项卡→"修改"面板→ ✎。
- 命令缩写：E。

【操作步骤】

删除命令是最常用的命令之一。在使用删除命令删除对象时，可先选择对象再选择命令进行删除，也可先选择删除命令再选择对象进行删除。上述两种方式均可选择多个对象，可点选，也可框选。

任务 3.2　绘制模板图样

【任务描述】

调用已创建样板文件，利用基本绘图命令及阵列、偏移等编辑命令，根据图 3－2－1 所示尺寸，绘制模板图样，并按要求命名保存。

【任务要求】

1. 正确选用绘图命令以及阵列、偏移等编辑命令，绘制模板图样；

2. 利用阵列命令完成 $\phi 8\,mm$ 圆及 $R12\,mm$ 圆弧的绘制；

3. 利用合并命令将模板外边缘图线修改为一个对象；

4. 合理设置线型比例，利用打断命令修改中心线长度，使中心线显示正确及美观；

5. 图样绘制完成后，将其保存在"学号＋姓名"的文件夹中，并将文件命名为"3－T－2 绘制模板图样.dwg"；

6. 使用"在命令提示行输入命令"的方式，调用绘图、编辑命令，注重"功能键"与"组合键"的使用，提高绘图效率。

【学习内容】

1. 阵列命令的调用及使用；
2. 偏移命令的调用及使用；
3. 合并命令的调用及使用；
4. 分解命令的调用及使用。

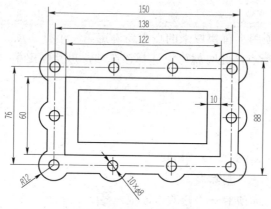

图 3-2-1　模板图样

一、绘图步骤

（1）绘制 122 mm×60 mm 矩形，使用"偏移"命令完成 138 mm×76 mm，150 mm×88 mm 等矩形的绘制。

（2）使用"阵列"命令，绘制 ϕ8 mm、R12 mm 圆及圆弧；

（3）利用"合并"命令将模板外边缘图线合并为一个对象；

（4）修改线型比例，完善图样。

二、任务图形绘制

（1）执行"矩形"命令，绘制 122 mm×60 mm 矩形，结果如图 3-2-2 所示。

图 3-2-2　绘制中心矩形

具体操作步骤如下：

命令：REC（键盘输入"矩形"命令"REC"）
RECTANG
指定第一个角点或［倒角（C）/标高（E）/圆角（F）/厚度（T）/宽度（W）］：（在屏幕适当位置单击鼠标，作为起始点位置）
指定另一个角点或［面积（A）/尺寸（D）/旋转（R）］：D
指定矩形的长度<122.0>：122
指定矩形的宽度<60.0>：60（单击空格键，鼠标单击空白处确定矩形位置）

指定另一个角点或〔面积（A）/尺寸（D）/旋转（R）〕:

需要点或选项关键字

（2）执行"偏移"命令，绘制 138 mm×76 mm 的矩形，偏移距离为"8"，并将其图层改为"中心线"层，如图 3-2-3、图 3-2-4 所示。

图 3-2-3　偏移矩形

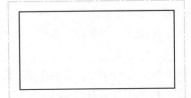

图 3-2-4　修改偏移矩形图层

具体操作步骤如下:

命令: O（键盘输入"偏移"命令"O"）

OFFSET

当前设置: 删除源=否　图层=源　OFFSETGAPTYPE=0

指定偏移距离或〔通过（T）/删除（E）/图层（L）〕<通过>: 8（输入偏移距离）

选择要偏移的对象，或〔退出（E）/放弃（U）〕<退出>:（单击鼠标左键选取矩形）

指定要偏移的那一侧上的点，或〔退出（E）/多个（M）/放弃（U）〕<退出>:（选择矩形外任一点，单击鼠标左键）

选择要偏移的对象，或〔退出（E）/放弃（U）〕:<退出>:（单击空格键，结束命令）

（3）执行"阵列"命令，完成圆及圆弧（ϕ8 mm、R12 mm）的绘制。

① 在矩形任一角点绘制两个圆形（ϕ8 mm、R12 mm），结果如图 3-2-5 所示；

② 执行"阵列"命令，将绘制好的两个圆进行矩形阵列，结果如图 3-2-6 所示。

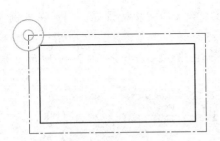

图 3-2-5　绘制两个圆形（ϕ8 mm、R12 mm）

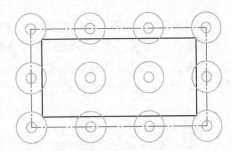

图 3-2-6　阵列两个圆形（ϕ8 mm、R12 mm）

具体操作步骤如下:

命令: C（键盘输入"圆"命令"C"）

CIRCLE

指定圆的圆心或〔三点（3P）/两点（2P）/切点、切点、半径（T）〕:（选择中心线型矩形左上角点，单

击鼠标左键，作为圆心点）

指定圆的半径或［直径（D）］：4（输入圆的半径）

命令：CIRCLE（单击空格键，重复上一命令）

指定圆的圆心或［三点（3P）/两点（2P）/切点、切点、半径（T）］：（选择中心线型矩形左上角点，单击鼠标左键，作为圆心点）

指定圆的半径或［直径（D）］＜4.0＞：12（输入圆的半径）

命令：AR（键盘输入"阵列"命令"AR"）

ARRAY

选择对象：找到 1 个（单击鼠标左键，选中两个圆）

选择对象：找到 1 个，总计 2 个

选择对象：输入阵列类型［矩形（R）/路径（PA）/极轴（PO）］＜矩形＞：R（选择矩形阵列）

类型 ＝ 矩形　关联 ＝ 是

选择夹点以编辑阵列或［关联（AS）/基点（B）/计数（COU）/间距（S）/列数（COL）/行数（R）/层数（L）/退出（X）］＜退出＞：COL

输入列数或［表达式（E）］＜4＞：4（输入阵列列数）

指定列数之间的距离或［总计（T）/表达式（E）］＜36＞：46（根据图示尺寸计算列间距为46）

选择夹点以编辑阵列或［关联（AS）/基点（B）/计数（COU）/间距（S）/列数（COL）/行数（R）/层数（L）/退出（X）］＜退出＞：R

输入行数或［表达式（E）］＜3＞：3（输入阵列行数）

指定行数之间的距离或［总计（T）/表达式（E）］＜36＞：－38（根据图示尺寸计算行间距为38，阵列方向向下，输入－38）

指定行数之间的标高增量或［表达式（E）］＜0＞：（单击空格键，结束命令）

在进行阵列时，可以利用夹点实现行列数、行间距以及列间距的设置。例如在本例中：鼠标单击第一个夹点，可以编辑列宽，直接输入列宽值即可，如图 3-2-7 所示；鼠标单击最后一个夹点，可以编辑列数，可以直接输入列数，如图 3-2-8 和图 3-2-9 所示，相同操作，可以实现行数及行间距的设置。

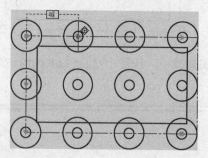

图 3-2-7　编辑列间距

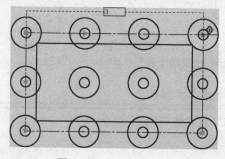

图 3-2-8　编辑列数

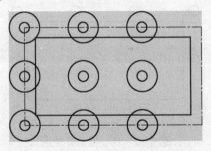

图 3-2-9 阵列结果

（4）执行"分解"命令，将阵列后的关联圆形分解为独立的个体，删除中间圆形多余圆形，结果如图 3-2-10 所示。

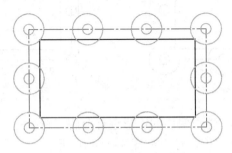

图 3-2-10 分解阵列圆

具体操作步骤如下：

命令：X（键盘输入"分解"命令"X"）

EXPLODE

选择对象：找到 1 个（选中阵列圆形，先单击鼠标左键，再单击右键或空格键，结束命令）

命令：E（输入"删除"命令"E"）

ERASE

选择对象：找到 1 个

选择对象：找到 1 个，总计 2 个

选择对象：找到 1 个，总计 3 个

选择对象：找到 1 个，总计 4 个（选中需要删掉的圆形，先单击鼠标左键，再单击右键或空格键，结束命令）

（5）执行"偏移""修剪"和"分解"命令，完成图样外轮廓绘制，结果如图 3-2-11 所示。

① 执行"偏移"命令，将 122 mm × 60 mm 矩形向外偏移，偏移距离为 14 mm，得到矩形 150 mm × 88 mm，如图 3-2-12 所示。

② 执行"修剪"命令，将刚偏移出的矩形当作边界线，剪掉多余的线段，结果如图 3-2-13 所示。

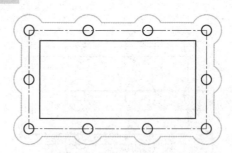

图 3-2-11　修剪外轮廓

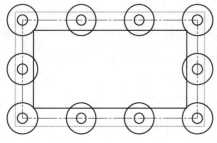

图 3-2-12　偏移矩形

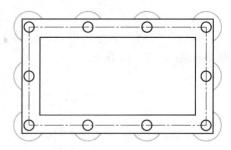

图 3-2-13　修剪多余线条

③ 执行"分解"命令，对刚偏移的矩形进行分解，再执行"修剪"命令，依次选择圆弧为图形边界，对矩形进行修剪，结果如图 3-2-14 所示。

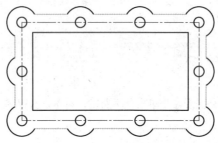

图 3-2-14　修剪外轮廓

具体操作步骤如下：

命令：O（键盘输入"偏移"命令"O"）

OFFSET

当前设置：删除源=否　图层=源　OFFSETGAPTYPE=0

指定偏移距离或［通过（T）/删除（E）/图层（L）］：<0.0000>：14（输入偏移距离）

选择要偏移的对象，或［退出（E）/放弃（U）］：<退出>：（鼠标单击选中 122×60 矩形）

指定要偏移的那一侧上的点，或［退出（E）/多个（M）/放弃（U）］：<退出>：（在 122×60 矩形外任一点，单击鼠标左键）

选择要偏移的对象，或［退出（E）/放弃（U）］：<退出>：（单击空格键，结束命令）

命令：TR（键盘输入"修剪"命令"TR"）

TRIM

当前设置：投影＝UCS，边＝无

选择剪切边…

选择对象或＜全部选择＞：找到 1 个（鼠标单击偏移出的矩形）

栏选（F）/窗交（C）/投影（P）/边（E）/删除（R）：（鼠标依次单击需要修剪的圆的部分，按空格键结束命令）

（6）执行"直线"命令，将图层切换至"中心线"层，利用对象捕捉和对象跟踪以及"复制""旋转"等命令，补画$\phi 8$ mm 圆中心线，长度为 12 mm，结果如图 3－2－15 所示。

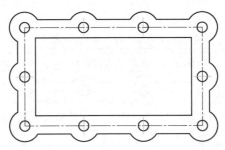

图 3－2－15 补画$\phi 8$ mm 圆中心线

具体操作步骤如下：

命令：L（键盘输入"直线"命令"L"）

LINE

指定第一个点：（利用对象跟踪，在圆左侧圆心点延长线上任一点，单击鼠标左键）

指定下一点或［放弃（U）］：12（鼠标水平向右，输入直线长度）

指定下一点或［退出（E）/放弃（U）］：

命令：CO（键盘输入"复制"命令"CO"）

COPY

选择对象：找到 1 个（鼠标选取长度为 12 的直线）

选择对象：

当前设置：复制模式 ＝ 单个

指定基点或［位移（D）/模式（O）/多个（M）］＜位移＞：m（更改复制模式为多个复制模式）

指定基点或［位移（D）/模式（O）/多个（M）］＜位移＞：（鼠标单击选取直线中点）

指定第二个点或［阵列（A）］＜使用第一个点作为位移＞：（鼠标依次单击小圆圆心，确定复制直线位置）

指定第二个点或［阵列（A）/退出（E）/放弃（U）］＜退出＞：

指定第二个点或［阵列（A）/退出（E）/放弃（U）］＜退出＞：

指定第二个点或［阵列（A）/退出（E）/放弃（U）］＜退出＞：

指定第二个点或［阵列（A）/退出（E）/放弃（U）］＜退出＞：

指定第二个点或［阵列（A）/退出（E）/放弃（U）］＜退出＞：

命令：RO

ROTATE

UCS 当前的正角方向：ANGDIR＝逆时针　ANGBASE＝0

选择对象：找到 1 个（选择刚复制的第一列第二行长度为 12 的中心线）

选择对象：

指定基点：（鼠标选取圆心点）

指定旋转角度，或 [复制（C）/参照（R）] ＜90＞：90（输入旋转角度）

命令：ROTATE（单击空格键，重复上一命令）

UCS 当前的正角方向：ANGDIR＝逆时针　ANGBASE＝0

选择对象：找到 1 个（选择复制的第四列第二行长度为 12 的中心线）

选择对象：

指定基点：（鼠标选取圆心点）

指定旋转角度，或 [复制（C）/参照（R）] ＜90＞：90（输入旋转角度）

（7）执行"偏移"命令，将中心矩形向内偏移 10 mm，如图 3－2－16 所示。

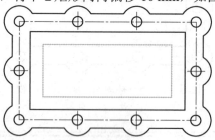

图 3－2－16　偏移中心矩形

具体操作步骤如下：

命令：O（键盘输入"偏移"命令"O"）

Offset

指定偏移距离或 [通过（T）/删除（E）/图层（L）]：＜0.0000＞：10

选择要偏移的对象，或 [退出（E）放弃（U）]：＜退出＞：（单击选中中心矩形，向内移动鼠标偏移方向，图形即可自动偏移）

指定要偏移的那一侧上的点，或 [退出（E）多个（M）放弃（U）]：＜退出＞：（单击鼠标）

选择要偏移的对象，或 [退出（E）放弃（U）]：＜退出＞：（单击空格键）

（8）执行"合并"命令，将修改后的外边缘线合并为一个对象，如图 3－2－17 所示。

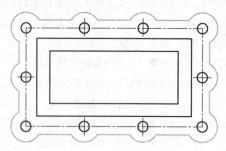

图 3－2－17　合并外轮廓线

具体操作步骤如下：

命令：J（键盘输入"合并"命令"J"）

JOIN

选择源对象或要一次合并的多个对象：找到 1 个（鼠标依次选取图样外轮廓图线）

选择要合并的对象：找到 1 个，总计 2 个

选择要合并的对象：找到 1 个，总计 3 个

选择要合并的对象：找到 1 个，总计 4 个

选择要合并的对象：找到 1 个，总计 5 个

选择要合并的对象：找到 1 个，总计 6 个

选择要合并的对象：找到 1 个，总计 7 个

选择要合并的对象：找到 1 个，总计 8 个

选择要合并的对象：找到 1 个，总计 9 个

选择要合并的对象：找到 1 个，总计 10 个

选择要合并的对象：找到 1 个，总计 11 个

选择要合并的对象：找到 1 个，总计 12 个

选择要合并的对象：找到 1 个，总计 13 个

选择要合并的对象：找到 1 个，总计 14 个

选择要合并的对象：找到 1 个，总计 15 个

选择要合并的对象：找到 1 个，总计 16 个

选择要合并的对象：找到 1 个，总计 17 个

选择要合并的对象：找到 1 个，总计 18 个

选择要合并的对象：找到 1 个，总计 19 个

选择要合并的对象：找到 1 个，总计 20 个

选择要合并的对象：（单击鼠标右键）

20 个对象已转换为 1 条多段线

（9）修改中心线线型比例，最终图样绘制结果如图 3-2-18 所示。

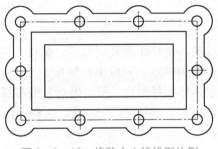

图 3-2-18　修改中心线线型比例

3.2.1 偏移

偏移命令可以将一个图形对象在其一侧做等距离复制。

【执行命令】

- 命令行：输入"OFFSET"→"Enter"。
- 菜单栏："修改"→"偏移"。
- 功能区："默认"选项卡→"修改"功能区→ 。
- 命令缩写：O。

【操作步骤】

下面以图3-2-19为例，介绍偏移命令。

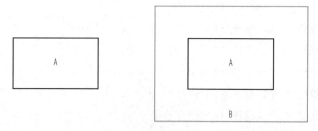

图3-2-19 偏移

具体操作步骤如下：

命令：O（键盘输入"偏移"命令"O"）

OFFSET

当前设置：删除源=否 图层=源 OFFSETGAPTYPE=0

指定偏移距离或［通过（T）/删除（E）/图层（L）］<20.0>：20（输入偏移距离）

选择要偏移的对象，或［退出（E）/放弃（U）］<退出>：（单击鼠标左键，选中图形A）

指定要偏移的那一侧上的点，或［退出（E）/多个（M）/放弃（U）］<退出>：（在图形A外任一点，单击鼠标左键）

选择要偏移的对象，或［退出（E）/放弃（U）］<退出>：（单击空格键，结束命令）

（1）指定偏移距离：通过输入偏移距离复制对象，执行"偏移"命令后，直接输入偏移距离，选择要偏移对象，再拾取偏移点，完成偏移操作。

（2）通过（T）：如不确定具体偏移距离，但明确对象偏移通过点，可采用指定通过点方式偏移对象，执行"偏移"命令后，通过"T"选项，选择要偏移的对象，拾取一点确定偏移对象，即可完成偏移操作。

以图3-2-20、图3-2-21为例，介绍指定通过点偏移操作。

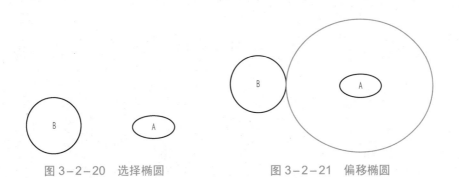

图 3-2-20　选择椭圆　　　　　　图 3-2-21　偏移椭圆

具体操作步骤如下：

命令：O（键盘输入"偏移"命令"O"）

OFFSET

当前设置：删除源＝否　图层＝源　OFFSETGAPTYPE＝0

指定偏移距离或［通过（T）/删除（E）/图层（L）］＜通过＞：T（输入T，单击空格键）

选择要偏移的对象，或［退出（E）/放弃（U）］＜退出＞：（单击鼠标选中图形A）

指定通过点或［退出（E）/多个（M）/放弃（U）］＜退出＞：（移动鼠标单击图形B的右侧象限点）

选择要偏移的对象，或［退出（E）/放弃（U）］＜退出＞：（单击空格键，结束命令）

（3）删除（E）：偏移后，将源对象删除。选择该选项后出现提示"要在偏移后删除源对象吗？［是（Y）/否（N）］＜否＞："，用户按照实际需求选择即可。

（4）图层（L）：确定将偏移对象创建在当前图层还是源图层上，选择该选项后出现提示"输入偏移对象的图层选项［当前（C）/源（S）］＜源＞："，用户按照实际需求选择即可。

3.2.2　阵列

阵列命令可以根据对行数、列数、中心点的设定来将选中的对象进行规则排布。阵列方式有三种，分别为矩形阵列、路径阵列和环形阵列，绘制时可以根据实际需要来选择阵列方式。

【执行命令】

- 命令行：输入"ARRAY"→"Enter"。
- 菜单栏："修改"→"阵列"。
- 功能区："默认"选项卡→"修改"功能区→ 阵列　环形阵列　路径阵列 。
- 命令缩写：AR。

【操作步骤】

1. 矩形阵列

矩形阵列命令是将选中的对象按照指定行数和列数以矩形排列方式进行复制排列。

下面以图 3-2-22 为例，介绍矩形阵列命令。

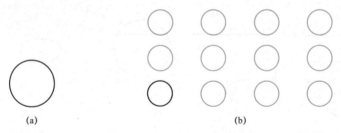

图 3-2-22 矩形阵列

(a) 阵列前；(b) 阵列后

具体操作步骤如下：

命令：AR（键盘输入"阵列"命令"AR"）

ARRAY

选择对象：找到 1 个（单击鼠标选中圆形）

选择对象：输入阵列类型 [矩形（R）/路径（PA）/极轴（PO）] <路径>：R（输入 R，选择矩形阵列）

类型 = 矩形　关联 = 是

选择夹点以编辑阵列或 [关联（AS）/基点（B）/计数（COU）/间距（S）/列数（COL）/行数（R）/层数（L）/退出（X）] <退出>：COL（选择列）

输入列数或 [表达式（E）] <4>：4（输入列数）

指定列数之间的距离或 [总计（T）/表达式（E）] <20.7>：30（输入列间距）

选择夹点以编辑阵列或 [关联（AS）/基点（B）/计数（COU）/间距（S）/列数（COL）/行数（R）/层数（L）/退出（X）] <退出>：R（选择行）

输入行数或 [表达式（E）] <3>：3（输入行数）

指定行数之间的距离或 [总计（T）/表达式（E）] <20.7>：20（输入行间距）

指定行数之间的标高增量或 [表达式（E）] <0>：（单击空格键）

选择夹点以编辑阵列或 [关联（AS）/基点（B）/计数（COU）/间距（S）/列数（COL）/行数（R）/层数（L）/退出（X）] <退出>：（单击空格键，结束命令，结果如图 3-2-22 所示）

（1）关联（AS）：阵列命令得到的每一个单元之间都是关联着的，若修改其中的任何一个图形，此阵列中所有的图形都会被改变，输入"AS"之后，命令行会提示创建关联阵列 [是（Y）否（N）]，选择否（N）后可以更改其中的部分图形。

（2）基点（B）：在阵列时的选取的基准点圆心。

（3）计数（COU）：阵列的列数和行数，输入"COU"后，命令行提示输入列数或 [表达式（E）]，后提示输入行数或 [表达式（E）]。

（4）间距（S）：阵列后的列与列、行与行之间的间隔距离，输入"S"后，命令行提示指定列之间的距离，后提示指定行之间的距离。

（5）列数（COL）：输入要阵列生成对象的列数。

（6）行数（R）：输入要阵列生成对象的行数。

（7）层数（L）：输入要阵列的层数。

2. 环形阵列

环形阵列命令是将选定的对象按照指定中心点与阵列数目，以圆形排列方式进行环形复制阵列，阵列时可以选择改变图形的角度。

下面以图 3-2-23 为例，介绍环形阵列操作。

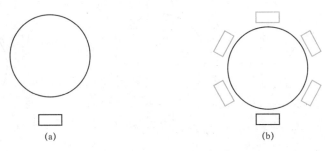

图 3-2-23 环形阵列

（a）阵列前；（b）阵列后（项目旋转）

具体操作步骤如下：

命令：AR（键盘输入"阵列"命令"AR"）

ARRAY

选择对象：指定对角点：找到 1 个（鼠标左键选择矩形）

选择对象：

输入阵列类型［矩形（R）/路径（PA）/极轴（PO）］＜极轴＞：po（执行环形阵列）

类型 ＝ 极轴 关联 ＝ 是

指定阵列的中心点或［基点（B）/旋转轴（A）］：（鼠标左键单击圆心）

选择夹点以编辑阵列或［关联（AS）/基点（B）/项目（I）/项目间角度（A）/填充角度（F）/行（ROW）/层（L）/旋转项目（ROT）/退出（X）］＜退出＞：（环形阵列设置对话框如图 3-2-24 所示）

选择夹点以编辑阵列或［关联（AS）/基点（B）/项目（I）/项目间角度（A）/填充角度（F）/行（ROW）/层（L）/旋转项目（ROT）/退出（X）］＜退出＞：［单击空格键，结束命令，结果如图 3-2-23（b）所示］

图 3-2-24 环形阵列设置对话框

（1）项目（I）：阵列对象个数。

（2）项目间角度（A）：阵列出的两个图形之间的间隔角度。

（3）填充角度（F）：输入要阵列生成对象的总体角度，如图 3-2-25 所示。

（4）行（ROW）：输入要阵列生成对象的行数，如图 3-2-26 所示。

（5）旋转项目（ROT）：阵列对象是否被旋转，如图 3-2-23 和图 3-2-27 所示。

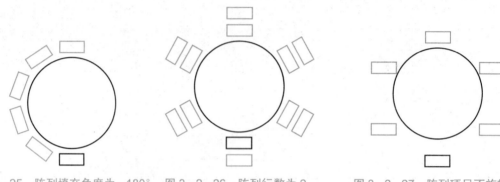

图 3-2-25　阵列填充角度为-180°　　图 3-2-26　阵列行数为 2　　图 3-2-27　阵列项目不旋转

3. 路径阵列

路径阵列指的是先绘制一条路径，将要阵列对象沿着这条路径进行排列，排列状态由路径形态所定。

下面以图 3-2-28 为例，介绍路径阵列操作。

图 3-2-28　圆的路径阵列

具体操作步骤如下：

命令：AR（键盘输入"阵列"命令"AR"）
ARRAY
选择对象：找到 1 个（单击鼠标左键选中圆形）
选择对象：输入阵列类型［矩形（R）/路径（PA）/极轴（PO）］＜路径＞：PA（执行路径阵列）
类型 = 路径　关联 = 是
选择路径曲线：（单击鼠标左键选择弧形路径）

选择夹点以编辑阵列或［关联（AS）/方法（M）/基点（B）/切向（T）/项目（I）/行（R）/层（L）/对齐项目（A）/Z 方向（Z）/退出（X）］＜退出＞：I

指定沿路径的项目之间的距离或［表达式（E）］＜24＞：24（输入项目间距离为）

最大项目数 = 4

指定项目数或［填写完整路径（F）/表达式（E）］＜4＞：4（输入要阵列的项目数量）

选择夹点以编辑阵列或［关联（AS）/方法（M）/基点（B）/切向（T）/项目（I）/行（R）/层（L）/对齐项目（A）/Z 方向（Z）/退出（X）］＜退出＞：（单击空格键，结束命令）

（1）项目（I）：输入路径阵列上的阵列对象之间的距离。

（2）方法（M）：控制沿路径分布图形的方法，定数等分或定距等分。

（3）定数等分（D）：将指定数量的阵列对象沿路径的长度均匀分布。

（4）定距等分（M）：将阵列对象沿路径的长度按指定距离分布。

（5）切向（T）：指定阵列中的图形与路径的起始点对齐。

（6）对齐项目（A）：指定是否对齐每个阵列对象，与路径的方向相切，对齐到第一个图形的方向。

（7）Z 方向（Z）：确定阵列对象是否保持在原始方向。

3.2.3　合并

"合并"命令可将多个选定对象连接成一个完整对象，也可以将某段圆弧闭合成整圆。

【执行命令】

● 命令行：输入"JOIN"→"Enter"。

● 菜单栏："修改"→"合并"命令。

● 功能区："默认"选项卡→"修改"面板→ ．

● 命令缩写：J。

【操作步骤】

下面以图 3-2-29 为例，介绍合并命令。

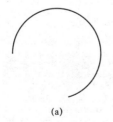
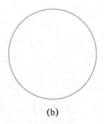

(a)　　　　　　　　　　　　　(b)

图 3-2-29　合并

(a) 合并前；(b) 合并后

具体操作步骤如下：

命令：J（键盘输入"合并"命令"J"）

JOIN

选择源对象或要一次合并的多个对象：找到 1 个（单击鼠标左键选中合并前圆弧）

选择要合并的对象：（单击空格键）

选择圆弧，以合并到源或进行［闭合（L）］：L［使圆弧闭合，结果如图 3-2-29（b）所示］

3.2.4 分解

"分解"命令可将组合对象（如正多边形、尺寸、填充对象等）分解为单个图元。

【执行命令】

● 命令行：输入"EXPLODE"→"Enter"。

● 菜单栏："修改"→"分解"命令。

● 功能区："默认"选项卡→"修改"面板→ 🔲 。

● 命令缩写：X。

【操作步骤】

下面以图 3-2-30 为例，介绍分解命令操作。

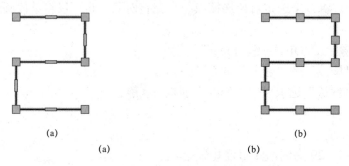

(a)   (b)

图 3-2-30　分解

（a）多段线为 1 个图元；（b）多线段分解为 5 个独立图元

具体操作步骤如下：

命令：X（键盘输入"分解"命令"X"）

EXPLODE

选择对象：指定对角点，找到 1 个（鼠标左键单击分解前多段线）

选择对象：（单击空格键，结束命令，此时多段线被分解成 5 个独立的图元）

任务 3.3　绘制导向板图样

【任务描述】

调用已创建的样板文件，综合利用绘图命令以及旋转、拉伸、缩放等编辑命令，根据图 3-3-1 所示尺寸，绘制导向板图样，并按要求命名保存。

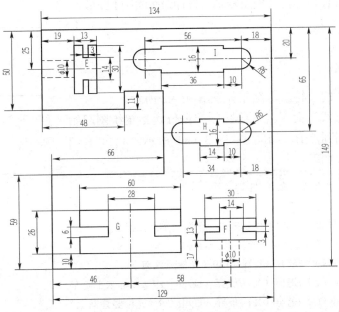

图 3-3-1　导向板图样

【任务要求】

1. 正确选用绘图命令以及旋转、拉伸、缩放、移动等编辑命令，绘制导向板图样；

2. 要求图形 F、G 由图形 E 经过旋转、缩放完成，图形 I 由图形 H 经过拉伸完成。

3. 合理设置线型比例，利用打断或拉长命令修改中心线长度，使中心线显示正确及美观；

4. 图样绘制完成后，将其保存以"学号+姓名"的文件夹中，并将文件命名为"3-T-3 绘制导向板图样.dwg"；

5. 使用"在命令提示行输入指令"的形式调用绘图、编辑命令，注重"功能键"和"组合键"的使用，提高绘图效率。

【学习内容】

1. 旋转命令的调用方法及使用；

2. 拉伸命令的调用方法及使用；

3. 缩放命令的调用方法及使用；

4. 拉长命令的调用方法及使用；

5. 对齐命令的调用方法及使用。

一、根据尺寸绘制图形

（1）以 A 点为起始点，绘制该图形外轮廓。

（2）绘制内部 E 图形，并使用复制、旋转、缩放命令绘制 F 图形和 G 图形。

（3）绘制内部 H 图形，并使用复制、拉伸命令绘制 I 图形。

二、任务图形绘制

1. 绘制外轮廓

绘制平面图形的外轮廓，结果如图 3-3-2 所示。

（1）调用"直线"命令，在绘图区空白位置指定绘图起始点 A，顺时针绘制到点 B，如图 3-3-3（a）所示。

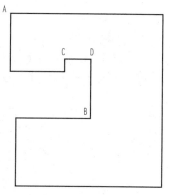

图 3-3-2　绘制外轮廓线

具体操作步骤如下：

命令：L（键盘输入"直线"命令"L"）
LINE
指定第一个点：（在屏幕适当位置单击左键，作为起始点位置）
指定下一点或［放弃（U）］：134（光标水平向右）
指定下一点或［退出（E）/放弃（U）］：149（光标竖直向下）
指定下一点或［关闭（C）/退出（X）/放弃（U）］：129（光标水平向左）
指定下一点或［关闭（C）/退出（X）/放弃（U）］：59（光标竖直向上）
指定下一点或［关闭（C）/退出（X）/放弃（U）］：66（光标水平向右）
指定下一点或［关闭（C）/退出（X）/放弃（U）］：*取消*（单击键盘上 Esc 键退出"直线"命令）

（2）调用"直线"命令，再以点 A 为起始点，逆时针绘制到点 C。

（3）通过拾取点的方式绘制直线 CD。调用"直线"命令，以 C 点为起点，拖动鼠标指向点 B，直到 B 点出现端点标识，拖动鼠标竖直向上，当同时出现水平及竖直标识时，即为点 D，如图 3-3-3（b）所示。连接 DB，绘制结果如图 3-3-2 所示。

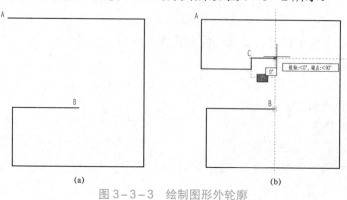

(a)　　　　　　　　　　　　　　(b)

图 3-3-3　绘制图形外轮廓

具体操作步骤如下：

命令：L（键盘输入"直线"命令"L"）

LINE

指定第一个点：（单击点 A）

指定下一点或 ［放弃（U）］：50（光标竖直向下）

指定下一点或 ［退出（E）/放弃（U）］：48（光标水平向右）

指定下一点或 ［关闭（C）/退出（X）/放弃（U）］：11（光标竖直向上）

指定下一点或 ［关闭（C）/退出（X）/放弃（U）］：（光标拾取点 B 并竖直向上，绘制点 D）

指定下一点或 ［关闭（C）/退出（X）/放弃（U）］：（光标竖直向下，单击点 B）

指定下一点或 ［关闭（C）/退出（X）/放弃（U）］：*取消*（单击键盘上 Esc 键退出"直线"命令）

2. 绘制中心线

调用"偏移"命令，绘制该图形的中心线，并调整线段长度，然后将偏移后的线段更改为"中心线"层，如图 3-3-4 所示。

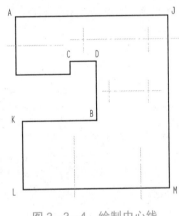

图 3-3-4 绘制中心线

（1）调用"偏移"命令，以直线 AJ 为偏移对象，分别向下偏移 25 mm、20 mm 和 65 mm，并调整直线长度，如图 3-3-5（a）所示。

具体操作步骤如下：

命令：O（输入"偏移"命令"O"）

OFFSET

当前设置：删除源=否 图层=源 OFFSETGAPTYPE=0

指定偏移距离或 ［通过（T）/删除（E）/图层（L）］＜通过＞：25

选择要偏移的对象，或 ［退出（E）/放弃（U）］＜退出＞：（选择直线 AJ）

指定要偏移的那一侧上的点，或 ［退出（E）/多个（M）/放弃（U）］＜退出＞：（单击直线 AJ 下方一点）

选择要偏移的对象，或退出（E）/放弃（U）］＜退出＞：（单击空格键结束命令）

命令：OFFSET（单击空格键执行上一命令）

当前设置：删除源=否 图层=源 OFFSETGAPTYPE=0

指定偏移距离或［通过（T）/删除（E）/图层（L）］<25.0000>：20

选择要偏移的对象，或［退出（E）/放弃（U）］<退出>：（选择直线 AJ）

指定要偏移的那一侧上的点，或［退出（E）/多个（M）/放弃（U）］<退出>：（单击直线 AJ 下方一点）

选择要偏移的对象，或［退出（E）/放弃（U）］<退出>：（单击空格键结束命令）

命令：OFFSET（单击空格执行上一命令）

当前设置：删除源＝否　图层＝源　OFFSETGAPTYPE＝0

指定偏移距离或［通过（T）/删除（E）/图层（L）］<20.0000>：65

选择要偏移的对象，或［退出（E）/放弃（U）］<退出>：（选择直线 AJ）

指定要偏移的那一侧上的点，或［退出（E）/多个（M）/放弃（U）］<退出>：（单击直线 AJ 下方一点）

选择要偏移的对象，或［退出（E）/放弃（U）］<退出>：（单击空格键结束命令）

（2）调用"偏移"命令，以直线 KL 为偏移对象，向右偏移 46 mm，并以得到的线段为偏移对象，向右偏移 58 mm；再以 JM 为偏移对象分别向左偏移 18 mm、56 mm、34 mm，并通过打断命令、夹点编辑调整线段长度，如图 3－3－5（b）所示。

具体操作步骤如下：

命令：O（输入"偏移"命令"O"）

OFFSET

当前设置：删除源＝否　图层＝源　OFFSETGAPTYPE＝0

指定偏移距离或［通过（T）/删除（E）/图层（L）］<65.0000>：46

选择要偏移的对象，或［退出（E）/放弃（U）］<退出>：（选择直线 KL）

指定要偏移的那一侧上的点，或［退出（E）/多个（M）/放弃（U）］<退出>：（单击直线 KL 右方一点）

选择要偏移的对象，或［退出（E）/放弃（U）］<退出>：（单击空格键结束命令）

命令：OFFSET（单击空格执行上一命令）

当前设置：删除源＝否　图层＝源　OFFSETGAPTYPE＝0

指定偏移距离或［通过（T）/删除（E）/图层（L）］<46.0000>：58

选择要偏移的对象，或［退出（E）/放弃（U）］<退出>：（选择上一步偏移得到的直线）

指定要偏移的那一侧上的点，或［退出（E）/多个（M）/放弃（U）］<退出>：（单击该直线右方一点）

选择要偏移的对象，或［退出（E）/放弃（U）］<退出>：（单击空格键结束命令）

命令：OFFSET（单击空格执行上一命令）

当前设置：删除源＝否　图层＝源　OFFSETGAPTYPE＝0

指定偏移距离或［通过（T）/删除（E）/图层（L）］<58.0000>：18

选择要偏移的对象，或［退出（E）/放弃（U）］<退出>：（选择直线 JM）

指定要偏移的那一侧上的点，或［退出（E）/多个（M）/放弃（U）］<退出>：（单击直线 JM 左方一点）

选择要偏移的对象，或［退出（E）/放弃（U）］<退出>：（单击空格键结束命令）

命令：OFFSET（单击空格执行上一命令）

当前设置：删除源＝否　图层＝源　OFFSETGAPTYPE＝0

指定偏移距离或［通过（T）/删除（E）/图层（L）］<18.0000>：56

选择要偏移的对象，或［退出（E）/放弃（U）］<退出>：（选择上一步偏移得到的直线）

指定要偏移的那一侧上的点，或［退出（E）/多个（M）/放弃（U）］<退出>：（单击该直线左方一点）

选择要偏移的对象，或［退出（E）/放弃（U）］<退出>：（单击空格键结束命令）

命令：OFFSET（单击空格键执行上一命令）

当前设置：删除源=否　图层=源 OFFSETGAPTYPE=0

指定偏移距离或［通过（T）/删除（E）/图层（L）］<56.0000>：34

选择要偏移的对象，或［退出（E）/放弃（U）］<退出>：（选择距离 JM 为18的直线）

指定要偏移的那一侧上的点，或［退出（E）/多个（M）/放弃（U）］<退出>：（单击该直线左方一点）

选择要偏移的对象，或［退出（E）/放弃（U）］<退出>：（单击空格键结束命令）

（3）将所绘制的线段调整至"中心线"层，通过夹点编辑与打断命令修改中心线的长度，并通过线型管理器修改中心线的线型比例，如图3-3-6所示。

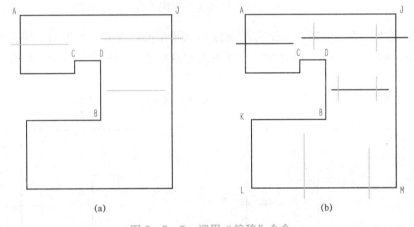

(a)　　　　　　　　　　　　(b)

图3-3-5　调用"偏移"命令

（a）直线 AJ 偏移；（b）直线 KL 偏移

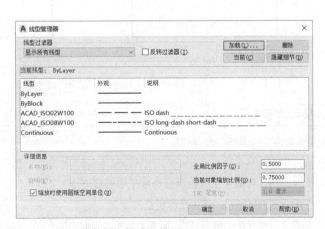

图3-3-6　菜单栏-格式-线型

3. 绘制内轮廓

（1）绘制内部图形 E，如图 3-3-7 所示。

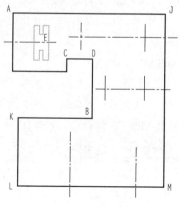

图 3-3-7　绘制内部图形 E

① 调用"直线"命令，拾取左上方轮廓线与水平中心线交点，水平向右输入距离 19 mm 并单击空格键，如图 3-3-8（a）所示。以该点为起点绘制 E 图形上半部分，如图 3-3-8（b）所示。

② 调用"镜像"命令，镜像 E 图形下半部分，如图 3-3-8 所示。

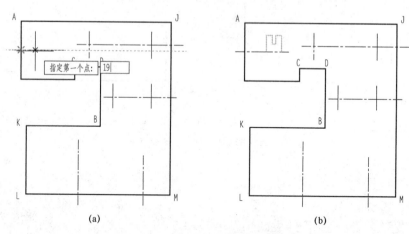

(a)　　　　　　　　　　　　　(b)

图 3-3-8　绘制 E 图形上半部分

具体操作步骤如下：

命令：L（键盘输入"直线"命令"L"）

LINE

指定第一个点：19（拾取左上方轮廓线与水平中心线交点）

指定下一点或 ［放弃（U）］：15（光标竖直向上）

指定下一点或 ［退出（E）/放弃（U）］：5（光标水平向右）

指定下一点或 ［关闭（C）/退出（X）/放弃（U）］：8（光标竖直向下）

指定下一点或［关闭（C）/退出（X）/放弃（U）］：3（光标水平向右）

指定下一点或［关闭（C）/退出（X）/放弃（U）］：8（光标竖直向上）

指定下一点或［关闭（C）/退出（E）/放弃（U）］：5（光标水平向右）

指定下一点或［关闭（C）/退出（E）/放弃（U）］：（光标竖直向下到中心线）

指定下一点或［关闭（C）/退出（X）/放弃（U）］：*取消*（单击键盘上 Esc 键退出"直线"命令）

命令：MI（输入"镜像"命令"MI"）

MIRROR

窗交（C）套索 按空格键可循环浏览选项找到 13 个（框选 E 图形上半部分）

选择对象：指定镜像线的第一点：（单击中心线上任意一点）

指定镜像线的第二点：（单击中心线上除去上一点的任意一点）

要删除源对象吗？［是（Y）/否（N）］＜否＞：（单击空格键，默认不删除源对象）

（2）绘制内部 F 图形和 G 图形，如图 3-3-9 所示。

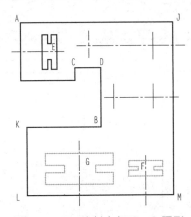

图 3-3-9　绘制内部 F、G 图形

① 调用"复制"命令，将 E 图形复制到空白区，如图 3-3-10（a）所示。调用"旋转"命令，将该图形旋转 90°，再调用"复制"命令将其复制，如图 3-3-10（b）所示。

具体操作步骤如下：

命令：CO（键盘输入"复制"命令"CO"）

COPY

选择对象：指定对角点：找到 14 个（框选 E 图形）

选择对象：（单击空格键）

当前设置：复制模式 = 多个

指定基点或［位移（D）/模式（O）］＜位移＞：（单击 E 图形左下方交点）

指定第二个点或［阵列（A）］＜使用第一个点作为位移＞：（单击空白处一点）

指定第二个点或［阵列（A）/退出（E）/放弃（U）］＜退出＞：（单击空格键退出指令）

命令：RO（键盘输入"旋转"命令"RO"）

ROTATE

UCS 当前的正角方向：ANGDIR＝逆时针 ANGBASE＝0

选择对象：指定对角点：找到 14 个（框选上一步复制好的图元）

选择对象：（单击空格键）

指定基点：（单击该图元左下方交点）

指定旋转角度，或［复制（C）/参照（R）］＜0＞：90

命令：CO（键盘输入"复制"命令"CO"）

COPY

选择对象：指定对角点：找到 14 个（框选上一步旋转好的图元）

选择对象：（单击空格键）

当前设置：复制模式 ＝ 多个

指定基点或［位移（D）/模式（O）］＜位移＞：（单击该图元左下方交点）

指定第二个点或［阵列（A）］＜使用第一个点作为位移＞：（单击空白处一点）

指定第二个点或［阵列（A）/退出（E）/放弃（U）］＜退出＞：（单击空格键退出指令）

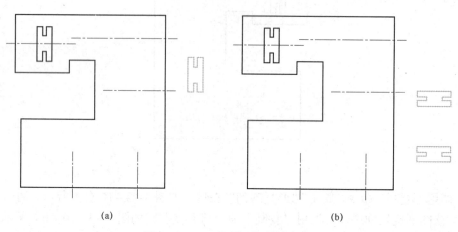

(a)　　　　　　　　　　　　　　　(b)

图 3－3－10 调用"复制"命令

（a）复制 E 图形；（b）旋转、复制 E 图形

　　② 调用"偏移"命令，将右下方竖直中心线向左偏移 15 mm，再将直线 LM 向上偏移 17 mm，如图 3－3－11（a）所示。调用"对齐"命令，将复制好的图元放置指定位置，如图 3－3－11（b）所示，最后删除偏移直线。

　　具体操作步骤如下：

命令：O（输入"偏移"命令"O"）

OFFSET

当前设置：删除源＝否 图层＝源 OFFSETGAPTYPE＝0

指定偏移距离或［通过（T）/删除（E）/图层（L）］＜10.0000＞：15

选择要偏移的对象，或［退出（E）/放弃（U）］<退出>：（选择右下方竖直中心线）

指定要偏移的那一侧上的点，或［退出（E）/多个（M）/放弃（U）］<退出>：（单击该中心线左方一点）

选择要偏移的对象，或［退出（E）/放弃（U）］<退出>：（单击空格键结束命令）

命令：OFFSET（单击空格键执行上一命令）

当前设置：删除源=否　图层=源 OFFSETGAPTYPE=0

指定偏移距离或［通过（T）/删除（E）/图层（L）］<15.0000>：17

选择要偏移的对象，或［退出（E）/放弃（U）］<退出>：（选择直线 LM）

指定要偏移的那一侧上的点，或［退出（E）/多个（M）/放弃（U）］<退出>：（单击直线 LM 上方一点）

选择要偏移的对象，或［退出（E）/放弃（U）］<退出>：（单击空格键结束命令）

命令：AL（键盘输入"对齐"命令"AL"）

ALIGN

选择对象：指定对角点：找到 14 个（框选上一步复制好的其中一个图元）

选择对象：

指定第一个源点：（单击该图元左下方交点）

指定第一个目标点：（单击上一步偏移完成的两直线交点处）

指定第二个源点：（单击该图元右下方交点）

指定第二个目标点：（单击上一步偏移完成的水平线上右侧任意一点）

指定第三个源点或<继续>：（单击空格键）

是否基于对齐点缩放对象？［是（Y）/否（N）］<否>：（单击空格键，默认选择"否"）

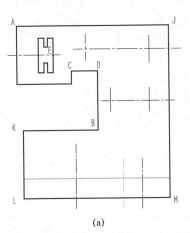
(a)

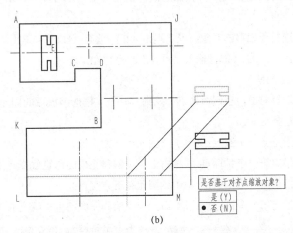
(b)

图 3-3-11　调用"偏移"命令
(a) 右下方中心线、LM 偏移；(b) 对齐复制图元

　　③ 调用"缩放"命令，将上一步复制好的图元放大两倍，如图 3-3-12（a）所示。调用"偏移"命令，将左下方竖直中心线向左偏移 30 mm，再将直线 LM 向上偏移 10 mm，如

图 3-3-12（b）所示。调用"对齐"命令，将复制好的图元放置指定位置，如图 3-3-12（c）所示。最后删除偏移直线。

具体操作如下：

命令：SC（输入"缩放"命令"SC"）

SCALE

选择对象：指定对角点：找到 14 个（选择上一步复制好的图元，并单击空格键）

选择对象：

指定基点：（单击该图元左下角交点）

指定比例因子或 [复制（C）/参照（R）]：2

命令：O（输入"偏移"命令"O"）

OFFSET

当前设置：删除源=否　图层=源 OFFSETGAPTYPE=0

指定偏移距离或 [通过（T）/删除（E）/图层（L）] <通过>：30

选择要偏移的对象，或 [退出（E）/放弃（U）] <退出>：（选择左下方竖直中心线）

指定要偏移的那一侧上的点，或 [退出（E）/多个（M）/放弃（U）] <退出>：（单击该中心线左方一点）

选择要偏移的对象，或 [退出（E）/放弃（U）] <退出>：（单击空格键结束命令）

命令：OFFSET（单击空格键执行上一命令）

当前设置：删除源=否　图层=源 OFFSETGAPTYPE=0

指定偏移距离或 [通过（T）/删除（E）/图层（L）] <30.0000>：10

选择要偏移的对象，或 [退出（E）/放弃（U）] <退出>：（选择直线 LM）

指定要偏移的那一侧上的点，或 [退出（E）/多个（M）/放弃（U）] <退出>：（单击直线 LM 上方一点）

选择要偏移的对象，或 [退出（E）/放弃（U）] <退出>：（单击空格键结束命令）

命令：AL（键盘输入"对齐"命令"AL"）

ALIGN

选择对象：指定对角点：找到 14 个（框选缩放后的图元）

选择对象：

指定第一个源点：（单击该图元左下方交点）

指定第一个目标点：（单击上一步偏移完成的两直线交点处）

指定第二个源点：（单击该图元右下方交点）

指定第二个目标点：（单击上一步偏移完成的水平线上右侧任意一点）

指定第三个源点或<继续>：（单击空格键）

是否基于对齐点缩放对象？ [是（Y）/否（N）] <否>：（单击空格键，默认选择"否"）

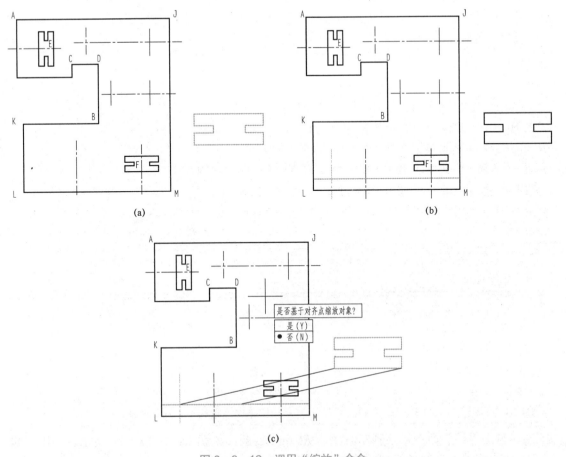

图 3-3-12 调用"缩放"命令

（a）放大复制图元；（b）左下方中心线、LM 偏移；（c）图元放置

（3）绘制内部 H 图形和 I 图形，如图 3-3-13 所示。

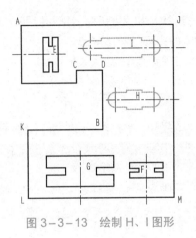

图 3-3-13 绘制 H、I 图形

① 调用"直线"命令，拾取 H 图形左端竖直中心线与水平中心线交点，水平向上输入距离 6 mm 并单击空格键，以该点为起点绘制 H 图形上半部分，如图 3 – 3 – 14（a）所示。

具体操作如下：

命令：L（键盘输入"直线"命令"L"）

LINE

指定第一个点：6（拾取 H 图形左端竖直中心线与水平中心线的交点）

指定下一点或 [放弃（U）]：10（光标水平向右）

指定下一点或 [退出（E）/放弃（U）]：2（光标竖直向上）

指定下一点或 [关闭（C）/退出（X）/放弃（U）]：14（光标水平向右）

指定下一点或 [关闭（C）/退出（X）/放弃（U）]：2（光标竖直向下）

指定下一点或 [关闭（C）/退出（X）/放弃（U）]：（光标水平向右到中心线）

指定下一点或 [关闭（C）/退出（X）/放弃（U）]：*取消*（单击键盘上 Esc 键退出"直线"指令）

② 调用"镜像"命令，镜像 H 图形下半部分，如图 3 – 3 – 14（b）所示。

具体操作如下：

命令：MI（输入"镜像"命令"MI"）

MIRROR

窗交（C）套索 按空格键可循环浏览选项找到 5 个（框选 H 图形上半部分）

选择对象：指定镜像线的第一点：（单击水平中心线上任意一点）

指定镜像线的第二点：（单击水平中心线上除去上一点的任意一点）

要删除源对象吗？[是（Y）/否（N）]＜否＞：（单击空格键，默认不删除源对象）

③ 调用"圆"命令，绘制左右两端 R6 mm 的圆，如图 3 – 3 – 14（c）所示。调用"修剪"命令，修剪多余线条，如图 3 – 3 – 14（d）所示。

具体操作如下：

命令：C（键盘输入"圆"命令"C"）

CIRCLE

指定圆的圆心或 [三点（3P）/两点（2P）/切点、切点、半径（T）]：2P（单击空格键）

指定圆直径的第一个端点：（鼠标单击上面直线的左端点）

指定圆直径的第二个端点：（鼠标单击下面直线的左端点）

命令：C（键盘输入"圆"命令"C"）

CIRCLE

指定圆的圆心或 [三点（3P）/两点（2P）/切点、切点、半径（T）]：2P（单击空格键）

指定圆直径的第一个端点：（鼠标单击上面直线的右端点）

指定圆直径的第二个端点：（鼠标单击下面直线的右端点）

命令：TR（键盘输入"修剪"命令"TR"）

TRIM

当前设置：投影＝UCS，边＝无

选择剪切边...

选择对象或＜全部选择＞：（单击空格键）

选择要修剪的对象或按住 Shift 键选择要延伸的对象，或者

[栏选（F）/窗交（C）/投影（P）/边（E）/删除（R）]：（选择多余线条，修剪完成后单击空格键）

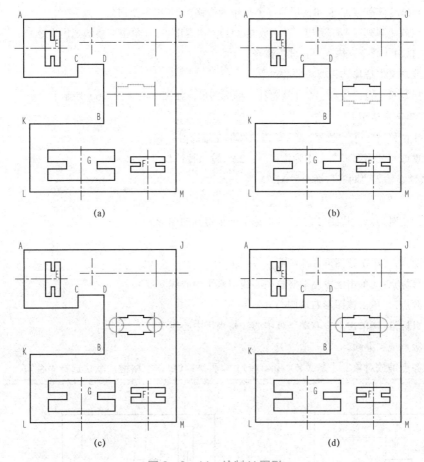

图 3－3－14　绘制 H 图形

（a）H 图形上半部分绘制；（b）H 图形上半部分镜像；（c）绘制左右两端圆；（d）修剪两端圆

④ 调用"复制"命令，将 H 图形复制到空白位置，如图 3－3－15（a）所示。再调用"拉伸"命令，从右往左，框选图形右半部分，如图 3－3－15（b）所示，将该图形拉长 22 mm，如图 3－3－15（c）所示，最终得到 3－3－15（d）所示图形。调用"对齐"命令，将该图形放置指定位置，如图 3－3－15（e）所示。

具体操作如下：

命令：CO（键盘输入"复制"命令"CO"）

COPY

选择对象：指定对角点，找到 12 个（框选 H 图形）

选择对象：（单击空格键）

当前设置：复制模式＝多个

指定基点或［位移（D）/模式（O）］＜位移＞：（单击 H 图形左端圆心）

指定第二个点或［阵列（A）］＜使用第一个点作为位移＞：（单击空白处一点）

指定第二个点或［阵列（A）/退出（E）/放弃（U）］＜退出＞：（单击空格键退出指令）

命令：STRETCH（命令行输入"拉伸"命令）

以交叉窗口或交叉多边形选择要拉伸的对象...

选择对象：指定对角点：找到 7 个［从右往左框选图形，如图 3-3-15（b）所示］

选择对象：（单击空格键）

指定基点或［位移（D）］＜位移＞：（单击该图形左端圆心）

指定第二个点或＜使用第一个点作为位移＞：22（输入拉伸长度）

命令：AL（键盘输入"对齐"命令"AL"）

ALIGN

选择对象：指定对角点：找到 12 个（框选上一步得到的图形）

选择对象：

指定第一个源点：（单击该图形左端圆心）

指定第一个目标点：（单击上方左端竖直中心线与水平中心线交点）

指定第二个源点：（单击该图形右端圆心）

指定第二个目标点：（单击上方右端竖直中心线与水平中心线交点）

指定第三个源点或＜继续＞：

是否基于对齐点缩放对象？［是（Y）/否（N）］＜否＞：（单击空格键，默认选择"否"）

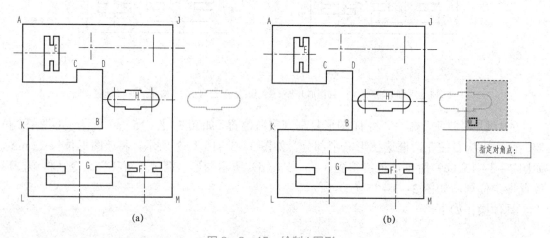

(a)   (b)

图 3-3-15　绘制 I 图形

（a）H 图形复制；（b）框选复制图形

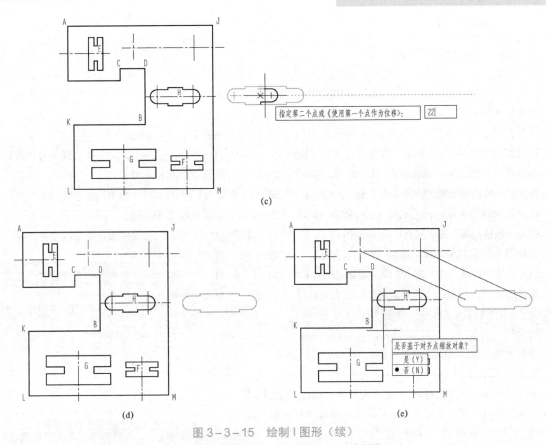

图 3-3-15　绘制 I 图形（续）

（c）拉长框选图形；（d）拉长后图形；（e）放置图形

（4）绘制虚线孔，如图 3-3-16 所示。

① 调用"偏移"命令，将 E 图形中心线分别向上、向下偏移 5 mm，将 F 图形中心线分别向左、向右偏移 5 mm，如图 3-3-17 所示。

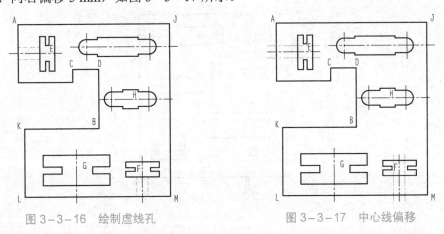

图 3-3-16　绘制虚线孔　　　　　　　　图 3-3-17　中心线偏移

② 再调用"修剪"命令，将多余部分修剪掉。将图线调至"虚线"层并修改线型比例，使图线美观。

具体操作如下：

命令：O（输入"偏移"命令"O"）

OFFSET

当前设置：删除源＝否　图层＝源 OFFSETGAPTYPE＝0

指定偏移距离或［通过（T）/删除（E）/图层（L）]＜通过＞：5

选择要偏移的对象，或［退出（E）/放弃（U）]＜退出＞：（选择 E 图形中心线）

指定要偏移的那一侧上的点，或［退出（E）/多个（M）/放弃（U）]＜退出＞：（单击该中心线上方一点）

选择要偏移的对象，或［退出（E）/放弃（U）]＜退出＞：（选择 E 图形中心线）

指定要偏移的那一侧上的点，或［退出（E）/多个（M）/放弃（U）]＜退出＞：（单击该中心线下方一点）

选择要偏移的对象，或［退出（E）/放弃（U）]＜退出＞：（选择 F 图形中心线）

指定要偏移的那一侧上的点，或［退出（E）/多个（M）/放弃（U）]＜退出＞：（单击该中心线左方一点）

选择要偏移的对象，或［退出（E）/放弃（U）]＜退出＞：（选择 F 图形中心线）

指定要偏移的那一侧上的点，或［退出（E）/多个（M）/放弃（U）]＜退出＞：（单击该中心线右方一点）

选择要偏移的对象，或［退出（E）/放弃（U）]＜退出＞：（单击空格键，退出指令）

命令：TR（输入"修剪"命令"TR"）

TRIM

当前设置：投影＝UCS，边＝无

选择剪切边...

选择对象或＜全部选择＞：（单击空格键，默认"全部选择"）

选择要修剪的对象或按住 Shift 键选择要延伸的对象，或者

［栏选（F）/窗交（C）/投影（P）/边（E）/删除（R）]：（选择需要修剪的线段，修剪完毕后单击空格键退出命令）

4. 修剪整理

调整中心线的长度，并检查图样，如图 3-3-18 所示。

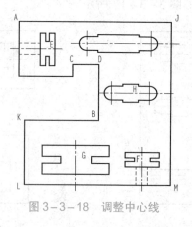

图 3-3-18　调整中心线

5. 保存图样

按要求保存图样，任务完成。

3.3.1　旋　转

旋转命令用于将旋转对象围绕指定基点旋转方向，要指定旋转角度，可以输入角度值或使用光标直接进行拖动。

【执行命令】

- 命令行：输入"ROTATE"→"Enter"。
- 菜单栏："修改"→"旋转"。
- 功能区："默认"选项卡→"修改"面板→ 旋转。
- 命令缩写：RO。

【操作步骤】

1. 按指定角度旋转对象

输入旋转角度值，如果输入的是正角度值，系统将按逆时针方向旋转，若输入的是负角度值，系统将按顺时针方向旋转。如图3-3-19所示，其操作过程如下：

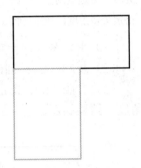

图3-3-19　指定角度旋转

命令：RO（键盘输入"旋转"命令"RO"）
ROTATE
UCS 当前的正角方向：ANGDIR＝逆时针　ANGBASE＝0
选择对象：找到 1 个（鼠标左键选取水平矩形）
选择对象：
指定基点：（鼠标左键单击矩形左下角角点）
指定旋转角度，或［复制（C）/参照（R）］＜0＞：c（复制模式下源矩形将被保留）
旋转一组选定对象
指定旋转角度，或［复制（C）/参照（R）］＜0＞：－90（输入旋转角度，负号代表顺时针旋转）

2. 通过拖动鼠标旋转对象

绕基点拖动对象并指定第二点，为了保证旋转角度精准，按 F8 或打开"正交"模式、极轴追踪或对象捕捉。

以图3-3-20为例，介绍该旋转方式。具体操作过程如下：

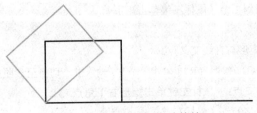

图3-3-20　鼠标拖动旋转

命令：RO（键盘输入"旋转"命令"RO"）

ROTATE

UCS 当前的正角方向：ANGDIR＝逆时针　　ANGBASE＝0

选择对象：找到 1 个（鼠标左键选取水平矩形）

选择对象：

指定基点：（鼠标左键单击矩形左下角角点）

指定旋转角度，或［复制（C）/参照（R）］＜0＞：c（复制模式下源矩形将被保留）

旋转一组选定对象

指定旋转角度，或［复制（C）/参照（R）］＜0＞：（直接移动鼠标旋转对象，单击鼠标左键确定旋转角度）

（1）指定基点：指定一个旋转基点使要旋转的对象绕这个基点旋转。

（2）复制（C）：创建旋转复制对象如图 3－3－21 所示。

（3）参照（R）：指定一个参照角度和新角度，两个角度的差值就是所选对象的实际旋转角度，结果如图 3－3－21（b）所示。具体操作过程如下：

（a）　　　　　　　　　　　　　　　　　（b）

图 3－3－21　参照旋转

（a）参照旋转前；（b）参照旋转后

命令：RO（键盘输入"旋转"命令"RO"）

ROTATE

选择对象：

指定基点：（二者交叉点）

指定旋转角度，或［复制（C）/参照（R）］＜0＞：R

指定参照角：（鼠标单击二者交叉点）

指定第二点：（矩形右角点）

指定新角度或［点（P）］：（单击直线端点）

命令：RO（键盘输入"旋转"命令"RO"）

ROTATE

UCS 当前的正角方向：ANGDIR＝逆时针　　ANGBASE＝0

选择对象：指定对角点，找到 1 个（鼠标左键单击矩形）

选择对象：

指定基点：（鼠标左键单击矩形与直线交叉点）

指定旋转角度，或［复制（C）/参照（R）］＜48＞：r（输入 R，切换至参照旋转模式下）

指定参照角＜45＞：指定第二点：（鼠标左键单击矩形右下角点）

指定新角度或［点（P）］＜140＞：（鼠标左键单击 A 点）

3.3.2　拉伸

"拉伸"命令是指将选择对象进行不等比缩放，并使其形状或尺寸发生改变的操作。打开正交模式或极限追踪提高拉伸的精度。

通常用于拉伸的对象有直线、圆弧、椭圆弧、多段线、样条曲线等，如图 3-3-22 所示。

图 3-3-22　拉伸命令

（a）拉伸前；（b）拉伸后

【执行命令】

- 命令行：输入"STRETHCH"→"Enter"。
- 菜单栏："修改"→"拉伸"。
- 功能区："默认"选项卡→"修改"功能区→ 拉伸 。
- 命令缩写：S。

【操作步骤】

拉伸采用窗交选择（鼠标从右向左框选）的方式来选择要拉伸的对象，指定拉伸的基点和第二个点，此时，若指定第二个点，系统将根据这两点决定矢量拉伸对象。

STRETCH 仅移动位于交叉窗口内的顶点和端点，不更改那些位于交叉窗口外的顶点和端点。部分包含在交叉窗口内的对象将被拉伸。

操作技巧

如果选择的图形对象完全处于选择框内，那么拉伸的结果只能是图形对象相对于原位置上的平移。

3.3.3　缩放

"缩放"命令是指将对象进行等比例放大或缩小，使用此命令可以创建形状相同、大小不同的图形结构。

使用 SCALE 命令，指定基点和比例因子，另外，根据当前图形，还可以指定要用作比例因子的长度。

【执行命令】

- 命令行：输入"SCALE"→"Enter"。
- 菜单栏："修改"→"缩放"。

● 功能区："默认"选项卡→"修改"功能区→  缩放。

● 命令缩写：SC。

【操作步骤】

执行上述操作过程后，命令提示行将依次出现"选择对象""指定基点"和"指定比例因子或［复制（C）/参照（R）："提示信息。

（1）复制（C）：创建缩放复制对象，该模式下将保留源对象，结果如图 3-3-23 所示。

图 3-3-23　复制缩放

操作步骤如下：

命令：SC（键盘输入"缩放"命令"SC"）

SCALE

选择对象：（选中圆，单击空格键）

指定基点：（鼠标单机圆心）

指定比例因子或［复制（C）/参照（R）：C（单击空格键）

指定比例因子或［复制（C）/参照（R）：2（输入放大比例）

命令：SC（键盘输入"缩放"命令"SC"）

SCALE

选择对象：找到 1 个（单击鼠标左键选取圆形）

选择对象：

指定基点：

指定比例因子或［复制（C）/参照（R）：c（输入 C 更改到复制缩放模式）

缩放一组选定对象。

指定比例因子或［复制（C）/参照（R）：2（输入比例因子）

（2）参照：将现有的距离作为新尺寸的基础，指定当前距离和新的所需尺寸，指定参照长度并输入要缩放的长度，选中的对象将被相应缩放，结果如图 3-3-24 所示，其操作过程如下：

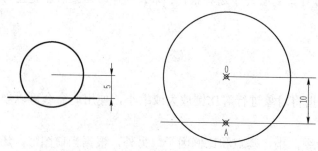

图 3-3-24　参照缩放

命令：SC（键盘输入"缩放"命令"SC"）

SCALE

选择对象：找到 1 个

选择对象：找到 1 个，总计 2 个（鼠标左键选取圆和直线段）

选择对象：

指定基点：（鼠标左键单击圆心点）

指定比例因子或［复制（C）/参照（R）]：R（输入R，更改为参照缩放模式）

指定参照长度<10.0>：指定第二点：（鼠标左键依次单击圆心点 O 和圆心垂直点 A，此时 O 点到 A 点的长度为缩放的参照长度）

指定新的长度或［点（P）] <10.0>：10（输入 O 点到 A 点新的参照长度 10）

温馨提示

　　在等比例缩放对象时，如果输入的比例因子大于 1，那么对象将被放大；如果输入的比例因子小于 1，那么对象将被缩小。

　　执行缩放命令时，不仅选定对象为缩放，选定对象的所有标注尺寸也将被更改。

3.3.4　拉长

　　"拉长"命令用于改变直线、圆弧、多段线、椭圆弧、样条曲线等图形对象的长度和圆弧的角度。使用拉长命令，可以修改圆弧的包含角，结果与延伸和修剪相似。

　　执行"拉长"命令可以动态拖动对象的端点，按总长度或角度的百分比指定新长度或角度，指定从端点开始测量的增量长度或角度，指定对象的总绝对长度或包含角。

【执行命令】

　　● 命令行：输入"LENGTHEN"→"Enter"。

　　● 菜单栏："修改"→"拉长"。

　　● 功能区："默认"选项卡→"修改"面板→■。

　　● 命令缩写：LEN。

【操作步骤】

　　对图 3-3-25（a）执行"拉长"命令后，结果如图 3-3-25（c）所示，具体步骤如下：

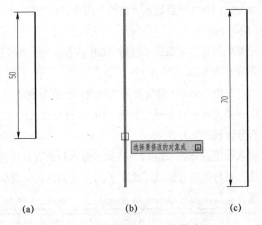

图 3-3-25　直线拉长（增量选项）

（a）拉长前；（b）增量拉长中；（c）拉长后

命令：LEN（键盘输入"拉长"命令"LEN"）

LENGTHEN

选择要测量的对象或［增量（DE）/百分比（P）/总计（T）/动态（DY）］<增量（DE）>：（鼠标左键选取长度为 50 的直线段）

当前长度：50.0（显示当前线段长度为 50）

选择要测量的对象或［增量（DE）/百分比（P）/总计（T）/动态（DY）］<增量（DE）>：（直接回车，切换到输入增量模式下）

输入长度增量或［角度（A）］<20.0>：20（输入选取线段长度增量 20）

选择要修改的对象或［放弃（U）］：*取消*（鼠标左键单击线段下端如图 3-3-25（b）所示，结果如图 3-3-25（c）所示，线段长度变为 70，单击空格键，结束命令）

（1）增量（DE）：指按照事先指定的长度增量或角度增量来拉长或缩短对象。增量值为正值，那么系统将拉长对象；反之则缩短对象，如图 3-3-25 的直线拉长。

（2）百分数（P）：指以总长的百分数值来拉长或缩短对象，长度的百分数值必须为正且非零。当输入的长度百分数值小于 100，将缩短对象；当输入的长度百分数大于 100 时，将拉长对象。如图 3-3-26 所示，具体操作过程如下：

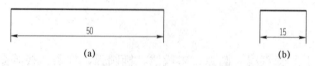

（a）   （b）

图 3-3-26　直线拉长（百分比选项）

（a）拉伸前；（b）拉伸后（百分比为（30%））

命令：LEN（键盘输入"拉长"命令"LEN"）

LENGTHEN

选择要测量的对象或［增量（DE）/百分比（P）/总计（T）/动态（DY）］<增量（DE）>：（鼠标左键选取长度为 50 直线段）

当前长度：50.0（测量显示当前线段长度为 50）

选择要测量的对象或［增量（DE）/百分比（P）/总计（T）/动态（DY）］<增量（DE）>：p（切换到百分比模式下）

输入长度百分数<140.0>：30（输入拉长百分比值）

选择要修改的对象或［放弃（U）］：［鼠标左键选取直线段任一端，结果如图 3-3-26（b）所示］

选择要修改的对象或［放弃（U）］：*取消*（单击空格键，结束命令）

（3）总计（T）：指定一个总长度或总角度来拉长或缩短对象。如果原对象的总长度或总角度大于所指定的总长度或总角度，那么原对象将被缩短；反之，原对象将被拉长，如图 3-3-27 所示。

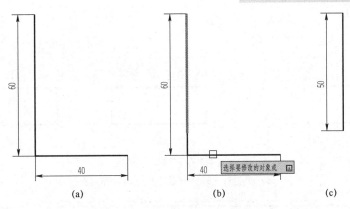

图3-3-27 多段线拉长（总计选项）

（a）拉长前；（b）选择拉长对象；（c）拉长后

（4）动态（DY）：指根据图形对象的端点位置动态改变其长度，选择"动态"选项之后，AutoCAD将端点移动到所需的长度或角度，另一端保持固定，如图3-3-28所示。

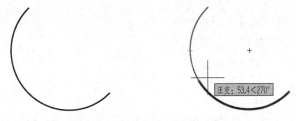

图3-3-28 圆弧拉长动态

拉长过程中，不管执行结果是对象被拉长还是被裁剪，执行过程中鼠标移向图形哪端就从哪端开始拉长或裁剪。

3.3.5 对齐

"对齐"命令可以将二维或三维空间中的对象与其他对象对齐。可以指定一对、两对或三对源点和定义点以移动、旋转或倾斜选定的对象，从而将它们与其他对象上的点对齐。

【执行命令】

- 命令行：输入"ALIGN"→"Enter"。
- 菜单栏："修改"→"对齐"。
- 功能区："注释"选项卡→"修改"面板→ ▊。
- 命令缩写：AL。

【操作步骤】

以图3-3-29（a）为例，执行"对齐"命令操作后，结果如图3-3-29（b）、（c）所示，具体操作过程如下：

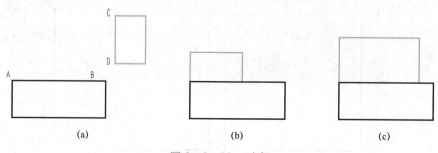

图3-3-29 对齐

（a）对齐前；（b）不缩放对齐；（c）缩放对齐

命令：ALIGN（键盘输入"对齐"命令"AL"）

选择对象：找到 1 个（鼠标左键单击小矩形）

选择对象：

指定第一个源点：（鼠标左键单击小矩形 C 点）

指定第一个目标点：（鼠标左键单击大矩形 A 点）

指定第二个源点：（鼠标左键单击小矩形 D 点）

指定第二个目标点：（鼠标左键单击大矩形 B 点）

指定第三个源点或＜继续＞：（单击空格键）

是否基于对齐点缩放对象？［是（Y）/否（N）］＜否＞：［直接回车结果如图3-3-29（b）所示，输入 Y 回车，结果如图3-3-29（c）所示］

任务 3.4 绘制曲轴简图图样

【任务描述】

调用已创建的样板文件，运用绘图命令和修剪、延伸、倒角等编辑命令，按照图3-4-1所示尺寸，绘制曲轴图样，并按要求命名保存。

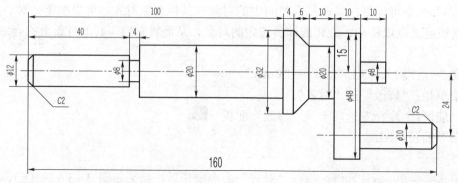

图3-4-1 曲轴图样

【任务要求】

1. 正确选用绘图命令以及修剪、延伸、倒角等编辑命令，绘制曲轴简图图样；

2. 使用偏移命令完成中心线定位，并完成相关线条的延伸及修剪；

3. 合理设置线型比例，利用打断或拉长命令修改中心线长度，使中心线显示正确及美观；

4. 图样绘制完成后，将其保存在"学号+姓名"的文件夹中，并将文件命名为"3-T-4绘制曲轴简图图样.dwg"；

5. 使用"在命令提示行输入命令"的形式调用绘图、编辑命令，注重"功能键"和"组合键"的使用，提高绘图效率。

【学习内容】

1. 修剪命令的调用及使用；

2. 延伸命令的调用及使用；

3. 倒角命令的调用及使用；

4. 倒圆角命令的调用及使用。

一、根据尺寸绘制图形

（1）在"中心线"层使用"直线"命令绘制轴的中心线。

（2）在"粗实线"层使用"直线"命令、"镜像"命令绘制轴的轮廓线。

（3）使用倒角命令绘制倒角。

二、任务图形绘制

（1）调用"直线"命令，在"中心线"层绘制图形中心线，如图3-4-2所示。

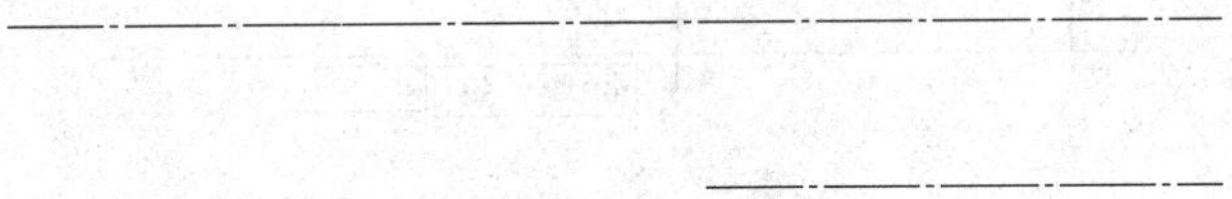

———————————————————

———·——·——·——·——

图3-4-2　中心线绘制

具体操作步骤如下：

命令：L（键盘输入"直线"命令"L"）

LINE

指定第一个点：（在屏幕适当位置单击左键，作为起始点位置）

指定下一点或 [放弃（U）]：170（光标水平向右）

指定下一点或 [退出（E）/放弃（U）]：（单击空格键退出"直线"命令）

命令：O（键盘输入"偏移"命令"O"）

OFFSET

当前设置：删除源＝否　图层＝源 OFFSETGAPTYPE＝0
指定偏移距离或［通过（T）/删除（E）/图层（L）］＜通过＞：24
选择要偏移的对象，或［退出（E）/放弃（U）］＜退出＞：（选择上一步绘制的中心线）
指定要偏移的那一侧上的点，或［退出（E）/多个（M）/放弃（U）］＜退出＞：（单击中心线下方一点）
选择要偏移的对象，或［退出（E）/放弃（U）］＜退出＞：（单击空格键结束命令）

（2）调用"直线"命令，在"轮廓线"层绘制图形上半部分，如图 3-4-3 所示。

图 3-4-3　绘制图形上半部分

① 调用"直线"命令，捕捉中心线左端点，水平向右出现十字交叉时输入距离 5 mm，进行轴轮廓的绘制，如图 3-4-4 所示。

图 3-4-4　绘制左端轴轮廓线

② 调用"直线"命令，捕捉 A 点，竖直向上出现十字交叉时输入距离 4 mm，如图 3-4-5 所示，绘制水平线，如图 3-4-6 所示。

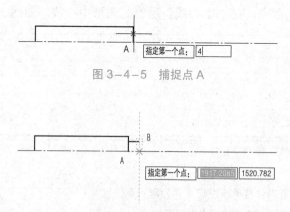

图 3-4-5　捕捉点 A

图 3-4-6　绘制水平轮廓线

③ 调用"直线"命令，捕捉 B 点，竖直向下与中心线交叉时单击鼠标，然后竖直向上，输入距离 10 mm，如图 3-4-6 所示。绘制轮廓线到点 C，如图 3-4-7 所示。

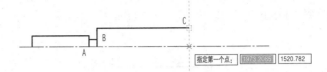

图 3-4-7　绘制中部轮廓线

④ 调用"直线"命令，捕捉 C 点，竖直向下与中心线交叉时单击鼠标，如图 3-4-7 所示，然后竖直向上，输入距离 16 mm。绘制轮廓线到 E 点，如图 3-4-8 所示。

图 3-4-8　绘制轮廓线到 E 点

具体操作步骤如下：

命令：L（键盘输入"直线"命令"L"）

LINE

指定第一个点：5（捕捉中心线左端点，水平向右出现十字交叉时输入距离 5）

指定下一点或［放弃（U）］：6（光标竖直向上）

指定下一点或［退出（E）/放弃（U）］：40（光标水平向右）

指定下一点或［关闭（C）/退出（X）/放弃（U）］：（光标竖直向下到中心线）

指定下一点或［关闭（C）/退出（X）/放弃（U）］：（空格退出命令）

命令：LINE（单击空格键执行上一命令）

指定第一个点：4（捕捉点 A，竖直向上出现十字交叉时输入距离 4）

指定下一点或［放弃（U）］：4（光标水平向右）

指定下一点或［退出（E）/放弃（U）］：（单击空格键退出命令）

命令：LINE（单击空格键执行上一命令）

指定第一个点：（捕捉点 B，竖直向下与中心线出现交点符号时单击鼠标）

指定下一点或［放弃（U）］：10（光标竖直向上）

指定下一点或［退出（E）/放弃（U）］：56（光标水平向右）

指定下一点或［关闭（C）/退出（X）/放弃（U）］：（单击空格键退出命令）

命令：LINE（单击空格键执行上一命令）

指定第一个点：（捕捉点 C，竖直向下与中心线出现交点符号时单击鼠标）

指定下一点或［放弃（U）］：16（光标竖直向上）

指定下一点或［退出（E）/放弃（U）］：4（光标水平向右）

指定下一点或［关闭（C）/退出（X）/放弃（U）］：（光标竖直向下到中心线）

指定下一点或［关闭（C）/退出（X）/放弃（U）］：（单击空格键退出命令）

⑤ 调用"直线"命令，捕捉 E 点水平向右，在中心线出现交叉符号时输入距离 6 mm，然后竖直向上输入距离 10 mm 到点 F，连接 FD，如图 3-4-9 所示。

图 3-4-9　绘制轮廓线到 F 点

具体操作步骤如下：

命令：L（键盘输入"直线"命令"L"）
LINE
指定第一个点：（单击点 F）
指定下一点或［放弃（U）］：10（光标水平向右）
指定下一点或［退出（E）/放弃（U）］：（单击点 D）
指定下一点或［关闭（C）/退出（X）/放弃（U）］：*取消*（单击键盘上 Esc 键退出"直线"指令）

⑥ 调用"直线"命令，以 F 点为起始点，绘制 FG，如图 3-4-10 所示。

图 3-4-10　绘制直线 FG

具体操作步骤如下：

命令：L（键盘输入"直线"命令"L"）
LINE
指定第一个点：6（捕捉点 E，竖直向上出现十字交叉时输入距离 6）
指定下一点或［放弃（U）］：10（光标竖直向上）
指定下一点或［退出（E）/放弃（U）］：（单击空格键退出指令）

（3）调用"镜像"命令，将上半部分图形镜像，如图 3-4-11 所示。

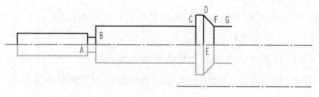

图 3-4-11　镜像轮廓线

具体操作步骤如下：

命令：MI（键盘输入"镜像"命令"MI"）

MIRROR

选择对象：指定对角点，找到 12 个（选择上半部分轮廓线）

选择对象：指定镜像线的第一点（单击中心线上任意一点）

指定镜像线的第二点（单击中心线上除去上一点的任意一点）

要删除源对象吗？［是（Y）/否（N）］＜否＞：（单击空格键，默认不删除源对象）

（4）调用"直线"命令，捕捉 G 点，竖直向下与中心线交叉时单击鼠标，如图 3-4-12 所示，然后竖直向上输入距离 15 mm，并绘制其余轮廓线，如图 3-4-13 所示。

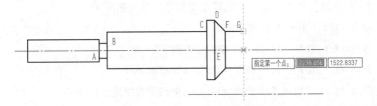

图 3-4-12　捕捉点 G

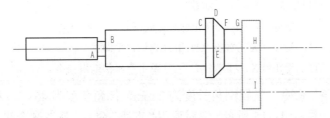

图 3-4-13　绘制右端轮廓线

具体操作步骤如下：

命令：L（键盘输入"直线"命令"L"）

LINE

指定第一个点：（捕捉 G 点，竖直向下与中心线交叉时单击鼠标）

指定下一点或［放弃（U）］：15（光标竖直向上）

指定下一点或［退出（E）/放弃（U）］：10（光标水平向右）

指定下一点或［关闭（C）/退出（X）/放弃（U）］：48（光标竖直向下）

指定下一点或［关闭（C）/退出（X）/放弃（U）］：10（光标水平向左）

指定下一点或［关闭（C）/退出（X）/放弃（U）］：（光标竖直向上到中心线）

指定下一点或［关闭（C）/退出（X）/放弃（U）］：（单击空格键退出命令）

（5）调用"直线"命令，捕捉 H 点竖直向上，当出现交叉符号时输入距离 4 mm，绘制右上方轮廓线。再调用"直线"命令，捕捉 I 点竖直向上，当出现交叉符号时输入距离 5 mm，绘制右下方轮廓线，如图 3-4-14 所示。

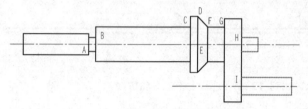

图 3-4-14 绘制右端轮廓线

具体操作步骤如下：

命令：L（键盘输入"直线"命令"L"）

LINE

指定第一个点：4（捕捉 H 点竖直向上，当出现交叉符号时输入距离 4）

指定下一点或［放弃（U）］：10（光标水平向右）

指定下一点或［退出（E）/放弃（U）］：8（光标竖直向下）

指定下一点或［关闭（C）/退出（X）/放弃（U）］：（光标水平向左）

指定下一点或［关闭（C）/退出（X）/放弃（U）］：（单击空格键退出指令）

命令：LINE（单击空格键执行上一指令）

指定第一个点：5（捕捉 I 点竖直向上，当出现交叉符号时输入距离 5）

指定下一点或［放弃（U）］：30（光标水平向右）

指定下一点或［退出（E）/放弃（U）］：10（光标竖直向下）

指定下一点或［关闭（C）/退出（X）/放弃（U）］：（光标水平向左）

指定下一点或［关闭（C）/退出（X）/放弃（U）］：（单击空格键退出指令）

（6）调用"倒角"命令，设置倒角长度为 2 mm，倒角角度为 45°，将左上方轴端及右下方轴端进行倒角，如图 3-4-15 所示。然后调用"直线"命令，补齐剩余线条，如图 3-4-16 所示。

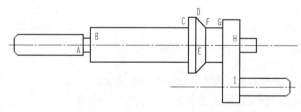

图 3-4-15 倒角

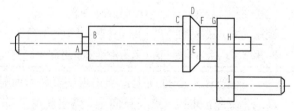

图 3-4-16 倒角处直线绘制

具体操作步骤如下：

命令：CHA（键盘输入"倒角"命令"CHA"）

CHAMFER

（"修剪"模式）当前倒角距离 1 ＝ 0.0000，距离 2 ＝ 0.0000

选择第一条直线或［放弃（U）/多段线（P）/距离（D）/角度（A）/修剪（T）/方式（E）/多个（M）］：
a（选择修改角度）

指定第一条直线的倒角长度＜2.0000＞：2

指定第一条直线的倒角角度＜45＞：45

选择第一条直线或［放弃（U）/多段线（P）/距离（D）/角度（A）/修剪（T）/方式（E）/多个（M）］：
（单击最左端上方的竖直轮廓线）

选择第二条直线或按住 Shift 键选择直线以应用角点或［距离（D）/角度（A）/方法（M）］：（单击最左
端上方的水平轮廓线）

命令：CHAMFER（单击空格键执行上一指令）

（"修剪"模式）当前倒角长度 ＝ 2.0000，角度 ＝ 45°

选择第一条直线或［放弃（U）/多段线（P）/距离（D）/角度（A）/修剪（T）/方式（E）/多个（M）］：
（单击最左端下方的竖直轮廓线）

选择第二条直线，或按住 Shift 键选择直线以应用角点或［距离（D）/角度（A）/方法（M）］：（单击最
左端上方的水平轮廓线）

命令：CHAMFER（单击空格键执行上一指令）

（"修剪"模式）当前倒角长度 ＝ 2.0000，角度 ＝ 45°

选择第一条直线或［放弃（U）/多段线（P）/距离（D）/角度（A）/修剪（T）/方式（E）/多个（M）］：
（单击右下角上方的竖直轮廓线）

选择第二条直线，或按住 Shift 键选择直线以应用角点或［距离（D）/角度（A）/方法（M）］：（单击右
下角上方的水平轮廓线）

命令：CHAMFER（单击空格键执行上一命令）

（"修剪"模式）当前倒角长度 ＝ 2.0000，角度＝45°

选择第一条直线或［放弃（U）/多段线（P）/距离（D）/角度（A）/修剪（T）/方式（E）/多个（M）］：
（单击右下角下方的竖直轮廓线）

选择第二条直线或按住 Shift 键选择直线以应用角点或［距离（D）/角度（A）/方法（M）］：（单击右下
角下方的水平轮廓线）

命令：L（键盘输入"直线"命令"L"）

LINE

指定第一个点：（单击左上方倒角处）

指定下一点或［放弃（U）］：（单击左下方倒角处）

指定下一点或［退出（E）/放弃（U）］：（单击空格键退出命令）

命令：LINE（单击空格键执行上一命令）

指定第一个点：（单击右上方倒角处）

指定下一点或［放弃（U）］：（单击右下方倒角处）

指定下一点或［退出（E）/放弃（U）］：（单击空格键退出命令）

（7）调整中心线的比例及长度，并检查图样，如图 3-4-17 所示。

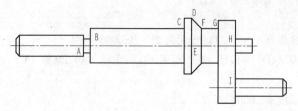

图 3-4-17　调整中心线

（8）按要求保存图样，任务完成。

3.4.1　修剪

修剪命令用于修剪图形当中多余的线条。修剪操作可以修改直线、多段线、射线、样条曲线、圆、圆弧和填充图案等。

【执行命令】

- 命令行：输入"TRIM"→"Enter"。
- 菜单栏："修改"→"修剪"。
- 功能区："默认"选项卡→"修改"面板→ 🗡 修剪 。
- 命令缩写：TR。

【操作步骤】

下面以图 3-4-18 为例，介绍修剪命令。

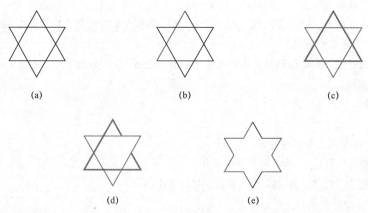

图 3-4-18　修剪带内线六角星

（a）带内线的六角星；（b）选择一条修剪边；（c）选择所有修剪边；

（d）减去第一条内线；（e）减去所有内线

具体操作过程如下：

命令：TR（键盘输入"修剪"命令"TR"）

TRIM

当前设置：投影＝UCS，边＝无

选择剪切边…

选择对象或＜全部选择＞：找到 1 个［选择一条直线如图 3-4-18（b）所示］

选择对象：找到1个，总计 2 个（依次选择要修剪的直线）

选择对象：找到1个，总计 3 个

选择对象：找到1个，总计 4 个

选择对象：找到1个，总计 5 个

选择对象：找到1个，总计 6 个［如图 3-4-18（c）所示］

选择对象：（按 Enter 键）

选择要修剪的对象或按住 Shift 键选择要延伸的对象，或者

［栏选（F）/窗交（C）/投影（P）/边（E）/删除（R）］：［选择要修剪掉的直线段如图 3-4-18（d）所示）

选择要修剪的对象，或按住 Shift 键选择要延伸的对象，或

［栏选（F）/窗交（C）/投影（P）/边（E）/删除（R）/放弃（U）］：［依次选择要修剪掉的直线段，结果如图 3-4-18（e）所示］

选择要修剪的对象，或按住 Shift 键选择要延伸的对象，或

［栏选（F）/窗交（C）/投影（P）/边（E）/删除（R）/放弃（U）］：

选择要修剪的对象，或按住 Shift 键选择要延伸的对象，或

［栏选（F）/窗交（C）/投影（P）/边（E）/删除（R）/放弃（U）］：

选择要修剪的对象，或按住 Shift 键选择要延伸的对象，或

［栏选（F）/窗交（C）/投影（P）/边（E）/删除（R）/放弃（U）］：

选择要修剪的对象，或按住 Shift 键选择要延伸的对象，或

选择要延伸的对象，或按住 shift 键选择要修建的对象，或［栏选（F）/窗交（C）/投影（P）/边（E）/删除（R）/放弃（U）］：（单击空格键结束命令）

（1）选择要修剪的对象或按住 Shift 键选择要延伸的对象：在选择对象时，如果按住 Shift 键，系统自动将"修剪"命令变为"延伸"命令。

（2）边（E）：可以选择对象的修剪方式（即延伸或不延伸　）。

① 选择延伸（E），在剪切边没有与要修减的对象相交时，系统会延伸剪切边直到与要修剪的对象相交后再进行修剪。

② 如果选择不延伸（N），系统只修剪与剪切边相交的对象，遵循不相交、不修剪的原则。

（3）栏选（F）：以栏选的方式选择被修剪对象，如图 3-4-19 所示。

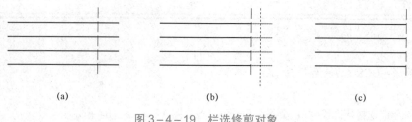

图 3-4-19 栏选修剪对象

（4）窗交（C）：系统以窗交的方式选择被修剪对象。被选择的对象可以互为边界和被修剪对象，此时系统会在选择的对象中自动判断边界，如图 3-4-20 所示。

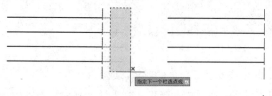

图 3-4-20 窗交修剪对象

隐含交点：指的是边界与对象没有实际的交点，在边界被延长后，与对象存在一个隐含的交点，如图 3-4-21 所示。

图 3-4-21 隐含交点修剪

（a）原图；（b）隐含交点修剪

温馨提示

在对隐含交点下的图线进行修剪时，需要更改默认修剪模式，即将默认模式"不修剪模式"更改为"修剪模式"。

3.4.2 延伸

延伸命令用于将对象延伸至指定的边界上，用于延伸的对象包括直线、圆弧、椭圆弧、非闭合的二维多段线和三维多段线以及射线等。在延伸对象时，需要为对象指定边界。

执行"延伸"命令后，根据命令行提示选择边界的边和边界对象，此时可以选择对象来定义边界，若直接按空格键，则选择所有对象作为可能的边界对象。选择边界对象后，命令行继续提示选择要延伸的对象，此时可继续选择延伸对象或按空格键结束。选择对象时，如果按住 Shift 键，系统自动将"延伸"命令转换成"修剪"命令。

【执行命令】

- 命令行：输入"EXTEND"→"Enter"。
- 菜单栏："修改"→"延伸"。
- 功能区："默认"选项卡→"修改"面板→ 延伸。
- 命令缩写：EX。

【操作步骤】

1. 常规延伸

在延伸对象时，也需要为对象指定边界。在指定边界时，有两种情况：一种情况是对象被延伸后与边界存在一个实际的交点；另一种情况是对象被延伸后与边界的延长线相交于一点。为此，AutoCAD 提供了两种模式，即"延伸模式"和"不延伸模式"，系统默认模式为"不延伸模式"。

下面以图 3-4-22 为例，介绍常规延伸命令。

（a）　　　　　　　　　　　　　（b）

图 3-4-22　直线延伸

（a）延伸前；（b）延伸后

具体操作过程如下：

命令：EX（键盘输入"延伸"命令"EX"）

EXTEND

选择对象或＜全部选择＞：（选垂直线段）

选择对象：（单击空格键）

选择要延伸的对象，或按住 Shift 键选择要修剪的对象，或［栏选（F）/窗交（C）/投影（P）/边（E）］：（在延伸图线的下端单击左键）

选择要延伸的对象，或按住 Shift 键选择要修剪的对象，或［栏选（F）/窗交（C）/投影（P）/边（E）/放弃（U）］：［单击空格键结束命令，结果如图 3-4-22（b）所示］

操作技巧

在选择延伸对象时，要在靠近延伸边界的一端单击，否则对象将不被延伸。

2. 隐含交点下的延伸

所谓隐含交点，指的是边界与对象延长线没有实际的交点，而是边界被延长后与对象延长线存在一个隐含交点。在对隐含交点下的图线进行延伸时，需要将默认的"不延伸模式"更改为"延伸模式"。

下面以图 3-4-23 为例，介绍隐含交点下的延伸命令。

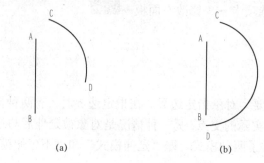

图 3-4-23　隐含交点延伸
（a）延伸前；（b）延伸后

3.4.3　倒角

"倒角"命令指的是用一条斜线连接两条不平行的直线对象。倒角有两种方式，一种是通过设定两边的距离进行倒角，一种是通过设定距离和角度进行倒角。

【执行命令】

• 命令行：输入"CHAMFER"→"Enter"。

• 菜单栏："修改"→"倒角"。

• 功能区："默认"选项卡→"修改"面板→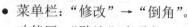。

• 命令缩写：CHA。

【操作步骤】

（1）调用"倒角"命令，对矩形的一个角进行倒角，如图 3-4-24 所示。

图 3-4-24　倒角

具体操作过程如下：

命令：CHA（键盘输入"倒角"命令"CHA"）

CHAMFER

（"修剪"模式）当前倒角距离 1 = 0.0，距离 2 = 0.0

选择第一条直线或［放弃（U）/多段线（P）/距离（D）/角度（A）/修剪（T）/方式（E）/多个（M）］：

D（选择倒角模式为距离倒角）

指定第一个倒角距离<0.0>：4（水平直线到右上角端点的距离）

指定第二个倒角距离<4.0>：5（竖直直线到右上角端点的距离）

选择第一条直线或［放弃（U）/多段线（P）/距离（D）/角度（A）/修剪（T）/方式（E）/多个（M）］：

选择第二条直线，或按住 Shift 键选择直线以应用角点或［距离（D）/角度（A）/方法（M）］：

① 距离（D）：选择倒角的两个斜线距离。这两个斜线距离可以相同，也可以不同。

② 多个（U）：同时对多个对象进行倒角编辑。

③ 方式（M）：决定采用"距离"方式还是"角度"方式进行倒角。

④ 修剪（T）：该选项决定连接对象后，是否剪切原对象。

⑤ 角度（A）：选择第一条直线的斜线距离和角度。采用这种方法斜线连接对象时，要输入两个参数，即斜线与一个对象的斜线距离和斜线与该对象的夹角。

⑥ 多段线（P）：对多段线的各个交叉点进行倒角编辑。为了得到最好的连接效果，一般将斜线距离设置为相同值。系统根据指定的斜线距离把多段线的每个交叉点都做斜线连接，连接的斜线成为多段线新添加的构成部分。

（2）距离倒角。

距离倒角指的是输入两条直线的倒角距离来进行倒角，如图3-4-25所示。

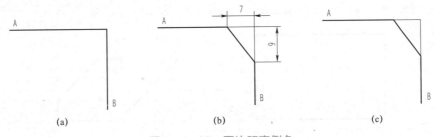

图3-4-25　两边距离倒角

（a）原图；（b）距离倒角；（c）倒角后

　　在此操作提示中，"放弃"选项用于在不中止命令的前提下，撤销上一步操作；"多个"选项用于在执行一次命令时，可以对多条图线进行倒角。

　　用于倒角的两个倒角距离值不能为负值。如果将两个倒角距离值设置为0，那么倒角的结果就是两条图线被修剪或延长，直至相交于一点。

（3）角度倒角。

角度倒角指通过设置一条图线的倒角长度和倒角角度来进行倒角，如图3-4-26所示。

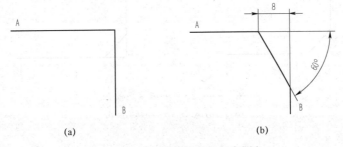

图3-4-26　指定距离和角度倒角

（a）原图；（b）角度倒角

温馨提示

在此操作提示中，"方式"选项用于确定倒角的方式，要求选择"距离"或"角度"倒角。另外，系统变量 CHAMMODE 控制着倒角的方式。当 CHAMMODE＝0 时，系统支持距离倒角，当 CHAMMODE＝1 时，系统支持角度倒角。

（4）多段线倒角。

多段线倒角指的是对整条多段线的所有相邻元素同时进行倒角，如图 3－4－27 所示。在对多段线进行倒角操作时，可以使用相同的倒角距离值，也可以使用不同的倒角距离值。

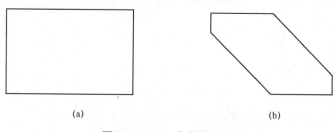

图 3－4－27　多线段倒角
（a）原图；（b）多段线倒角

（5）设置倒角模式。

"修剪"选项用于设置倒角的修剪状态。系统提供了两种倒角边的修剪模式，即"修剪"和"不修剪"。当将倒角模式设置为"修剪"时，倒角的两条直线被修剪到倒角的端点，系统默认的模式为修剪模式；当将倒角模式设置为"不修剪"时，用于倒角的图线将不被修剪，如图 3－4－28 所示。

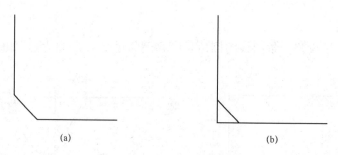

图 3－4－28　倒角修剪模式
（a）修剪模式；（b）不修剪模式

温馨提示

系统变量 TRIMMODE 控制着倒角的修剪状态。当 TRIMMODE＝0 时，系统保持对象不被修剪；当 TRIMMODE＝1 时，系统支持倒角的修剪模式。

3.4.4　倒圆角

"倒圆角"命令指的是用给定圆角半径去连接两条直线创建的圆角，如图3-4-29所示。圆角功能可使用与对象相切且指定半径的圆弧来连接两个对象，还可以创建两种圆角，内角点称为内圆角，外角点称为外圆角。

【执行命令】
- 命令行：输入"FILLET"→"Enter"。
- 菜单栏："修改"→"圆角"。
- 功能区："默认"选项卡→"修改"面板→。
- 命令缩写：F。

图3-4-29　倒圆角

【操作步骤】
具体操作过程如下：

命令：F（键盘输入"圆角"命令"F"）

FILLET

当前设置：模式 = 修剪，半径 = 0.0

选择第一个对象或［放弃（U）/多段线（P）/半径（R）/修剪（T）/多个（M）］：R

指定圆角半径<0.0>：30

选择第一个对象或［放弃（U）/多段线（P）/半径（R）/修剪（T）/多个（M）］：（选择倒圆角的一条边）

选择第二个对象，或按住 Shift 键选择对象以应用角点或［半径（R）］：（选择倒圆角的另一条边）

温馨提示

"多个"选项用于对多个对象进行圆角处理，不需要重复执行命令。如果用于圆角的图线位于同一图层上，那么圆角也位于同一图层上；如果用于圆角的图线不在同一图层上，那么圆角将位于当前图层上。同样，圆角的颜色、线型和线宽都遵守这一规则。

1. 倒圆角修剪两种方式

使用修剪方式倒圆角时，在对两个操作对象之间［图3-4-30（a）］增加圆角的同时，原对象会进行自动修剪和延伸，如图3-4-30（b）所示。

使用不修剪方式倒圆角时，只在两个操作对象之间增加圆角，原对象将保持不变，如图3-4-30（c）所示。

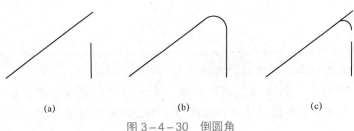

(a)　　　　　　　　(b)　　　　　　　　(c)

图3-4-30　倒圆角

（a）原图；（b）修剪-倒圆角；（c）不修剪-倒圆角

2. 平行直线倒圆角

"圆角"命令的操作对象可以是相交或未连接的直线，还可以对平行的直线、构造线和射线进行倒圆角。当对平行线进行倒圆角时，则自动调整圆角半径，生成一个半圆连接两条直线，如图 3-4-31 所示。

(a)   (b)

图 3-4-31   平行直线倒圆角

（a）原图；（b）平行线倒圆角

对平行线倒圆角时第一个选定对象必须是直线或射线，不能是构造线，因为构造线没有端点，可以作为圆角的第二个对象。

3. 多段线倒圆角

如果想对多段线上适合圆角半径的每条线段的顶点处插入相同长度的圆角弧，可在倒圆角时使用"多段线（P）"选项，如图 3-4-32 所示。

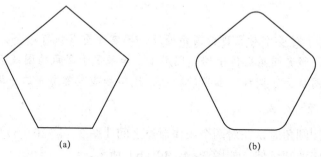

(a)   (b)

图 3-4-32   多线段倒圆角

（a）原图；（b）倒圆角

如果想删除多段线上的圆角和弧线，也可以使用"多段线（P）"选项，只需将圆角设置为 O，FILLET 将删除该弧线段并延伸直线，直到它们相交。

多段线（P）选项用于对多段线的所有相邻元素边进行圆角处理。在激活此选项后，AutoCAD 将以默认的圆角半径对整条多段线的相邻各边进行圆角处理。

温馨提示

圆角的修剪模式可以通过系统变量 TRIMMODE 设置。当系统变量的值设为 0 时，保持对象不被修剪；当系统变量的值设为 1 时，表示在圆角后修剪对象。

任务 3.5　平面图样尺寸标注

【任务描述】

调用已创建的样板文件,综合利用绘图、编辑命令,按尺寸绘制平面图样;根据图 3-5-1 所示尺寸标注,设置尺寸标注样式及各项参数,灵活选用正确的标注样式,完成平面图样的尺寸标注,并按要求进行保存。

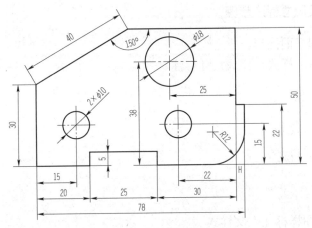

图 3-5-1　平面图样尺寸标注

【任务要求】

1. 正确选用绘图、编辑命令,按图示尺寸绘制平面图样。

2. 按要求创建尺寸标注父样式"机械图样标注"。

3. 具体要求：尺寸标注的基础样式为"ISO-25",创建"机械图样标注"尺寸标注父样式。"线"选项卡中"超出尺寸线"为 2,"起点偏移量"为 0;"符号和箭头"选项卡中"箭头"均选用"实心闭合"式,"箭头大小"为"2.5","折弯角度"为 45°;"文字"选项卡,"文字样式"选择"工程字","文字高度"为 2.5,"文字位置"垂直为"上",水平为"居中","观察方向"为"从左向右","从尺寸线偏移"为"1","文字对齐方式"为"与尺寸线对齐";"主单位"选项卡中线性标注"单位格式"为"小数","精度"为 0,角度标注"单位格式"为"十进制度数","精度"为 0;未做要求的参数,取软件默认值。

4. 创建"角度""半径"和"直径"标注子样式,"角度"子样式中,"文字对齐"方式为"水平","半径"和"直径"标注子样式中,"文字对齐"方式为"ISO 标注"。

5. 选择正确的尺寸标注样式，完成平面图样的尺寸标注。

6. 图样绘制完成后，将其保存以"学号+姓名"的文件夹中，并将文件命名为"3-T-5平面图样尺寸标注.dwg"；

7. 使用"在命令提示行输入命令"的形式调用绘图、编辑命令，注重"功能键"和"组合键"的使用，提高绘图效率。

【学习内容】

1. 尺寸标注的组成、标注规则及标注类型；

2. 尺寸标注样式的设置及样式中尺寸线、尺寸界线、箭头、文字及单位等参数的修改方法；

3. 线性尺寸标注、对齐标注、角度标注、直径标注、基线标注等多种标注方法。

一、确定绘图及尺寸标注步骤

（1）按尺寸绘制平面图形。

（2）设置尺寸标注样式，完成尺寸标注。

二、任务图形绘制

任务图形绘制过程略。

三、任务图形尺寸标注

1. 设置尺寸标注样式

1）创建"机械图样标注"父样式

键盘输入"D"，回车，打开标注样式管理器，如图 3-5-2 所示，在 ISO-25 样式下新建适合本图形的尺寸标注样式。

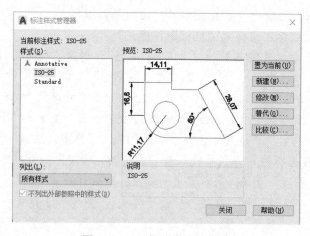

图 3-5-2　标注样式管理器

　　单击"新建"按钮，弹出"创建新标注样式"对话框，如图3-5-3所示；输入新样式名"机械图样标注"，单击"继续"按钮，弹出"新建标注样式：机械图样标注"管理器；根据本例要求，修改"线""符号和箭头""文字"和"主单位"选项板参数，如图3-5-4～图3-5-7所示，修改完成后单击"确定"按钮。返回主对话框，新标准样式"机械图样标注"样式显示在"样式"列表中，完成父样式的创建。

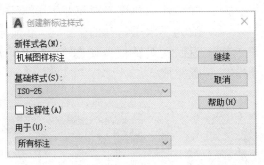

图3-5-3　"创建新标注样式"对话框

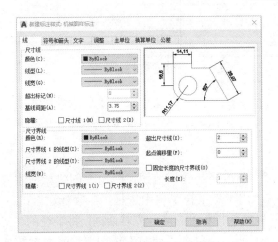

图3-5-4　修改"线"选项卡

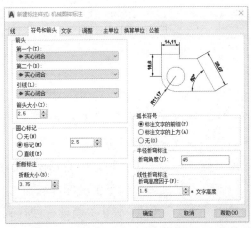

图3-5-5　修改"符号和箭头"选项卡

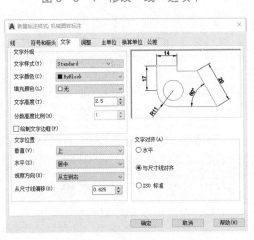

图3-5-6　修改"文字"选项卡

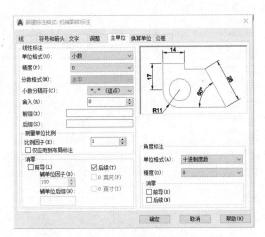

图3-5-7　修改"主单位"选项卡

2）创建"角度"子样式

在"样式"列表中，选择"机械图样标注"，单击"新建"按钮，弹出"创建新标注样

图 3-5-8 创建"角度"子样式

式"对话框，基础样式为"机械图样标注"，在"用于"下拉菜单选择"角度标注"，如图 3-5-8 所示。

单击"继续"按钮，弹出"新建标注样式：机械图样标注：角度"对话框，根据国标规定，将角度数字修改为"水平"，如图 3-5-9 所示。单击"确定"按钮，返回主对话框，如图 3-5-10 所示，"角度"子样式设置完成。

图 3-5-9 修改"角度"子样式文字对齐方式

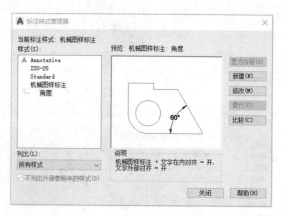

图 3-5-10 "角度"子样式

3）创建"半径"子样式

在"样式"列表中，选择"机械图样标注"，单击"新建"按钮，弹出"创建新标注样式"对话框，基础样式为"机械图样标注"，在"用于"下拉菜单中选择"半径标注"。

单击"继续"按钮，弹出"新建标注样式：机械图样标注：半径"对话框，将半径的"文字对齐"方式修改为"ISO 标注"，如图 3-5-11 所示。单击"调整"选项卡，修改参数如图 3-5-12 所示。

图 3-5-11 "半径"子样式文字对齐方式

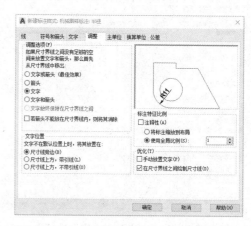

图 3-5-12 "半径"子样式"调整"选项卡参数

单击"确定"按钮，返回主对话框，在"机械图样标注"下显示"半径"子样式。

4）创建"直径"子样式

步骤同"半径"子样式，不再赘述。

5）完成"机械图样标注"样式设置

此时"样式"列表如图3-5-13所示。选择"机械图样标注"，单击"置为当前"按钮，将"机械图样标注"样式置为当前样式，单击"关闭"按钮，完成"标注样式管理器"设置。

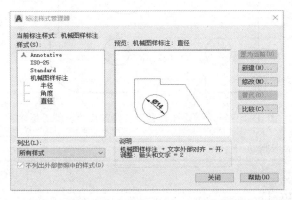

图3-5-13　"机械图样标注"样式设置

2. 平面图样尺寸标注

（1）将图层切换至"尺寸标注"层。

（2）单击功能区面板"注释"下拉菜单，在标注样式列表下选择"机械图样标注"，将其置为当前样式，如图3-5-14所示。

（3）单击"注释"功能区面板中"线性"后面的小三角形，展开标注类型下拉列表，选择"角度"，如图3-5-15所示，单击选择线段AC、CB，在适当位置单击完成标注，如图3-5-16所示。

（4）单击"注释"功能区面板中的"半径"标注类型，选择 图3-5-14　设置标注样式
R8 mm的圆弧，在适当位置单击完成标注，如图3-5-17所示。

（5）单击"注释"选项卡，单击"圆心标记"如图3-5-16所示，选择R12 mm圆弧，标记该圆弧圆心，结果如图3-5-17所示，完成平面图样角度和径向尺寸标注。

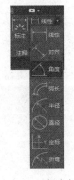

图3-5-15　角度标注　　　　　　　　　图3-5-16　注释选项卡中"圆心标注"

（6）单击"注释"功能区面板中的"直径"标注类型，选择ϕ18 mm 的圆，在适当位置单击，完成ϕ18 mm 标注，如图 3-5-17 所示。

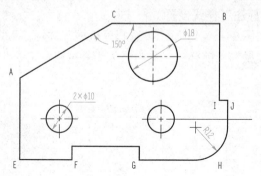

图 3-5-17　平面图样角度、径向尺寸及圆心标注

修改直径标注具体步骤如下：

命令：_diameter

选择圆弧或圆：（选择ϕ10 圆）

标注文字 = 10

指定尺寸线位置或［多行文字（M）/文字（T）/角度（A）］：m ✓

（在直径标注前加入文字"2×"，然后在输入文本框外单击左键，结束"多行文字"输入，最后在适当位置单击左键，完成标注）

（7）单击"注释"功能区面板中的"对齐"标注类型，分别单击点 A、点 C，在适当位置单击，完成对齐尺寸 40 mm 的标注，如图 3-5-18 所示。

（8）单击"注释"功能区面板中的"线性"标注类型，分别单击点 A、点 E，在适当位置单击，完成线性尺寸 30 mm 的标注；单击空格键，重复上一命令，逐一完成线性尺寸 15 mm、20 mm、5 mm、38 mm、22 mm、25 mm、15 mm，如图 3-5-18 所示。

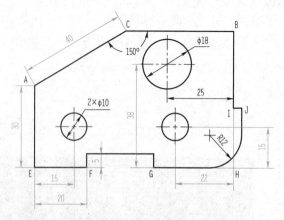

图 3-5-18　平面图样的对齐标注和线性标注

（9）单击"注释"功能选项卡，单击"连续标注"∭ 连续 ，选择水平尺寸 20 mm 的右尺寸界线为基准，单击点 G、点 I，在适当位置单击，完成连续尺寸 25 mm、30 mm 的标注，如图 3–5–19 所示。

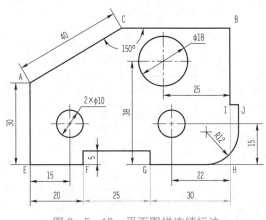

图 3–5–19　平面图样连续标注

（10）单击"注释"功能选项卡，单击"基线标注"⊢ 基线 ，选择垂直尺寸 15 mm 的下尺寸界线为基准，单击点 J、点 B，在适当位置单击，标注 22 mm、50 mm，如图 3–5–20 所示。

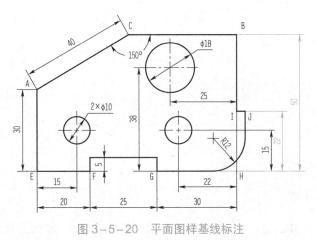

图 3–5–20　平面图样基线标注

（11）单击"注释"功能选项卡，单击"调整间距"，选择垂直尺寸 15 mm 为基准，再连续选择基线标注尺寸 22 mm、50 mm，回车或单击右键确定，以"自动"方式调整间距，如图 3–5–21 所示。

（12）单击"注释"功能区面板中的"线性"标注类型，分别单击点 E、点 J，在适当位置单击，完成平面图样总长度线性尺寸 78 mm 的标注，如图 3–5–22 所示。至此，完成平面图样尺寸标注。

3. 保存图样

按要求保存图样，任务完成。

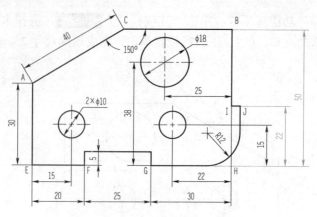

图 3 – 5 – 21　调整间距后基线标注

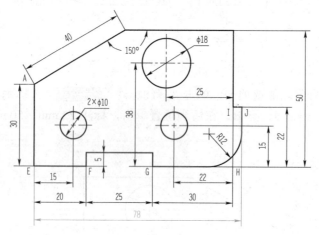

图 3 – 5 – 22　平面图样总长度标注

3.5.1　尺寸标注的组成

　　一个完整的尺寸标注一般由尺寸线、尺寸界线、箭头和尺寸文字四部分组成，如图 3 – 5 – 23 所示。

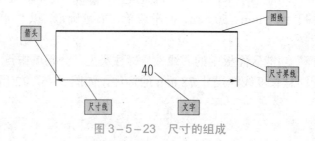

图 3 – 5 – 23　尺寸的组成

尺寸界线：用于指定被标注对象的起始位置和结束位置。

尺寸线：用于指定被标注对象的标注范围。

箭头：箭头位于尺寸线的两端，用于指定尺寸的界线。系统提供了多种箭头样式，用户可自行定义箭头样式。

尺寸文字：用于标明图形的尺寸、角度或旁注等。标注文字可以是实测数据值，也可以根据需要输入尺寸值。

3.5.2　尺寸标注的规则

在 AutoCAD 软件中，对绘制的图形进行尺寸标注，应当遵循以下规则：

（1）对象的真实大小应以图纸上所标注的尺寸数值为依据，与图形的大小及角度无关；

（2）图纸中的尺寸以毫米（mm）为单位时，不需要标注计量单位的代号或名称，采用其他的单位，则必须注明相应计量单位的代号或名称；

（3）图形的每个尺寸只能标注一次，不能重复标注；

（4）标注尺寸时，一般情况下，小尺寸在里，大尺寸在外，避免尺寸线与图线、文字等重合或交叉。

3.5.3　尺寸标注样式创建

尺寸标注样式用于设置尺寸标注的外观，如箭头样式、文字位置、尺寸界线长度、主单位精度等。

【执行命令】

- 命令行：输入"DIMSTYLE"→"Enter"。
- 菜单栏："格式"→"标注样式"。
- 功能区："默认"选项卡→"注释"面板→"标注样式"按钮 。
- "注释"选项卡→"标注"面板→右下角面板对话框启动器 。
- 命令缩写：DIMSTY。

【操作步骤】

执行上述操作后，打开"标注样式管理器"对话框，如图 3 – 5 – 24 所示。

"标注样式管理器"对话框中各选项含义如下：

样式：列出了当前所有创建的标注样式。其中"Annotative""ISO – 25""Standard"是 AutoCAD 固有的 3 种标注样式。

置为当前：在"样式"列表框中选择一项，然后单击该按钮，将会以选择的样式为当前式进行标注。

新建：单击该按钮，弹出"创建新标注样式"对话框。

修改：单击该按钮，弹出"修改标注样式"对话框，该对话框的内容与"创建新标注样式"对话框的内容相同，区别在于重新创建一个标注样式和在原有基础上进行修改标注样式。

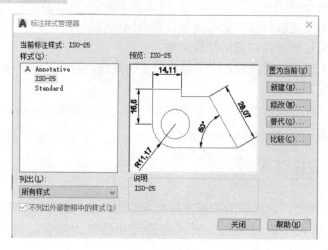

图 3-5-24 "标注样式管理器"对话框

替代：单击该按钮，可以设定标注样式的临时替代值。对话框选项与"创建新标注样式"对话框中的选项相同。

比较：单击该按钮，将显示"比较标注样式"对话框，从中可以比较两个标注样式或列出一个样式的所有特性。

下面以"新建"为例，说明"标注样式管理器"各个选项卡参数设置。

1. "线"选项卡

在"线"选项卡中设置尺寸线、尺寸界线的格式、位置等特性，其选项卡如图 3-5-25 所示，参数设置在右上角预览区均可查看。

1) "尺寸线"参数设置

（1）颜色、线型和线宽：用于指定尺寸线的颜色、线型和线宽，一般设为"随层"或"随块"。

（2）基线间距：用于设置基线标注时相邻两尺寸线间的距离，如图 3-5-26 所示。机械标注中基线间距一般设置为 7~10 mm，是尺寸文字高度的 2 倍。

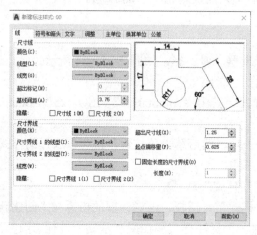

图 3-5-25 "线"选项卡

图 3-5-26 基线间距

（3）隐藏：该选项用于控制尺寸线是否显示，有"隐藏尺寸线1""隐藏尺寸线2"和"隐藏两条尺寸线"3种效果，如图3-5-27所示，一般用于半剖视图的尺寸标注。

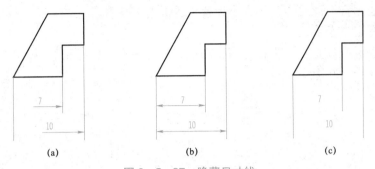

图3-5-27　隐藏尺寸线

（a）隐藏尺寸线1；（b）隐藏尺寸线2；（c）隐藏两条尺寸线

2）"尺寸界线"参数设置

（1）颜色、尺寸界线1、2的线型、线宽和隐藏与"尺寸线"中参数设置同理，不再赘述，参数设置后，在"标注管理器"右上角均可预览。

（2）超出尺寸线：用于设置尺寸界线超出尺寸线的长度，如图3-5-28所示，机械制图标准为2 mm。

（3）起点偏移量：用于设置尺寸界线起点到图形轮廓线之间的距离，一般设为0，如图3-5-28所示。

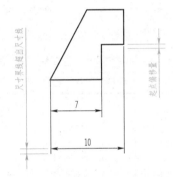

图3-5-28　超出尺寸线和起点偏移量

2. "符号和箭头"选项卡

在"符号和箭头"选项卡中设置箭头、圆心标记的形式和大小以及弧长符号、折弯标记等特性，其选项卡如图3-5-29所示。

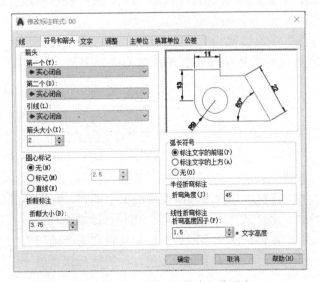

图3-5-29　"符号和箭头"选项卡

1）"箭头"参数设置

用于指定箭头的形式和大小，单击下拉箭头，各选项在右上角可以看到预览，机械标注箭头均为"实心闭合"形式，箭头大小设置与图纸大小有关。

2）"圆心标记"参数设置

用于设置在圆心处是否产生标记或中心线，软件中有"无标记""标记"和"直线"三种方式，如图 3-5-30 所示。

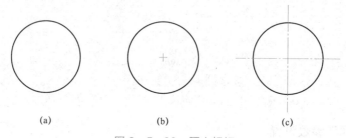

图 3-5-30　圆心标记

（a）无标记；（b）标记；（c）直线

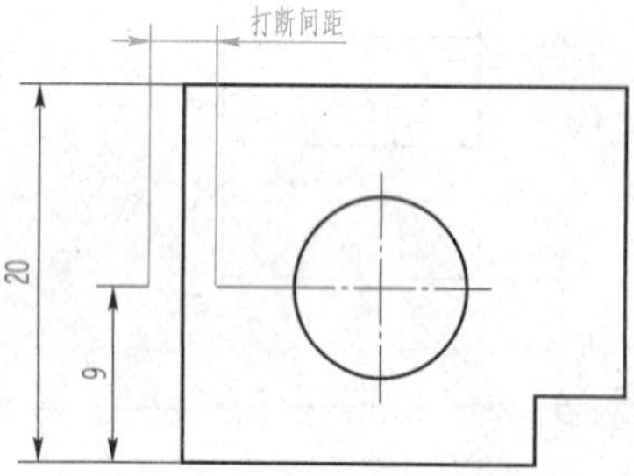

3）"折断标注"参数设置

"折断标注"用于标注对象间或标注对象与图线等其他对象产生交叉，相交处需做打断处理时的打断距离，即折断处的空间间距大小，如图 3-5-31 所示。

4）"弧长符号"参数设置

该参数用于设置"圆弧符号"的位置，有"前缀 ⌒14""上方14"和"无"三种形式。

5）"半径折弯标注"参数设置

图 3-5-31　打断间距（打断大小）

该参数用于圆弧半径过大无法标出其圆心位置时，采用折弯标注。该参数指定折弯半径标注的折弯角度，机械标注一般采用软件默认值 45°。

6）"线性折弯标注"参数设置

该参数用于指定对线性折弯标注时折弯高度的比例因子。无特殊要求时，采用软件默认值。

3."文字"选项卡

在"文字"选项卡中对文字外观、位置和文字对齐方式进行参数设置，如图 3-5-32 所示。

1）"文字外观"参数设置

（1）文字样式：用于设置尺寸标注时所使用的文字样式，默认样式是"Standard"，单击右面的按钮■，打开"文字样式"对话框，可创建和修改文字样式。

（2）文字颜色：用于设置标注文字的颜色，默认设置为"随层"。

（3）文字填充：用于设置标注文字背景颜色，一般选择默认值"无"。

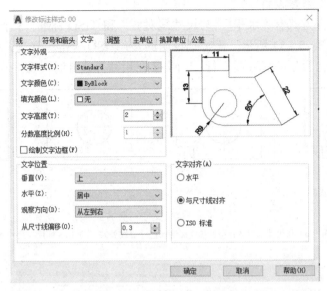

图 3-5-32 "文字"选项卡

（4）文字高度：用于设置标注文字的高度，其值的设置一般与图纸大小有关。

（5）分数高度比例：用于设置分数文字相对于基本尺寸文字的高度比例。只有当"主单位"选项中"单位格式"选中"分数"形式时，该选项才生效。

（6）绘制文字边框：用于控制是否在标注文字周围绘制矩形边框，如 20，一般不勾选。

2）"文字位置"参数设置

（1）垂直：用于设置标注文字相对于尺寸线的垂直位置，单击下拉菜单，根据具体要求对参数进行选择，右上角预览区可以看到每个选项所对应的显示效果。

（2）水平：用于设置标注文字在尺寸线方向上相对于尺寸界线的水平位置，单击下拉菜单，对该参数进行选择，右上角预览区可以看到每个选项所对应的显示效果。

（3）观察方向：用于设置标注文字的观察方向，单击下拉菜单，对该参数进行选择，右上角预览区可以看到每个选项所对应的显示效果。

（4）从尺寸线偏移：用于设置标注文字到尺寸线的距离，偏移量根据不同的标注文字位置及是否在边框，含义有所不同，如图 3-5-33 所示。

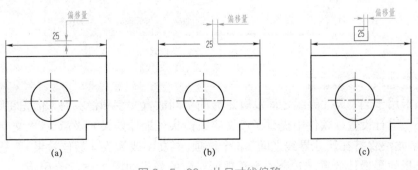

图 3-5-33 从尺寸线偏移

3）"文字对齐"参数设置

标注文字的对齐方式有"水平""与尺寸线对齐"和"ISO 标准"3 个选项，各选项所对应的显示效果如图 3-5-34 所示。需特别说明的是："ISO 标准"选项，当文字在尺寸界线内时，文字与所在位置处的尺寸线平行；当文字在尺寸界线外时，文字水平放置。

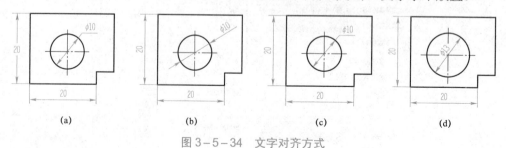

(a)   (b)   (c)   (d)

图 3-5-34　文字对齐方式

（a）水平；（b）与尺寸线对齐；（c）ISO 标注（尺寸界线外）；（d）ISO 标注（尺寸界线内）

4."调整"选项卡

"调整"选项卡用于尺寸界线空间不足以放置文字和箭头时参数位置调整、标注文字位置以及标注特征比例等参数进行设置，如图 3-5-35 所示。

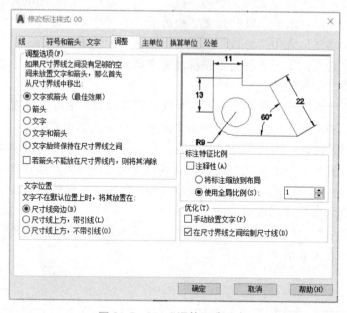

图 3-5-35　"调整"选项卡

1）"调整选项"参数设置

该选项卡用于当"尺寸界线之间没有足够的空间放置文字和箭头时，优先将哪部分移出尺寸界线外"进行设置。软件中提供了"文字或箭头（最佳效果）""箭头""文字""文字和箭头""文字始终保持在尺寸界线之间"5 个选项。"文字或箭头（最佳效果）"是默认选项，软件自动选择效果最佳放置，其余 4 个选项所对应的效果如图 3-5-36 所示。

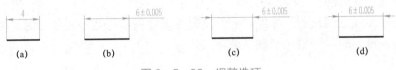

图 3-5-36　调整选项

（a）箭头；（b）文字；（c）文字和箭头；（d）始终在尺寸界线之间

2）"文字位置"参数设置

该选项卡用于当文字不在默认位置时，文字的放置位置。各选项所对应的效果如图 3-5-37 所示。

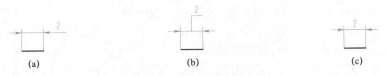

图 3-5-37　文字位置选项

（a）尺寸线旁边；（b）尺寸线上方-带引线；（c）尺寸线上方，不带引线

3）"标注特性比例"参数设置

该选项用于设置全局标注比例值或图纸空间比例。"使用全局比例"中的比例将影响尺寸标注中各组成元素的显示大小，但不更改标注的测量值。

（1）注释性：用于指定标注为注释性。

（2）将标注缩放到布局：用于根据当前模型空间视图与图纸空间之间的比例，从而确定比例因子。

（3）使用全局比例：该比例用于为所有标注样式（包括大小、距离、间距、文字、箭头等），缩放比例并不更改标注的测量值，效果如图 3-5-38 所示。

图 3-5-38　全局比例对尺寸标注的影响

（a）全局比例因子为 1；（b）全局比例因子为 2

操作技巧

图形放大打印时，尺寸数字和箭头也会随之被放大，这与实际要求不符，此时可以设置"使用全局比例"的值为图形放大倍数的倒数，就可以实现出图时图形放大而尺寸数字和箭头大小不变的出图效果。

4）"优化"参数设置

该选项用于设置是否手动放置文字，是否在尺寸界线内画出尺寸线。

（1）手动放置文字：勾选该项，表示允许文字位置沿尺寸线自行指定，而不强制"居中"，适合半径、直径尺寸标注。

（2）在尺寸界线之间绘制尺寸线：用于设置当尺寸箭头在尺寸界线外时，两尺寸界线间是否画尺寸线。设置时，一般选择默认选项。

5."主单位"选项卡

"主单位"选项卡主要用于设置尺寸数字精度、格式等参数，如图 3-5-39 所示。

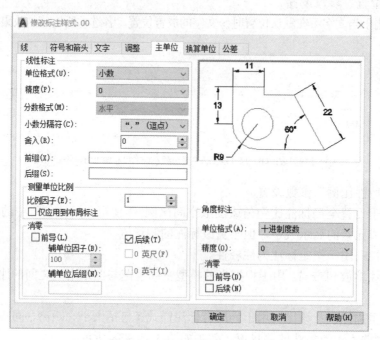

图 3-5-39 "主单位"选项卡

1）线性标注

（1）单位格式：用于设置所标注线性尺寸单位。选择"小数"，即十进制。

（2）精度：用于设置所标注线性尺寸数字中小数点后保留的位数。

（3）小数分隔符：在十进制单位中，选择小数点即"."作为分隔符。

（4）舍入：确定除角度标注外的尺寸测量值的舍入值。

（5）前缀、后缀：确定标注尺寸文字的前缀或后缀。一般不设置，有前缀或后缀时，标注时修改标注文字即可。

2）测量单位比例

（1）比例因子：该参数用于设置线性标注测量值的比例因子，即实际标注值与测量值之比。用户应根据绘图比例的不同，在"测量单位比例"选项组的"比例因子"文本框中，输入相应的线性尺寸测量单位的比例因子，以保证所注尺寸为物体的实际尺寸。如采用 1:2 绘图时，测量单位的比例因子应设为 2:1，采用 2:1 绘图时，测量单位的比例因子应设为 0.5，如图 3-5-40 所示。

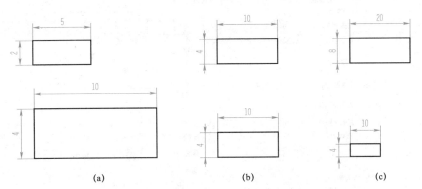

图3-5-40　测量单位比例因子与绘图比例关系性

(a) 绘图比例 2:1 测量单位比例因子 1:2；(b) 绘图比例 1:1 测量单位比例因子 1:1；
(c) 绘图比例 1:2 测量单位比例因子 2:1

测量单位比例因子按照绘图比例反向设置，即测量单位比例因子设置为绘图比例的倒数，为绘图方便，绘图比例一般均采用1:1。

（2）仅应用到布局标注：比例因子的设置只在布局视图中创建的标注起作用。

3）消零

对于公称尺寸，小数点前（即前导）不消零，其小数点后末位（即后续）消零。

4）角度标注

（1）单位格式和精度：下拉列表中有"十进制度数""度/分/秒""百分度"和"弧度"可供选择，用户和根据实际需要选择相应的单位格式和设置"精度"位数。

（2）消零：角度公称尺寸前导不消零，后续要消零。

6．"换算单位"选项卡

该选项卡只有选中"显示换算单位"复选框时，其余对话才可用。用于设置换算单位的格式和精度，较少使用，不做介绍。

7．"公差"选项卡

"公差"选项卡用于设置"公差"标注方式、公差显示精度及对齐方式，如图 3-5-41 所示。

1）公差格式

（1）方式：用于设置标注公差的形式，下拉列表中有"无""对称""极限偏差""极限尺寸"和"基本尺寸"5 种形式，标注效果如图 3-5-42 所示。

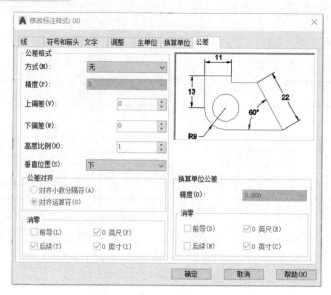

图 3-5-41 "公差"选项卡

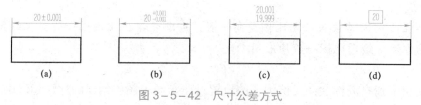

图 3-5-42 尺寸公差方式

（a）对称；（b）极限偏差；（c）极限尺寸；（d）基本尺寸

（2）精度：用于设置公差值的精度，即小数点后保留的位数。

（3）上偏差：用于设置上偏差值，默认为正值，若实际是负值，则此框内应输入"-×
××"。

（4）下偏差：用于设置下偏差值，默认为负值，若实际是正值，则此框内应输入"+ ×
××"。

（5）高度比例：用于设置公差文字的高度。该比值为公差文字高度与基本尺寸文字高度
的比例，若为1，则公差高度与基本尺寸文字高度一样。一般为0.7左右。

（6）垂直位置：用于设置公差尺寸相对于公称尺寸在垂直方向上的放置位置，下拉菜单
里中"上""中""下"三种位置，如图3-5-43所示。

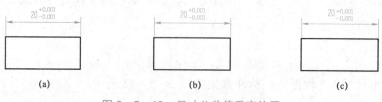

图 3-5-43 尺寸公差值垂直位置

（a）下；（b）中；（c）上

2）公差对齐

该参数用于设置尺寸公差上下偏差值的对齐方式，有"对齐小数分隔符"和"对齐运算符"两种，一般选择"对齐运算符"对齐方式。

3）消零

偏差小数点前（即前导）一般不消零，其小数点后末位（即后续）尽量不消零，保留三位小数，但 0 偏差小数点后应消零。

利用没有设置"公差"选项内容的标注样式进行尺寸标注时，如遇到需要标注含有偏差的尺寸，可以使用尺寸标注样式中的"替代"选项进行"公差"选项卡内容设置，标注尺寸公差。标注时修改"多行文字（M）"，输入上、下极限偏差即可。

3.5.4　尺寸标注

尺寸标注方法：需指定尺寸界线的两点或选择要标注尺寸的对象，再指定尺寸线的位置。

标注尺寸时，将尺寸标注层设置为当前图层，为了保证所标注尺寸的精确度，建议打开自动捕捉功能。

利用功能区或"注释"选项卡的"标注"工具条，如图 3－5－44所示。

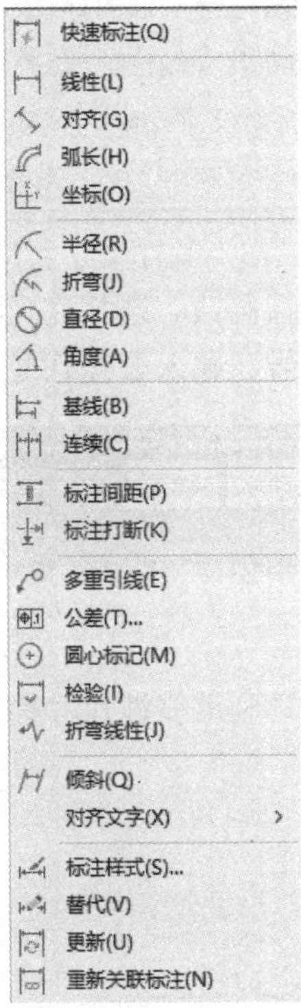

【执行命令】

● 菜单栏："标注"。

● 功能区："默认"选项卡"注释"面板，如图 3－5－45 所示。

● 功能区："注释"选项卡"标注"面板，如图 3－5－46 所示。

● 命令缩写：在命令行输入所标注尺寸的类型（如线性标注，输入"DIMLIN"→"Enter"）。

图 3－5－44　"标注"工具条

图 3－5－45　"注释"面板

图 3－5－46　"标注"面板

（1）线性标注：标注两点间的水平和垂直距离。

【执行命令】

● 菜单栏："标注"→"线性"。

● 功能区："默认"选项卡"注释"面板→ 线性 。

● 功能区："注释"选项卡"标注"面板→ 线性 。

● 命令缩写：DIMLIN。

【操作步骤】

如图 3-5-17 中，标注线性长度为 25 mm 的线段 FG，输入命令后，命令行提示如下：

命令：DIMLIN（键盘输入"线性标注"命令"DIMLIN"）

DIMLINEAR

指定第一个尺寸界线原点或<选择对象>：（捕捉 F 点，单击左键）

指定第二条尺寸界线原点：（捕捉 G 点，单击左键）

创建了无关联的标注

指定尺寸线位置或

[多行文字（M）/文字（T）/角度（A）/水平（H）/垂直（V）/旋转（R）]：（用鼠标指定尺寸线位置）

标注文字 = 25（系统自动显示标注数值）

① 多行文字（M）：当系统自动显示的尺寸不符合实际需求时，可以通过编辑多行文字进行修改。选择完尺寸界线后，输入 M，弹出文字编辑器，如图 3-5-47 所示，可以插入符号、输入公差代号、设置文字字体、调整文字位置等。

图 3-5-47　文字编辑器

利用线性尺寸标注圆柱直径如图 3-5-48 所示，操作步骤如下：

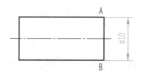

图 3-5-48　线性尺寸标注圆柱直径

命令：DIMLIN

DIMLINEAR

指定第一个尺寸界线原点或<选择对象>：（捕捉 A 点，单击左键）

指定第二条尺寸界线原点：（捕捉 B 点，单击左键）

创建了无关联的标注

指定尺寸线位置或

[多行文字（M）/文字（T）/角度（A）/水平（H）/垂直（V）/旋转（R）]：m（输入 m 后回车，光标放在尺寸数字前，键盘输入%%C，此时尺寸数字前显示前缀φ）

指定尺寸线位置或

[多行文字（M）/文字（T）/角度（A）/水平（H）/垂直（V）/旋转（R）]：（用鼠标指定尺寸线位置）

标注文字 = 25（系统自动显示标注数值）（此时该线性尺寸数字显示为φ 10）

② 文字（T）：利用单行文字修改标注文字。

③ 角度（A）：修改标注文字的放置角度，如图 3-5-49 所示。

命令：DIMLIN

DIMLINEAR

指定第一个尺寸界线原点或＜选择对象＞：（捕捉 F 点，单击左键）

指定第二条尺寸界线原点：（捕捉 G 点，单击左键）

创建了无关联的标注

指定尺寸线位置或

[多行文字（M）/文字（T）/角度（A）/水平（H）/垂直（V）/旋转（R）]：（输入 A 后回车）

指定标注文字的角度：45（输入 45）

指定尺寸线位置或

[多行文字（M）/文字（T）/角度（A）/水平（H）/垂直（V）/旋转（R）]：

标注文字 ＝ 25（系统自动显示标注数值）

④ 水平（H）：生成水平线性标注（当所标注的尺寸是水平线段时，默认生成水平线性标注）。

⑤ 垂直（V）：生成垂直线性标注（当所标注的尺寸是垂直线段时，默认生成垂直线性标注）。

⑥ 旋转（R）：生成旋转线性标注，可以标注倾斜的线性尺寸，如图 3-5-50 所示。

图 3-5-49 标注文字角度 45°   图 3-5-50 标注旋转 45°

（2）对齐标注：标注倾斜线段的长度。

【执行命令】

● 菜单栏："标注"→"对齐"。

● 功能区："默认"选项卡"注释"面板→ 对齐 。

● 功能区："注释"选项卡"标注"面板→ 已对齐 。

● 命令缩写：DIMALI。

【操作步骤】

例如标注对齐长度为 40 mm 的线段 AC，输入命令后，命令行提示如下：

命令：DIMALI（键盘输入"对齐标注"命令"DIMALL"）

DIMALIGNED

指定第一个尺寸界线原点或＜选择对象＞：（捕捉 A 点，单击左键）

指定第二条尺寸界线原点：（捕捉 C 点，单击左键）

创建了无关联的标注

指定尺寸线位置或

[多行文字（M）/文字（T）/角度（A）]：（用鼠标指定尺寸线位置）

标注文字 ＝ 40（系统自动显示标注数值）

① 多行文字（M）：用多行文字修改标注文字。

② 文字（T）：用单行文字修改标注文字。

③ 角度（A）：修改标注文字的放置角度。

以上三个选项，同线性标注，这里不做赘述。

（3）角度标注：可用于标注两条非平行线夹角角度、圆弧中心角角度、圆上两点间的中心角角度及三点确定的角的角度，如图 3-5-51 所示。

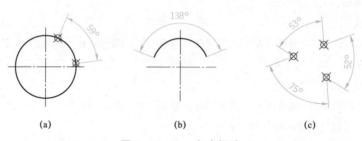

图 3-5-51　角度标注

（a）圆上两点间的中心角；（b）圆弧中心角；（c）三点间的角度

【执行命令】

● 菜单栏："标注"→"角度"。

● 功能区："默认"选项卡"注释"面板→△ 角度。

● 功能区："注释"选项卡"标注"面板→△ 角度。

● 命令缩写：DIMANG。

【操作步骤】

如图 3-5-21 所示，标注角度为 120° 的夹角 ∠ACB，输入命令后，命令行提示如下：

命令：DIMANG（键盘输入"角度标注"命令"DIMANG"）

DIMANGULAR

选择圆弧、圆、直线或 <指定顶点>：（选择角的一条边 AC，单击左键）

选择第二条直线：（选择角的另一条边 CB，单击左键）

指定标注弧线位置或 ［多行文字（M）/文字（T）/角度（A）/象限点（Q）］：（用鼠标指定尺寸线位置）

标注文字 = 150（系统自动显示标注数值）

（4）弧长标注：标注圆弧的长度。

【执行命令】

● 菜单栏："标注"→"弧长"。

● 功能区："默认"选项卡"注释"面板→ 弧长。

● 功能区："注释"选项卡"标注"面板→ 弧长。

● 命令缩写：DIMARC。

【操作步骤】

例如标注弧长为 21 mm 的圆弧。输入命令后，操作步骤如下：

命令：DIMARC（键盘输入"弧长标注"命令"DIMARC"）

选择弧线段或多段线圆弧段：（选择要标注的圆弧）

指定弧长标注位置或［多行文字（M）/文字（T）/角度（A）/部分（P）/引线（L）］：（用鼠标指定尺寸线位置）

标注文字 = 21（系统自动显示标注数值）

① 多行文字（M）：用多行文字修改标注文字。

② 文字（T）：用单行文字修改标注文字。

③ 角度（A）：修改标注文字的放置角度。

以上三个选项，同线性标注，这里不做赘述。

④ 部分（P）：标注整段圆弧中指定两点间的弧长，如图3-5-52（a）所示。

⑤ 引线（L）：所标注的弧长加引线表示，如图3-5-52（b）所示。

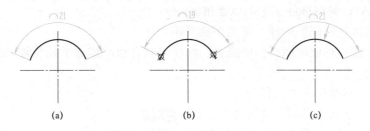

(a)　　　　　　(b)　　　　　　(c)

图3-5-52 弧长标注（1）

（a）标注整条弧长；（b）标注部分弧长；（c）标注弧长加引线表示

　　弧长标注既不属于线性标注也不属于角度标注。当圆弧的角度小于90°时，弧长标注的尺寸界线是正交的；当圆弧长角度大于90°时，弧长标注的尺寸界线是径向的，如图3-5-53所示。

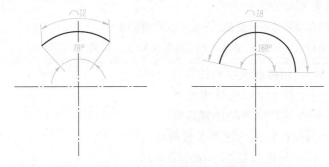

图3-5-53 弧长标注（2）

（5）半径标注：标注圆或圆弧的半径，标注时软件自动添加半径符号"R"。

【执行命令】

● 菜单栏："标注"→"半径"。

● 功能区："默认"选项卡"注释"面板→ 半径 。

- 功能区："注释"选项卡"标注"面板→ 🗡 半径 。
- 命令缩写：DIMRAD。

【操作步骤】

如图 3 – 5 – 21 所示，标注半径为 12 mm 的圆弧，输入命令后，命令行提示如下：

命令：DIMRAD（键盘输入"半径标注"命令"DIMRAD"）

DIMRADIUS

选择圆弧或圆：（选择要标注的圆弧）

标注文字 ＝ 12（系统自动显示带有半径符号的标注数值 R12）

指定尺寸线位置或［多行文字（M）/文字（T）/角度（A）］：*取消*

① 多行文字（M）：用多行文字修改标注文字。

② 文字（T）：用单行文字修改标注文字。

③ 角度（A）：修改标注文字的放置角度。

以上三个选项，同线性标注，这里不做赘述。

（6）直径标注：标注圆或圆弧的直径，标注时软件自动添加半径符号"φ"。

【执行命令】

- 菜单栏："标注"→"直径"。
- 功能区："默认"选项卡"注释"面板→ ◎ 直径 。
- 功能区："注释"选项卡"标注"面板→ ◎ 直径 。
- 命令缩写：DIMDIA。

【操作步骤】

如图 3 – 5 – 21 所示，标注直径为 18 mm 的圆，输入命令后，命令行提示如下：

命令：DIMDIA（键盘输入"直径标注"命令"DIMDIA"）

DIMDIAMETER

选择圆弧或圆：（选择要标注的圆）

标注文字 ＝ 10（系统自动显示带有直径符号的标注数值 φ 18）

指定尺寸线位置或［多行文字（M）/文字（T）/角度（A）］：*取消*

① 多行文字（M）：用多行文字修改标注文字。

② 文字（T）：用单行文字修改标注文字。

③ 角度（A）：修改标注文字的放置角度。

以上三个选项，同线性标注，这里不做赘述。

（7）坐标标注：标注指定点相对于原点的坐标。

【执行命令】

- 菜单栏："标注"→"坐标"。
- 功能区："默认"选项卡"注释"面板→ 🗠 坐标 。
- 功能区："注释"选项卡"标注"面板→ 🗠 坐标 。
- 命令缩写：DIMORD。

【操作步骤】

图 3-5-21 中，标注 B 点相对于原点的坐标，输入命令后，命令行提示如下：

命令：DIMORD（键盘输入"坐标标注"命令"DIMORD"）

DIMORDINATE

指定点坐标：（捕捉 B 点，单击左键）

创建无关联的标注

指定引线端点或 [X 基准（X）/Y 基准（Y）/多行文字（M）/文字（T）/角度（A）]：（移动鼠标指定引线位置）（移动鼠标可以调整引线标注的是 B 点相对于原点 X 坐标值或 Y 坐标值）

标注文字 ＝ 488（系统自动显示 B 点相对于原点 X 坐标值）

① X 基准（X）：标注所标注点相对于原点的 X 坐标值。

② Y 基准（Y）：标注所标注点相对于原点的 Y 坐标值。

③ 多行文字（M）：用多行文字修改标注文字，编辑新的坐标值。

④ 文字（T）：用单行文字修改标注文字，编辑新的坐标值。

⑤ 角度（A）：修改标注文字的放置角度。

（8）折弯标注：用于半径较大，尺寸线不能通过其实际圆心位置的圆或者圆弧的标注，显示为半径标注，如图 3-5-54 所示。

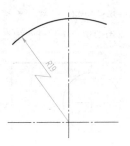

图 3-5-54　折弯标注

【执行命令】

● 菜单栏："标注"→"折弯"。

● 功能区："默认"选项卡"注释"面板→ 折弯 。

● 功能区："注释"选项卡"标注"面板→ 已折弯 。

● 命令缩写：DIMJOGGED。

【操作步骤】

如图 3-5-54 所示，折弯标注圆弧半径，输入命令后，命令行提示如下：

命令：DIMJOGGED（键盘输入"折弯标注"命令"DIMJOGGED"）

选择圆弧或圆：（选择要标注的圆弧，单击左键）

指定图示中心位置：（选择合适位置，单击左键）

标注文字 ＝ 19（系统自动显示所标注圆弧半径尺寸）

指定尺寸线位置或 [多行文字（M）/文字（T）/角度（A）]：（指定尺寸线位置，合适位置单击左键）

指定折弯位置：（在尺寸线的合适位置指定折弯位置）

① 多行文字（M）：用多行文字修改标注文字，用以显示新的标注尺寸值。

② 文字（T）：用单行文字修改标注文字，用以显示新的标注尺寸值。

③ 角度（A）：修改标注文字的放置角度。

（9）基线标注：对于共用同一尺寸界线的多个平行线性尺寸或角度尺寸，可以用基线标注。

【执行命令】

● 菜单栏："标注"→"基线"。

- 功能区："注释"选项卡"标注"面板→"连续"下拉菜单→`日 基线`。
- 命令缩写：DIMBASE。

【操作步骤】

如图 3-5-21 中，根据基线标注尺寸 15，标注线段 HJ、HB 的线性尺寸，输入命令后，命令行提示如下，标注结果如图 3-5-55 所示。

命令：DIMBASE（键盘输入"基线标注"命令"DIMBASE"）

DIMBASELINE

选择基准标注：（选择基线标注尺寸 15）

指定第二个尺寸界线原点或［选择（S）/放弃（U）］<选择>：（捕捉 J 点，单击左键）

标注文字 = 22（系统自动显示线段 HJ 线性尺寸值 22）

指定第二个尺寸界线原点或［选择（S）/放弃（U）］<选择>：（捕捉 B 点，单击左键）

标注文字 = 50（系统自动显示线段 HB 线性尺寸值 50）

指定第二个尺寸界线原点或［选择（S）/放弃（U）］<选择>：*取消*

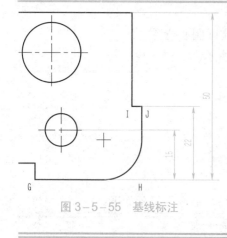

图 3-5-55　基线标注

（10）连续标注：对于首尾相连的多个线性或角度尺寸，可以用连续标注。

【执行命令】

- 菜单栏："标注"→"连续"。
- 功能区："注释"选项卡"标注"面板→`┼┼┼ 连续`。
- 命令缩写：DIMCONT。

【操作步骤】

如图 3-5-21 所示，选择已标注线段 EF 的线性尺寸 20 的左侧尺寸界线，对线段 FG、GI 的线性尺寸实现连续标注，输入命令后，命令行提示如下，标注结果如图 3-5-56 所示。

命令：DIMCONT（键盘输入"连续标注"命令"DIMCONT"）

DIMCONTINUE

选择连续标注：（选择线性尺寸 20 的右侧尺寸界线作为起点，单击左键）（如果上一步骤是标注的线性尺寸 20，则此时系统默认线性尺寸 20 的右侧尺寸界线是连续标注的起点）

指定第二个尺寸界线原点或［选择（S）/放弃（U）］<选择>：（捕捉 G 点，单击左键）

标注文字 = 25（系统自动显示线段 FG 线性尺寸值 25）

指定第二个尺寸界线原点或［选择（S）/放弃（U）］<选择>：（捕捉 I 点，单击左键）

标注文字 = 30（系统自动显示线段 GI 线性尺寸值 30）

指定第二个尺寸界线原点或［选择（S）/放弃（U）］<选择>：*取消*

（11）折弯线性：也称折弯标注，在线性或对齐标注上添加或删除折弯线。标注中的折弯线表示所标注的对象中的折断。标注值表示实际距离，而不是图形中测量的距离。

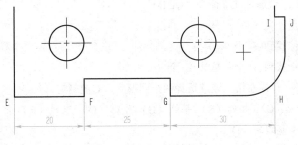

图 3-5-56　连续标注

【执行命令】

- 菜单栏："标注"→"折弯线性"。
- 功能区："注释"选项卡"标注"面板→ 。
- 命令缩写：DIMJOGLINE。

【操作步骤】

以图 3-5-57 为例，对线性尺寸 78 进行折弯，输入命令后，命令行提示如下：

命令：DIMJOGLINE（键盘输入"折弯线性标注"命令"DIMJOGLINE"）

选择要添加折弯的标注或［删除（R）］：（单击左键，选择线性尺寸 78）

指定折弯位置（或按 Enter 键）：（在要折弯的地方单击鼠标左键）（如果直接回车，在系统默认位置进行折弯）

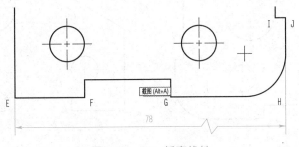

图 3-5-57　折弯线性

（12）快速标注：从选定对象中快速创建一组标注。该标注尤其适用于创建系列基线或连续标注，或为一组圆或圆弧创建标注时。

【执行命令】

- 菜单栏："标注"→"快速标注"。
- 功能区："注释"选项卡"标注"面板→ 。
- 命令缩写：QDIM。

【操作步骤】

以图 3-5-58 为例，分别对一组直径尺寸和线性尺寸进行快速标注，输入命令后，命令行提示如下：

命令：QDIM（键盘输入"快速标注"命令"QDIM"）

关联标注优先级 ＝ 端点

选择要标注的几何图形：找到 1 个

选择要标注的几何图形：找到 1 个，总计 2 个

选择要标注的几何图形：（单击左键，连续选择两个圆形后，右键确定）

指定尺寸线位置或［连续（C）/并列（S）/基线（B）/坐标（O）/半径（R）/直径（D）/基准点（P）/编辑（E）/设置（T）］＜基线＞：D

指定尺寸线位置或［连续（C）/并列（S）/基线（B）/坐标（O）/半径（R）/直径（D）/基准点（P）/编辑（E）/设置（T）］＜直径＞：（选择合适放置尺寸线的位置单击左键）［结果如图 3－5－58（a）所示］

命令：QDIM

关联标注优先级 ＝ 端点

选择要标注的几何图形：找到 1 个（单击左键，选择线段 AE）

选择要标注的几何图形：找到 1 个，总计 2 个（单击左键，选择左侧小圆）

选择要标注的几何图形：找到 1 个，总计 3 个（单击左键，选择右侧小圆）

选择要标注的几何图形：（单击右键）

指定尺寸线位置或［连续（C）/并列（S）/基线（B）/坐标（O）/半径（R）/直径（D）/基准点（P）/编辑（E）/设置（T）］＜连续＞：（选择合适放置尺寸线的位置单击左键）［结果如图 3－5－58（b）所示］

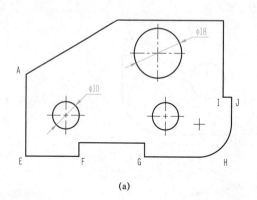

(a)

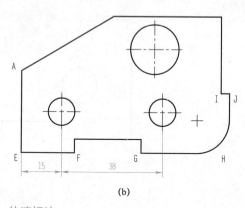

(b)

图 3－5－58　快速标注

（a）快速直径标注；（b）快速线性标注

（13）圆心标记：在选定圆、圆弧或多边形圆弧的中心处创建关联的十字形标记。

【执行命令】

● 菜单栏："标注"→"圆心标记"。

● 功能区："注释"选项卡"标注"面板→⊕。

● 命令缩写：CENTERMARK。

【操作步骤】

以图 3－5－59 为例，对圆弧进行圆心标记，输入命令后，命令行提示如下：

命令：CENTERMARK（键盘输入"圆心标注"命令"CENTERMARK"）

选择要添加圆心标记的圆或圆弧：（选择要标记圆心的圆弧，单击左键）（完成选择后单击右键或回车）

完成圆心标记后可以对其显示结果进行特性编辑，方法如下：首先单击左键选择所标记的圆心，单击右键，在菜单中选择"特性"，弹出"圆心特性管理器"，可以对其特性进行修改，结果如图 3-5-59 所示。

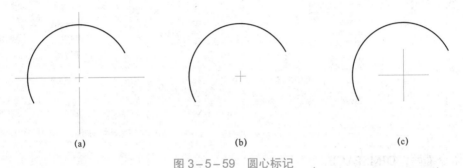

图 3-5-59　圆心标记

（a）圆心标记特性修改前；（b）修改特性不显示延伸；（c）修改特性调整圆心十字线长度

3.5.5　编辑尺寸标注

1. 编辑尺寸标注样式

用户打开如图 3-5-2 所示的"标注样式管理器"对话框后，单击"修改"按钮，弹出"修改标注样式：×××"对话框，如图 3-5-60 所示，可以通过修改当前尺寸标注样式各选项卡中设置的参数，修改尺寸标注样式，对话框中各选项卡含义及设置方法与"新建尺寸标注样式"的对话框一致，不再赘述。修改尺寸标注样式后，在该标注样式下的尺寸标注，将按照修改后的样式全部被修改。

还可以单击"替代"按钮，弹出"替代标注样式：×××"对话框，如图 3-5-61 所示，从中可以设定标注样式的临时替代值。对话框中各选项卡含义及设置方法与"新建尺寸标注样式"的对话框相同，替代将作为未保存的更改结果显示在"样式"列表中的标注样式下。替代标注样式只修改选定对象的标注样式，以及后续使用该样式所标注的尺寸。"替代"标注样式使用方法参见"更新"命令案例。

2. 编辑尺寸标注间距

标注间距：也称为调整间距。可自动调整或按照输入间距值调整平行尺寸之间的间距，如图 3-5-62 所示。

【执行命令】

● 菜单栏："标注"→"标注间距"。

● 功能区："注释"选项卡"标注"面板→ⅠⅠ。

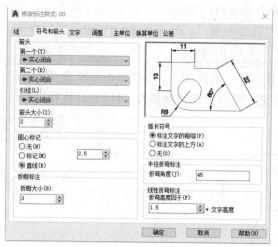

图 3-5-60 "修改标注样式"对话框   图 3-5-61 "替代标注样式"对话框

● 命令缩写：DIMSPACE。

【操作步骤】

以图 3-5-21 为例，分别选择已标注的线性尺寸 15 和 50 为基准标注，调整线性尺寸 15、22 和 50 三个线性平行尺寸间的间距，输入命令后，标注结果如图 3-5-62 所示。

命令：DIMSPACE

选择基准标注：（单击左键选择线性尺寸 15 作为基准标注）

选择要产生间距的标注：找到 1 个（单击左键选择线性尺寸 22）

选择要产生间距的标注：找到 1 个，总计 2 个（单击左键选择线性尺寸 50）

选择要产生间距的标注：（单击右键）

输入值或［自动（A）］＜自动＞：（直接回车系统自动设置间距，默认值为 0）

命令：DIMSPACE

选择基准标注：（单击左键选择线性尺寸 15 作为基准标注）

选择要产生间距的标注：找到 1 个（单击左键选择线性尺寸 22）

选择要产生间距的标注：找到 1 个，总计 2 个（单击左键选择线性尺寸 50）

选择要产生间距的标注：（单击右键）

输入值或［自动（A）］＜自动＞：5（回车后命令结束）

命令：DIMSPACE

选择基准标注：（单击左键选择线性尺寸 50 作为基准标注）

选择要产生间距的标注：找到 1 个（单击左键选择线性尺寸 15）

选择要产生间距的标注：找到 1 个，总计 2 个（单击左键选择线性尺寸 22）

选择要产生间距的标注：（单击右键）

输入值或［自动（A）］＜自动＞：5（回车后命令结束）

命令：DIMSPACE（键盘输入"标注间距"命令"DIMSPACE"）

选择基准标注：（单击左键选择线性尺寸 15 作为基准标注）

选择要产生间距的标注：找到 1 个（单击左键选择线性尺寸 22）

选择要产生间距的标注：找到 1 个，总计 2 个（单击左键选择线性尺寸 50）

选择要产生间距的标注：（单击右键）

输入值或［自动（A）］＜自动＞：0（回车后命令结束）

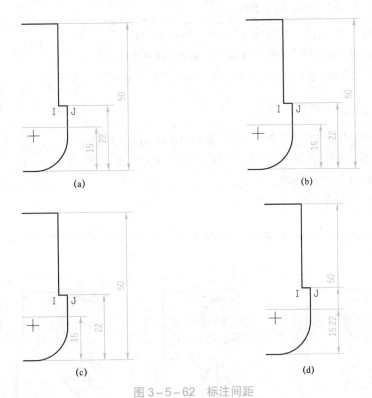

图 3-5-62 标注间距

（a）间距调整前；（b）基准标注为"15"，间距为"6"；（c）基准标注为"50"，间距为"8"；
（d）基准标注为"15"，间距为"0"

操作技巧

　　调整间距时，如果选择"自动"，则系统将基准标注对象中标注样式里所设置文字高度的 2 倍作为自动调整间距。

3. 打断尺寸标注

　　当所标注的尺寸界线与其他尺寸界线、尺寸线或图线有相交时，可以在相交位置进行打断，以满足尺寸不相交的标注规则。

【执行命令】

- 菜单栏："标注"→"标注打断"。
- 功能区："注释"选项卡"标注"面板→ ⊥⊦ 。
- 命令缩写：DIMBREAK。

【操作步骤】

可参照知识点 3.5.3 尺寸标注样式创建"符号和箭头"选项卡"折断标注参数设置"。

以图 3－5－63（a）为例，对线性尺寸 38 进行标注打断，输入命令后，命令行提示如下，标注结果如图 3－5－63（b）、（c）所示。

命令：DIMBREAK（键盘输入"标注打断"命令"DIMBREAK"）

选择要添加/删除折断的标注或［多个（M）］：（左键单击线性尺寸 38）

选择要折断标注的对象或［自动（A）/手动（M）/删除（R）］＜自动＞：（回车）

1 个对象已修改

命令：DIMBREAK

选择要添加/删除折断的标注或［多个（M）］：（左键单击线性尺寸 38）

选择要折断标注的对象或［自动（A）/手动（M）/删除（R）］＜自动＞：m

指定第一个打断点：（左键单击圆形边线上面）

指定第二个打断点：（左键单击圆形边线下面）

1 个对象已修改

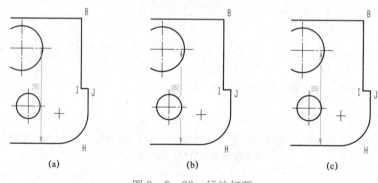

图 3－5－63　标注打断

（a）打断前；（b）自动打断；（c）手动打断

4. 编辑尺寸标注

该命令用于修改所选定标注尺寸的文字的显示方式，在以前的版本中也称为"编辑标注"。

【执行命令】

- 命令行：输入"DIMEDIT"→"Enter"。
- 菜单栏："标注"→"倾斜"。

● 功能区："注释"选项卡→"标注"面板→"倾斜" ┤─┤。

● 命令缩写：DIMED。

【操作步骤】

以图 3-5-64 为例，执行"倾斜"命令操作后，命令提示行如下：

命令：DIMED（键盘输入"倾斜标注"命令"DIMED"）

DIMEDIT

输入标注编辑类型［默认（H）/新建（N）/旋转（R）/倾斜（O）］＜默认＞：H

选择对象：找到 1 个［选择图 3-5-64（a）线性尺寸 40，单击左键］［结果如图 3-5-64（b）所示］

选择对象：

命令：DIMEDIT

输入标注编辑类型［默认（H）/新建（N）/旋转（R）/倾斜（O）］＜默认＞：N

选择对象：找到 1 个［选择图 3-5-64（b）线性尺寸 40，单击左键，弹出文字编辑器，对话框中修改
标注文字为 30］［结果如图 3-5-64（c）所示］

选择对象：

命令：DIMEDIT

输入标注编辑类型［默认（H）/新建（N）/旋转（R）/倾斜（O）］＜默认＞：R

指定标注文字的角度：60（输入文字选择角度 60）

选择对象：找到 1 个［选择图 3-5-64（b）线性尺寸 40，单击左键］［结果如图 3-5-64（a）所示］

选择对象：

命令：DIMEDIT

输入标注编辑类型［默认（H）/新建（N）/旋转（R）/倾斜（O）］＜默认＞：O

选择对象：找到 1 个［选择图 3-5-64（b）线性尺寸 40，单击左键］

选择对象：

输入倾斜角度（按 Enter 表示无）：30（输入倾斜角度 30）［结果如图 3-5-64（d）所示］

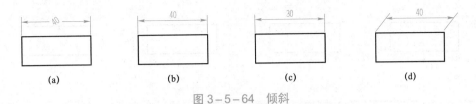

图 3-5-64 倾斜

（a）旋转标注；（b）默认标注；（c）新建标注；（d）倾斜标注

（1）默认（H）：将标注的文字恢复到默认位置。默认的标注文字位置，取决于"尺寸标注样式""文字"选项卡中"文字位置"的设置。

（2）新建（N）：执行该命令时，可以启动"文字编辑器"，编辑修改标注文字。

（3）旋转（R）：相对于 X 轴正方向按指定角度旋转标注文字。

（4）倾斜（O）：相对于 X 轴正方向按指定角度倾斜所标注线性尺寸的尺寸界线。

5. 编辑尺寸文字对齐方式

"对齐文字"可以编辑"线性""半径"和"直径"标注文字的对齐方式。

【执行命令】

- 命令行：输入"DIMTEDIT"→"Enter"。
- 菜单栏："标注"→"对齐文字"。
- 功能区："注释"选项卡→"标注"面板→"文字角度""左对正""居中""右对正"

。

- 命令缩写：DIMTED。

【操作步骤】

以图3－5－65为例，执行"对齐文字"命令，操作后，命令提示行如下：

命令：DIMTED（键盘输入"对齐文字"命令"DIMTED"）

DIMTEDIT

选择标注：[选择图3－5－65（c）线性尺寸20，单击左键]

为标注文字指定新位置或 [左对齐（L）/右对齐（R）/居中（C）/默认（H）/角度（A）]：L [结果如图3－5－65（a）所示]

命令：DIMTEDIT

选择标注：[选择图3－5－65（c）线性尺寸20，单击左键] 为标注文字指定新位置或 [左对齐（L）/右对齐（R）/居中（C）/默认（H）/角度（A）]：R [结果如图3－5－65（b）所示]

命令：DIMTEDIT

选择标注：[选择图3－5－65（c）线性尺寸20，单击左键] 为标注文字指定新位置或 [左对齐（L）/右对齐（R）/居中（C）/默认（H）/角度（A）]：A

指定标注文字的角度：30 [结果如图3－5－65（d）所示]

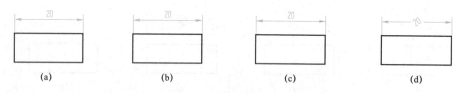

(a)　　　　　　　(b)　　　　　　　(c)　　　　　　　(d)

图3－5－65　编辑尺寸文字对齐方式

（a）左对齐；（b）右对齐；（c）居中；（d）旋转30°

（1）左对齐（L）：左对齐标注文字位置。

（2）右对齐（R）：右对齐标注文字位置。

（3）居中（C）：标注文字位置居中对正。

（4）角度（A）：按指定角度旋转标注文字，与"倾斜"命令中"旋转"含义相同。

（5）默认（H）：将标注文字恢复到默认位置，与"倾斜"命令中"默认"含义相同。

6. 更新标注样式

该命令可以将所标注尺寸的尺寸标注样式更新为当前标注样式。

【执行命令】

- 命令行：输入"–DIMSTYLE"→"Enter"。
- 菜单栏："标注"→"更新"。
- 功能区："注释"选项卡→"标注"面板→ ▣ 。
- 命令缩写：–DIMSTYLE。

【操作步骤】

以图 3–5–66 为例，执行"更新"命令，将"ISO–25"尺寸标注样式下的线性标注执行"替换"操作后，进行"更新"，具体操作如下：

（1）将"ISO–25"尺寸标注样式置为当前；

（2）当前标注样式下完成线性标注，如图 3–5–66（a）所示；

（3）命令行输入"DIMSTYLE"打开"标注样式管理器"对话框，选择"ISO–25"；

（4）单击"替代"按钮，弹出"替代当前样式：ISO–25"对话框；

（5）单击"主单位"选项卡，在"前缀"文本框中输入"%%C"，单击"确定"按钮，返回主对话框；

（6）单击"确定"按钮，完成"替代"样式设置；

（7）命令行输入"–DIMSTYLE"，提示如下：

命令：–DIMSTYLE（键盘输入"标注更新"命令"–DIMSTYLE"）

当前标注样式：ISO–25　注释性：否

当前标注替代：

DIMPOST　　%%C<>

输入标注样式选项

[注释性（AN）/保存（S）/恢复（R）/状态（ST）/变量（V）/应用（A）/?] <恢复>：_apply

选择对象：找到 1 个（选择线性尺寸 12，单击左键）

选择对象：找到 1 个，总计 2 个（选择线性尺寸 20，单击左键）

选择对象：找到 1 个，总计 3 个（选择线性尺寸 32，单击左键）[单击右键，结果如图 3–5–66（b）所示]

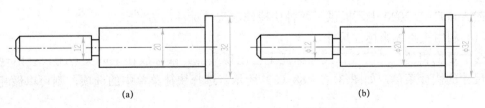

图 3–5–66　"更新"为"ISO–25"替代标注样式

（a）"ISO–25"标注样式下标注结果；（b）更新为"ISO–25"替代后标注结果

以图 3-5-67 为例，将"ISO-25"尺寸标注样式下的标注执行"更新"命令，具体操作如下：

（1）将"ISO-25"尺寸标注样式置为当前；

（2）当前标注样式下完成线性标注，如图 3-5-67（a）所示；

（3）命令行输入"DIMSTYLE"打开"标注样式管理器"对话框，选择"Standard"；

（4）单击"修改"按钮，弹出"修改当前样式：Standard"对话框；

（5）单击"主单位"选项卡，在"前缀"文本框中输入"%%C"，单击"确定"按钮，返回主对话框；

（6）单击"文字"选项卡，在"文字对齐"中选择"水平"，单击"确定"按钮，返回主对话框；

（7）将"Standard"标注样式置为当前，单击"关闭"按钮；

（8）单击功能能区"注释"选项卡→"标注"面板→"更新" 🔲。

命令：_-dimstyle

当前标注样式：Standard　注释性：否

输入标注样式选项

［注释性（AN）/保存（S）/恢复（R）/状态（ST）/变量（V）/应用（A）/？］＜恢复＞：_apply

选择对象：找到 1 个（选择线性尺寸 12，单击左键）

选择对象：找到 1 个，总计 2 个（选择线性尺寸 20，单击左键）

选择对象：找到 1 个，总计 3 个（选择线性尺寸 32，单击左键）［单击右键，结果如图 3-5-67（b）所示］

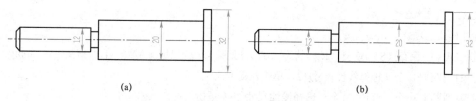

(a)　　　　　　　　　　　　　　　(b)

图 3-5-67　"更新"为"Standard"标注样式

（a）"ISO-25"标注样式下标注结果；（b）更新为"Standard"标注样式结果

7. 利用加点和快捷菜单编辑尺寸标注

在 AutoCAD 2020 中还提供了两种快捷修改尺寸标注的方式。

（1）利用夹点编辑标注尺寸。

选中要编辑的尺寸标注，尺寸标注上会出现夹点，鼠标放在中间夹点上，会出现修改标注尺寸的快捷菜单，如图 3-5-68（a）所示，选择快捷菜单中的选项，则可以做相应的修改。

（2）利用右键快捷菜单编辑尺寸标注。

选中要编辑的尺寸标注，单击右键，弹出快捷菜单，可以修改尺寸标注样式、标注文字精度，删除替代样式，如图 3 – 5 – 68（b）所示。

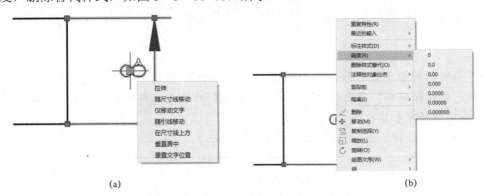

(a)　　　　　　　　　　　　　　(b)

图 3 – 5 – 68　快捷编辑尺寸标注
（a）利用夹点编辑标注尺寸；（b）右键快捷菜单编辑尺寸标注

8. 利用"快捷特性"及"特性"选项板编辑尺寸标注

（1）利用"快捷特性"选项板修改尺寸标注。

选中要编辑的尺寸标注，单击右键，弹出快捷菜单，选择"快捷特性"，打开"快捷特性"选项板，如图 3 – 5 – 69 所示，可以查看所选标注的部分特性，也可以修改某一项特性值。

（2）利用"特性"选项板修改尺寸标注。

选中要编辑的尺寸标注，单击右键，弹出快捷菜单，选择"特性"，打开"特性"选项板，如图 3 – 5 – 69 所示，可以查看所选标注的所有特性，可以修改某一项特性值。

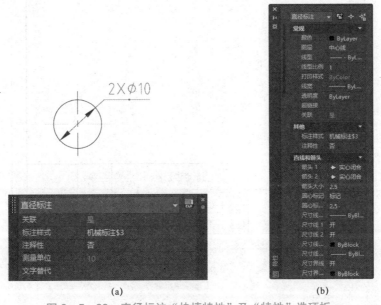

(a)　　　　　　　　　　　　　　(b)

图 3 – 5 – 69　直径标注"快捷特性"及"特性"选项板
（a）"快捷特性"选项板；（b）"特性"选项板

任务 3.6　创建带标题栏的样板文件

【任务描述】

调用已创建的样板文件"AutoCAD2020-A4-S.dwt"，正确创建表格及文字样式，合理设置各参数，创建标题栏，完成标题栏内文字填充，创建带有标题栏样板文件，带有标题栏 A4 竖式图幅绘制结果如图 3-6-1 所示。

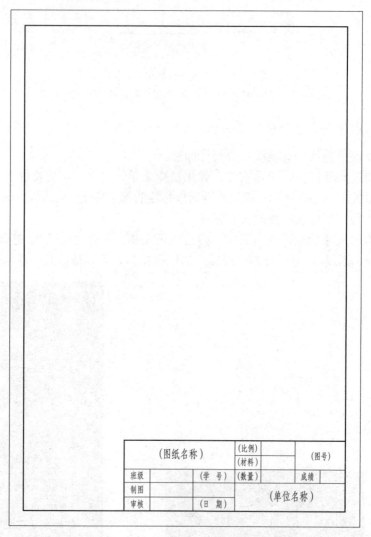

图 3-6-1　带有标题栏 A4 竖式图幅

【任务要求】

1. 创建不留装订线 A4 竖式样板文件。

2. 绘图环境、绘图单位、图层等相关设置参照项目一。

3. 创建尺寸标注样式，参数设置参照"机械平面图样"标准。

4. 创建"工程字"和"长仿宋体"两种文字样式，并完成标题栏文字填充，如图3-6-2所示；（工程字：字体为gbenor.shx，勾选使用大字体，大字体使用"gbcbig.shx"；长仿宋体：字体为仿宋，不勾选使用大字体，"宽度因子"为0.7）。

5. 创建表格样式，修改表格参数，用表格创建标题栏（如下图3-6-2所示）；按所给标题栏尺寸，调整表格行高、列宽等参数；

6. 创建并保存不留装订线带标题栏竖式A4样板文件，命名为"AutoCAD2020-A4-S-B.dwt"；

7. 使用"在命令提示行输入命令"的形式调用绘图、编辑命令，注重"功能键"和"组合键"的使用，提高绘图效率。

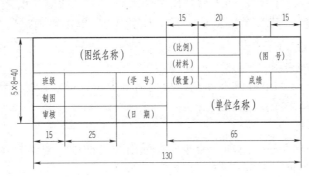

图3-6-2 标题栏

【学习内容】

1. 国标中规定的常用图幅尺寸参数及绘制要求；

2. 文字样式的创建及编辑方法；

3. 文字的输入及编辑方法；

4. 表格样式的创建、插入及编辑方法；

5. 夹点命令的使用及编辑方法。

一、确定样板文件创建步骤

经过项目一的实施，已经按要求创建过样板文件，对系统参数、绘图环境等进行了相应的设置，为了保证样板文件创建过程的完整性，本任务的实施将按"样板文件"创建的步骤逐一介绍，已操作过的部分请忽略。

（1）调用已创建的样板文件"AutoCAD2020-A4-S.dwt"，绘制不留装订线A4竖式图幅；

（2）创建表格样式，修改相应参数，按尺寸要求创建标题栏表格；

（3）创建文字样式，完成标题栏文字填充；

（4）创建不留装订线带标题栏A4竖式样板文件"AutoCAD2020-A4-S-B.dwt"。

二、绘制不留装订线 A4 竖式图幅

1. 设置绘图环境

（1）创建新图形文件。

键盘输入"Ctrl＋N"，新建图形文件，弹出"选择样板"对话框，选择"acadiso.dwt"样板文件，单击"打开"按钮，在此样板基础上创建符合本任务要求的样板文件，详见任务 1.1。

（2）设置绘图单位。

在命令提示行输入"UN"，回车后弹出"图形单位"对话框，设置"长度"和"角度"的"类型"及"精度"，其余参数默认，详见任务 1.2，单击"确定"按钮，完成图形单位设置。

（3）设置 A4 图形界限。

在命令提示行输入"LIMITS"回车，根据命令提示行提示，输入绝对坐标值，左下角为（0，0），右上角为（210，297）。

（4）配置系统参数。

单击菜单栏"工具"→"选项"命令，在弹出的"选项"对话框中单击"显示"选项卡，将"二维模型空间"中的"统一背景"改为"白色"；单击菜单栏"工具"→"绘图设置"命令，完成"对象捕捉"和"动态输入"相关设置；选择菜单栏"文件"→"打印"命令，完成"打印－模型"对话框中相关参数设置，至此完成系统参数配置，详见任务 1.1。

2. 设置图层

创建粗实线、细实线、中心线、虚线、辅助线、文字填充、尺寸标注 7 个常用图层，具体参数设置详见任务 1.2。

3. 创建设置文字样式

在命令提示行输入"ST"，调用"STYLE"命令，弹出"文字样式"对话框，单击"新建"按钮，弹出"新建文字样式"对话框，输入新建文字样式名称"工程字"，单击"确定"按钮，返回"文字样式"首页。修改字体为"gbenor.shx"，勾选使用大字体，大字体使用"gbcbig.shx"，其余参数默认，结果如图 3－6－3 所示，单击"应用"按钮，完成工程字文字样式创建。同样创建"宽度因子"为"0.7"的"长仿宋体"文字样式，如图 3－6－4 所示，过程同上，不再赘述。

4. 创建尺寸标注样式

在命令提示行输入"DIMSTY"，调用"尺寸样式"命令，创建"尺寸标注样式"。执行上述操作后，弹出"尺寸样式管理器"对话框，创建包含"直径"等子样式的尺寸标注样式，参数设置参照国标中对"机械制图"的相关规定，详见任务 3.5，这里不再赘述。

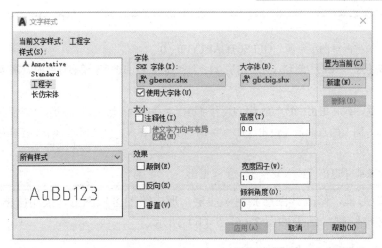

图 3-6-3 创建"工程字"文字样式

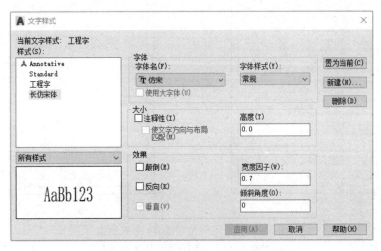

图 3-6-4 创建"长仿宋体"文字样式

5. 绘制不留装订线 A4 竖式图幅

将细实线层置为当前图层,按照国标要求,绘制不留装订线 A4 竖式图幅,结果如图 3-6-5(a)所示,具体操作步骤如下:

命令:REC

RECTANG

指定第一个角点或 [倒角(C)/标高(E)/圆角(F)/厚度(T)/宽度(W)]:0,0(输入左下角绝对坐标)

指定另一个角点或 [面积(A)/尺寸(D)/旋转(R)]:D

指定矩形的长度<10>:210(输入 A4 竖式图幅长度 210)

指定矩形的宽度<10>:297(输入 A4 竖式图幅宽度 297)

指定另一个角点或 [面积(A)/尺寸(D)/旋转(R)]:(合适位置单击鼠标左键,确定矩形位置)

命令：OFFSET

当前设置：删除源＝否　图层＝源　OFFSETGAPTYPE＝0

指定偏移距离或［通过（T）/删除（E）/图层（L）］＜通过＞：10（不留装订线时，图幅距离图纸边线距离为10）

选择要偏移的对象，或［退出（E）/放弃（U）］＜退出＞：（选择刚绘制的矩形，单击鼠标左键）

指定要偏移的那一侧上的点，或［退出（E）/多个（M）/放弃（U）］＜退出＞：（矩形内部任意点，单击鼠标左键）

选择要偏移的对象或［退出（E）/放弃（U）］＜退出＞：*取消*

单击内侧矩形框，修改其图层到粗实线层，形成绘图区域图框，关闭栅格显示，完成不留装订线 A4 图框绘制，结果如图 3-6-5（b）所示。

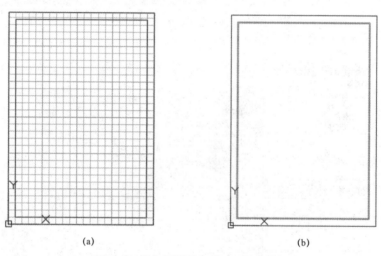

(a)　　　　　　　　　　　　　(b)

图 3-6-5　不留装订线 A4 竖式图幅

（a）绘制 A4 图幅；（b）不留装订线 A4 图幅

温馨提示

国标规定，外边线代表边界线，用细实线；内边线为图框线，用粗实线表示，不留装订线的图框，内外边线间距离为 10 mm。

三、绘制标题栏

1. 创建"标题栏"表格样式

命令提示行输入"TABLESTYLE"，调用"表格样式"命令，创建"标题栏"表格样式。单击"新建"按钮，弹出"创建新的表格样式"对话框，将新样式名修改为"标题栏"，如图 3-6-6 所示。

单击"继续"按钮，弹出"新建表格样式：标题栏"对话框，单击"常规"选项卡，修改"对齐"方式为"正中"，"页边距"为"0.1"，结果如图 3-6-7 所示。

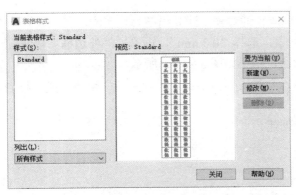

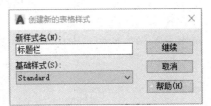

图 3-6-6　创建"标题栏"表格样式

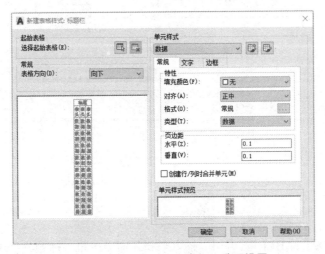

图 3-6-7　表格样式"常规"选项设置

单击"文字"选项卡，修改"文字样式"为"工程字"，"文字高度"为"4.5"，其余参数默认，结果如图 3-6-8 所示。

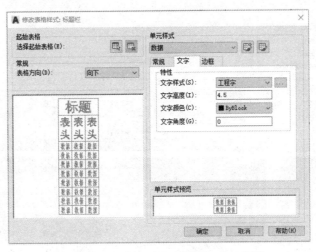

图 3-6-8　表格样式"文字"选项设置

单击"边框"选项卡，根据任务中标题栏的边框，四周线条为粗实线，其余线条为细实线，修改"线宽"。单击"线宽"下拉列表，选择"0.3 mm"，再单击"外边框"按钮▣，设置标题栏外边框为粗实线，其余参数默认，结果如图 3-6-9 所示。

单击"确定"按钮，返回"表格样式"对话框，单击"置为当前"按钮，将"标题栏"表格样式置为当前表格格式。

单击"关闭"按钮，完成表格样式创建。

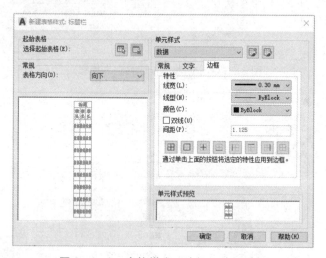

图 3-6-9　表格样式"边框"选项设置

2. 插入"标题栏"表格样式

命令提示行输入"TABLE"，调用"插入表格"命令，将"标题栏"表格插入到图框中。根据任务要求，"标题栏"表格共有 5 行 7 列，表格中没有"标题"和"表头"，所有行均为"数据"行，因此，在"插入表格"对话框中，数据行数为"3"，具体参数设置如图 3-6-10 所示。

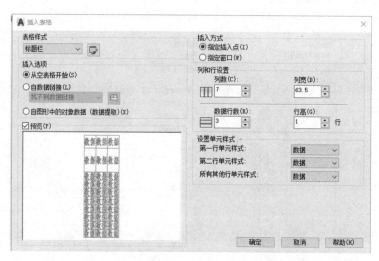

图 3-6-10　"插入表格"对话框参数设置

单击"确定"按钮，指定插入点，将表格插入到适当位置，弹出"文字编辑器"，单击在对话框右上角"关闭文字编辑器"。此时，已插入一个 5 行 7 列空表格，如图 3-6-11 所示。

图 3-6-11 插入 5 行 7 列空表格

3. 编辑"标题栏"表格

框选第一列表格，如图 3-6-12 所示，单击鼠标右键，选择"特性"，弹出表格"特性"选项板，修改"单元宽度"为"15"，"单元高度"为"8"，如图 3-6-13 所示。依次单击每列单元格，在表格"特性"选项板中，修改"单元宽度"，最终表格如图 3-6-14 所示。

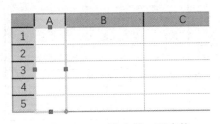

图 3-6-12 选中第一列表格

图 3-6-13 表格"特性"选项板

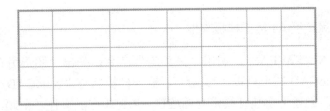

图 3-6-14 编辑行高列宽后的标题栏

选中需要合并的单元格，在功能区的"表格单元"中，单击"合并单元"下拉列表的"合并全部"，如图 3-6-15 所示，依次完成单元格合并，最终结果如图 3-6-16 所示。

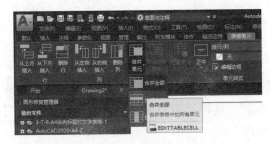

图 3-6-15 合并单元格

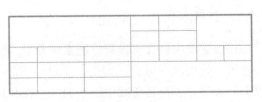

图 3-6-16 标题栏表格

4. 填写"标题栏"

在"标题栏"表格中，双击每个单元格，填写文字，此时文字样式为"工程字"，默认文字高度为"4.5"，"图纸名称"和"单位名称"文字高度为"10"，结果如图 3-6-17 所示。至此，"标题栏"表格完成，不留装订线 A4 图幅如图 3-6-18 所示。

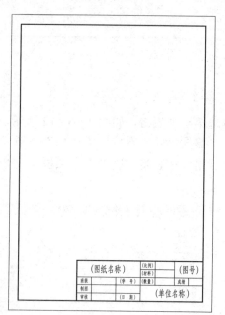

图 3-6-17　标题栏文字填写

图 3-6-18　不留装订线带标题栏的 A4 图幅

四、创建带有标题栏 A4 竖式样板文件

命令提示行输入"SAVEAS"，调用"另存为"命令，弹出"图形另存为"对话框，选择文件类型为"AutoCAD 图形样板（*.dwt）"，输入样板名称"AutoCAD2020-A4-S-B"，单击"保存"按钮，创建不留装订线带有标题栏 A4 竖式样板文件。至此，本任务完成。今后绘图时，可以直接调用该样板文件，不用重新设置系统参数、文字样式等，避免了重复操作，提高了绘图的效率，保证了绘图的统一性和专业性。

相关知识

3.6.1　样板文件

样板文件中包含有设置好的系统参数、绘图环境、文字样式、尺寸标注样式、图框、标题栏等，使用时可以直接调用，文件后缀为".dwt"。这样就避免重复设置，既提高了绘图效率，又保证了系列图纸中绘图的统一性和规范性。

软件中自带了多种样板文件，二维图形绘制时可采用"acad"和"acadiso"样板文件，但这些样板文件与我国国标中规定的相关行业标准不完全一致，因此，在实际绘图前，都要创建符合所绘图形国标规定的样板文件。

3.6.2 文字

一副完整的工程图，不仅需要图形，还需要必要的文字和标注，以便清楚地表达设计者的意图，提高图纸的可读性，使图形本身不易表达的信息变得准确和易懂。一张图纸中可能包含多种文字形式，因此在绘图以前，应该对图纸中用到的文字进行文字样式设置，以提高绘图效率，保证图纸的统一规范性。

1. 文字样式

文字样式用于设置字体、字高、宽度比例、倾斜比例、倾斜角度以及颠倒、反向等内容。

【执行命令】

- 命令行：输入"STYLE"→"Enter"。
- 菜单栏："格式"→"文字样式"。
- 功能区："默认"选项卡→"注释"面板→"文字样式"按钮 **A**。
- "注释"选项卡→"文字"面板→右下角面板对话框启动器 **↘**。
- 命令缩写：ST。

【操作步骤】

执行上述操作后，打开"文字样式"对话框，如图 3-6-3 所示。在对话框内可以新建、删除文字样式，也可以将某种文字样式置为当前。

1）样式

"样式"列表中显示了当前图形中已有的文字样式。"Standard"是系统默认文字样式，可以修改参数，不能重命名和删除。单击"新建"按钮，可以新建文字样式，也可以将创建的某一文字样式"置为当前"，单击"删除"按钮，可以删除某一文字样式，但置为当前的文字样式和使用过得文字样式不能被删除。

2）"字体"参数设置

（1）字体名：在字体名下拉列表中可以选择字体。下拉列表中包含两种字体，前缀为 **Ｔ** 的字体为 Windows 系统提供的已注册字体，前缀为 **ⓐ** 的 SHX 字体是 AutoCAD 本身编译自带的字体。"使用大字体"用于指定亚洲语言的大字体文件，当复选框被选中时，只能选用 SHX 字体。

（2）字体样式：用于指定字体格式，如斜体、粗体等，当选定"使用大字体"复选框时，该选项变为"大字体"，用于选择大字体文件。"gbcbig.txt"代表简体中文字体。

3）"大小"参数设置

高度：用于指定文字的高度，默认值是 0。当文字高度设置值为"0"时，表示填写的文字高度是可变的，可根据实际需求，调整输入文字高度；当文字高度设置值不为"0"时，该数值将作为所创建的单行文字、多行文字和文字注释所采用文字的默认高度。

4）"效果"参数设置

"效果"设置用来修改"文字"的显示效果，例如"颠倒""反向""宽度因子"等，勾选某一选项或设置相应数值，在对话框的左下角"预览"区均有相应显示。

2. 单行文字

使用单行文字可以创建一行或多行文字。其中，每行文字都是独立的对象，可对其进行移动、格式设置或其他修改。在文本框中单击鼠标右键可选择快捷菜单上的选项。

【执行命令】

- 命令行：输入"TEXT"或"DTEXT"→"Enter"。
- 菜单栏："绘图"→"文字"→"单行文字"。
- 功能区："默认"选项卡→"注释"面板→"单行文字"按钮**A**。
- "注释"选项卡→"文字"面板→"单行文字"按钮**A**。
- 命令缩写：TEXT 或 DT。

【操作步骤】

命令行输入"DT"，调用"单行文字"命令，进行单行文字输入。

下面以"未注圆角 R2，未注倒角 C2"分两行显示为例，说明单行文字输入过程。此时的文字样式是已被"置为当前"的工程字样式，"对正方式"选用左对齐，"文字高度"为"5"，文字不需要旋转，具体过程如下：

命令：DT（键盘输入"单行文字"命令"DT"）

TEXT

当前文字样式："工程字"　文字高度：28.7　注释性：否　对正：左

指定文字的起点或［对正（J）/样式（S）］：（在屏幕适当位置单击鼠标左键）

指定高度<28.7>：5（输入文字高度 5）

指定文字的旋转角度<0>：（直接回车）（此时屏幕出现文字输入对话框，可以直接输入文字，由于文字要求分两行显示，因此"未注圆角 R2"输入后需要"回车"换行）

（文字输入完毕，鼠标单击对话框外一点，可以继续输入文字，也可*取消*，结束命令）

结果如图 3-6-19 所示，显示结果为两行文字，如需修改文字，只需要在要修改文字上双击鼠标左键即可。

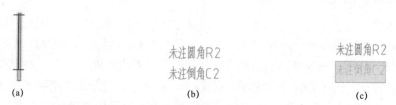

(a)　　　　　　　　　　　(b)　　　　　　　　　　　(c)

图 3-6-19　单行文字输入及修改

（a）输入文字对话框光标闪烁；（b）单行文字输入；（c）单行文字的修改

温馨提示

单行文字输入后可以多行显示，但多行文字间是相互独立的，因此如需修改文字，需要逐次修改，如图 3-6-19（c）所示。

（1）对正（J）：命令启动时，系统默认文字对齐方式为"左对齐"，如需调整，可以在命令提示行输入"J"后回车，输入所需对正方式后回车，命令提示行会出现相应对齐方式所需的信息，按提示进行操作即可，不再详述。

（2）样式（S）：命令启动时，系统默认文字样式为"置为当前"的文字样式，如需修改，在命令提示行输入"S"后回车，命令提示行会出现"输入新样式名"的提示，按需求输入即可，不再详述。案例操作过程如下：

命令：DT（键盘输入"单行文字"命令"DT"）

TEXT

当前文字样式："Standard"　　文字高度：5.0　注释性：否　对正：正中

指定文字的中间点 或［对正（J）/样式（S）］：S（修改文字样式）

输入样式名或［？］＜工程字＞：工程字（输入新文字样式名称）

当前文字样式："Standard"　　文字高度：5.0　注释性：否　对正：正中

指定文字的中间点 或［对正（J）/样式（S）］：J（修改对齐方式）

输入选项［左（L）/居中（C）/右（R）/对齐（A）/中间（M）/布满（F）/左上（TL）/中上（TC）/右上（TR）/左中（ML）/正中（MC）/右中（MR）/左下（BL）/中下（BC）/右下（BR）］：MC（正中显示）

指定文字的中间点：（输入文字正中位置点）

指定高度＜5.0＞：（指定文字高度，不修改时直接回车）

指定文字的旋转角度＜0＞：（不旋转，直接回车）

（在屏幕选择正中点位置出现文字输入对话框，输入文字即可，结果如图3－6－20所示）

图3－6－20　修改为"正中位置""工程字"样式

3. 多行文字

多行文字命令可以将若干文字段落创建为单个多行文字对象。使用内置编辑器，可以格式化文字外观、列和边界。

【执行命令】

- 命令行：输入"MTEXT"→"Enter"。
- 菜单栏："绘图"→"文字"→"多行文字"。
- 功能区："默认"选项卡→"注释"面板→"多行文字"按钮Ａ。
- "注释"选项卡→"文字"面板→"多行文字"按钮Ａ。
- 命令缩写：MT。

【操作步骤】

命令行输入"MT"，调用"多行文字"命令，命令提示行提示指定文字输入的矩形区域的两个角点，在屏幕上指定完第二个角点后，将弹出"文字编辑器"，如图3－6－21所示。

图 3-6-21　多行文字"文字编辑器"

"文字编辑器"包含"样式""格式""段落""插入""拼写检查""工具""选项"和"关闭"8 个面板，常用面板主要功能如下：

（1）样式面板：样式面板用于选择文字样式，打开或关闭当前多行文字的注释性、选择或输入文字高度、文字背景是否添加遮罩等。

（2）格式面板："格式"面板用于字体的大小、粗细、颜色、下划线、倾斜、宽度、上下标、特性匹配、堆叠、改变大小写等格式设置。例如设置文字的粗细、下划线等与 Office 中相关内容的操作方式基本相同，相似的操作不再赘述。

① 匹配文字格式：用于将选定文字格式应用到相同多行文字对象中的其他字符。再次选择该按钮或选择 Esc 键退出匹配格式。

② 倾斜角度：用于修改文字的是否倾斜以及倾斜角度。输入角度均相对于 90° 角而言，正值代表文字顺时针倾斜，负值代表文字逆时针倾斜。

③ 追踪：增大或减小选定字符之间的空间。1.0 是常规间距，大于 1.0 可增大间距，小于 1.0 可减小间距，如图 3-6-22 所示。

④ 宽度因子：扩展或收缩选定字符。1.0 是此字体中字母的常规宽度，如图 3-6-23 所示。

ninhao　　　　　ninhao

图 3-6-22　追踪值为 2，其余参数默认　　图 3-6-23　宽度因子值为 2，其余参数默认

⑤ 堆叠：用于输入在多行文字对象和多重引线中堆叠分数和公差格式的文字，如分数 $\frac{2}{5}$、尺寸公差 $\phi 20^{+0.01}_{-0.01}$ 和配合 $\phi 26\frac{H7}{f6}$ 等，可以实现堆叠与非堆叠的切换。

输入时，堆叠符使用斜线字符（/），将显示垂直堆叠分数$\left(如\frac{2}{5}\right)$；输入时堆叠符使用磅字符（#），将沿对角方向堆叠分数$\left(如\frac{2}{5}\right)$，输入公差时使用插入符号（^）堆叠公差。

例如 $\frac{2}{5}$ 的输入：多行文字输入"2/5"，先选中"2/5"，然后单击"堆叠"按钮，即显示为 $\frac{2}{5}$。

例如 $\frac{2}{5}$ 的输入：多行文字输入"2#5"，先选中"2#5"，然后单击"堆叠"按钮，即显示为 $\frac{2}{5}$。

例如 $\phi20^{+0.01}_{-0.01}$ 的输入：多行文字输入"%%c20＋0.01^－0.01"（%%c 是直径符号 ϕ 的注写方式），先选中"＋0.01^－0.01"，然后单击"堆叠"按钮，即显示为 $\phi20^{+0.01}_{-0.01}$。

例如 $\phi26\dfrac{H7}{f6}$ 的输入：多行文字输入"%%c26H7/f6"，先选中"H7/f6"，然后单击"堆叠"按钮，即显示为 $\phi26\dfrac{H7}{f6}$。

（3）段落面板：用于设置段落的项目符号和编号、行距、对齐方式及合并段落。这些命令与 Office 中相关内容的操作方式基本相同，在此不再赘述。

（4）插入面板：用于插入符号、列、字段的设置，大部分命令与 Office 中相关内容的操作方式基本相同，在此不再赘述。

符号@：单击符号下拉列表，可以直接选择要输入的符号，或者单击"其他"，在"字符映射表"中选择需要的字符，如图 3－6－24 所示。

图 3－6－24　符号下拉列表

温馨提示

在输入文字时，一些特殊的字符需要在"文字编辑器"的"插入"面板中单击"符号"进行插入，例如直径符号" ϕ "、角度符号"°"等。同时软件也提供了一些常用特殊字符的注写方式，例如：

%%c：注写直径符号" ϕ "；

%%d：注写角度符号"°"；

%%p：注写正负号"±"；

%%k：控制是否加上删除线；

%%o：控制是否加上划线。

（5）拼写检查面板：在"文字编辑器"中输入文字时，可以对选定的单行文字、多行文字、标注文字、多重引线文字、块属性内的文字和外部参照内的文字进行拼写检查，任何未在当前词典中找到的单词将标注下划线。

（6）工具面板："工具"面板中的"查找和替换"选项，功能与 Office 软件中的"查找和替换"一致，可以按要求快捷地查找或替换相应文字或字符，具体操作不再详述。

4. 编辑文字

（1）利用"编辑命令"编辑文字。

【执行命令】

● 命令行：输入"DDEDIT"→"Enter"。

● 菜单栏："修改"→"对象"→"文字"→"编辑"。

● 命令缩写：DDEDIT。

【操作步骤】

命令行输入"DDEDIT"，调用"文字编辑"命令，根据命令提示行提示，选择要修改的文字，弹出"文字编辑器"，对要编辑的内容进行修改即可。

对输入的文字内容进行编辑时，可以直接双击要修改的文字，或者单击要修改的文字，右键选择"编辑多行文字"，两种方法都可以快速打开"文字编辑器"，可对文字内容、样式等进行编辑。

（2）利用"特性"选项板编辑文字。

【执行命令】

● 命令行：输入"PROPERTIES"→"Enter"。
● 菜单栏："修改"→"特性"。
● 功能区："默认"选项卡→"特性"面板→"面板对话框启动器"按钮 ⬛ 。
● 命令缩写：PR。

【操作步骤】

命令行输入"PR"，调用"特性"命令，弹出多行文字"特性"选项板，选择要编辑的文字，单击左键，此时"特性"选项板上显示出所选文字的全部特性。也可以单击要编辑的文字，单击鼠标右键，选择"特性"，弹出"特性"选项板，如图 3-6-25 所示，在要修改的项目内容里进行修改即可。

利用"特性"选项板编辑文字时，如果选择对象是单个对象，则"特性"选项板显示该对象的全部特性；如果选择对象是多个对象，则"特性"选项板显示的是选定对象的公共特性。

3.6.3 表格

表格是在行和列中包含数据的复合对象。可以通过空的表格或表格样式创建空的表格对象，还可以通过参照 Microsoft Excel 电子表格，在 AutoCAD 中创建表格对象。工程图中出现的明细表、标题栏、BOM 表和价格清单等均属于表格应用范围。

图 3-6-25 "特性"选项板

1. 表格样式

表格样式用于设置表格的外观，主要包含表格方向、单元样式、表格文字、表格边框等。

【执行命令】

- 命令行：输入"TABLESTYLE"→"Enter"。
- 菜单栏："格式"→"表格样式"。
- 功能区："默认"选项卡→"注释"面板→"表格样式"按钮▦。
- "注释"选项卡→"表格"面板→右下角面板对话框启动器↘。
- 命令缩写：TABLESTYLE。

【操作步骤】

执行上述操作后，弹出"表格样式"对话框，如图 3-6-26 所示。软件默认的表格样式是"Standard"，可以在此样式的基础上修改表格样式，也可以新建表格样式、删除已创建的表格样式，但"Standard"样式不能被删除。

在"表格样式"对话框单击"新建"按钮，弹出"创建新的表格样式"对话框。输入新的表格样式名称如"明细表"，基础样式选择"Standard"，如图 3-6-27 所示，单击"继续"按钮，弹出"新建表格样式：明细表"对话框，如图 3-6-28 所示。在此对话框中可以对表格各部分样式进行设置。

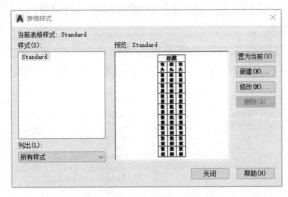

图 3-6-26　表格样式

图 3-6-27　创建新的表格样式

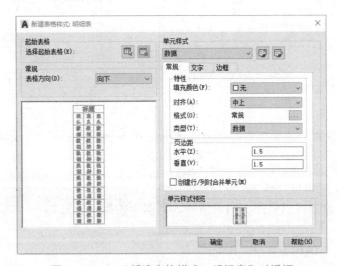

图 3-6-28　"新建表格样式：明细表"对话框

1）起始表格

使用"起始表格"图标  可以在图形中指定一个表格用作样例来设置新表格样式的格式。选择表格后，可以指定要从该表格复制到表格样式的结构和内容。使用"删除表格"图标，可以将表格从当前指定的表格样式中删除。

2）常规

表格方向：用于设置表格的方向，可以直接从下拉列表中选择"向上"或者"向下"。"向上"创建由下而上读取的表格；"向下"创建由上而下读取的表格。选择后在左下角预览区可以看到当前表格设置效果。

3）单元样式

用于建立新的单元样式或者管理现有单元样式。软件默认的单元样式有"标题""表头"和"数据"。

（1）常规选项卡：如图 3-6-29 所示，"特性"选项组用于指定"填充颜色""对齐方式""格式"和"类型"。"页边距"选项组中，"水平"用于指定单元格中文字与左右单元边界之间的"距离"；"垂直"用于指定单元格中文字与上下单元边界之间的"距离"。

（2）文字选项卡：如图 3-6-30 所示，"特性"选项组用于设置当前单元样式的"文字样式""文字高度""文字颜色"和"文字角度"。

（3）边框选项卡：如图 3-6-31 所示，"特性"选项组用于设置表格边框的线宽、线型、颜色等。此时默认的表格内外边框特性取决于当前使用的图层，如果需要设置成当前图层。

图 3-6-29 "常规"选项卡

图 3-6-30 "文字"选项卡

不同的特性，设置后需要单击其下方的边框选项 ，将新设置的特性用于所选的边框。

2. 插入表格

利用"表格"命令可以将空白的表格插入到图形的指定位置。

【执行命令】

命令行：输入"TABLE"→"Enter"。

● 菜单栏："绘图"→"表格"。

图 3-6-31　"边框"选项卡

- 功能区:"默认"选项卡→"注释"面板→"表格"按钮▦。
- "注释"选项卡→"表格"面板→"表格"按钮▦。
- 命令缩写:TABLE。

【操作步骤】

命令行输入"TABLE",调用"表格"命令,弹出"插入表格"对话框,如图 3-6-32 所示。

1)表格样式

用于指定要插入表格的样式,可以从下拉列表中选择已创建的表格样式,也可以创建新的表格样式。

2)插入选项

(1)从新表格开始:用于插入手动输入数据的空表格。

(2)自数据链接:用于插入含有电子表格数据的表格。

(3)自图形中的对象数据(数据提取):选择此项,将启动"数据提取向导"。

3)插入方式

(1)指定插入点:用于指定表格左上角的位置。可以使用定点设备,也可以在命令提示下输入坐标值。如果表格样式将表格的方向设定为由下而上读取,则插入点位于表格的左下角。

(2)指定窗口:用于指定表格的大小和位置。可以使用定点设备,也可以在命令提示下输入坐标值。选定此选项时,行数、列数、列宽和行高取决于窗口的大小以及列和行设置。

4) 列和行设置

用于指定表格中列和行的设置。

5) 设置单元样式

用于指定表格中行的单元样式。

(1)第一行单元样式:用于指定表格中第一行的单元样式。默认情况下使用"标题"单元样式,即表格的第一行为标题行。可以根据实际需求,在下拉列表中选择,调整第一行为"表头"或"数据"单元样式。

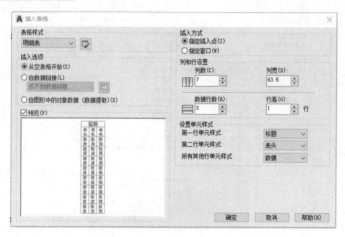

图 3-6-32 "插入表格"对话框

（2）第二行单元样式：用于指定表格中第二行的单元样式。默认情况下使用"表头"单元样式，即表格的第二行为表头行。可以根据实际需求，在下拉列表中选择，调整第二行为"标题"或"数据"单元样式。

（3）所有其他行单元样式：用于指定表格中所有其他行的单元样式。默认情况下使用"数据"单元样式，即从表格的第三行开始，均为数据行。可以根据实际需求，在下拉列表中选择，调整其他数据行均为"标题"或"表头"单元样式。

3. 编辑表格

编辑表格，包含修改表格的外观、行数、列数、单元格行高、列宽、单元格合并等。

1）利用"表格单元"编辑表格

单击表格中任意单元格，功能区显示"表格单元"选项卡，如图 3-6-33 所示。

图 3-6-33 "表格单元"选项卡

在"表格单元"选项卡中，包含"行""列""合并""单元样式""单元格式""插入""数据"七个面板。

（1）行：用于插入和删除"行"，与 Office 中相关内容的操作方式基本相同，不再赘述。

（2）列：用于插入和删除"列"，与 Office 中相关内容的操作方式基本相同，不再赘述。

（3）合并：用于"合并单元"或"删除合并单元"，"合并单元"时，框选要合并的单元格，然后单击"合并单元"，按需求选择"合并全部""按行合并"或"按列合并"即可。

（4）单元样式：可以匹配单元特性、调整对齐方式、修改表格样式、编辑边框等，操作方式与 Office 基本相同，不再赘述。

（5）单元格式："单元锁定"可以解锁或锁定"单元格式""单元内容"或"格式内容均锁定"，如图 3-6-34 所示。锁定后，"单元格式""单元内容"等不可以修改；通过"数据格式"下拉列表可以修改单元格式为"角度""货币""日期"等，与 Office 中相关内容的操作方式基本相同，不再赘述。

（6）插入：用于在表格单元中插入"图块""字段""公式"。

（7）数据："链接单元"用于在表格单元中的数据与 Microsoft Excel 文件中的数据之间建立链接；"从源下载"用于从源文件下载更改数据。

图 3－6－34
"单元格式"面板

2）利用"特性"选项板编辑表格

（1）选择整个"表格"或者单击表格边框，然后单击鼠标右键，选择"特性"，弹出表格"特性"选项板，"特性"选项板中显示"表格"所有特性，如图 3－6－35 所示，根据要求编辑相应内容即可。

（2）选择表格中要编辑的"单元格"，单击鼠标右键，选择"特性"，弹出表格"特性"选项板。此时，"特性"选项板将显示选中"单元格"所有特性，如图 3－6－36 所示。根据要求编辑表格"线型""线宽""行数""列数""行高""列宽"等特性即可。

图 3－6－35　表格"特性"

图 3－6－36　单元格"特性"

3）利用"夹点"命令编辑表格（"夹点"详见相关知识 3.6.4）

（1）选择整个"表格"或者单击表格边框，表格上将出现多个"夹点"，每个夹点功能不同，将鼠标放在某个"夹点"上，将显示相应"夹点"的功能。表格各"夹点"功能如图 3－6－37 所示。"Ctrl＋列夹点"用于加宽或缩小相邻列，与此同时，整个表格将被加宽或缩小。

（2）单击表格中的"单元格"，该"单元格"四周将出现"夹点"，选中并拖动夹点，可以加宽或缩小单元格的行高或列宽。与此同时，整个表格将被加宽或缩小。

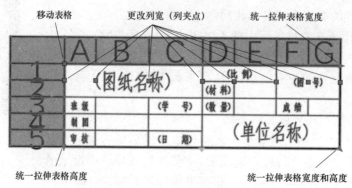

图 3-6-37　表格各夹点功能

3.6.4　夹点

当图形对象被选中时，在图形上会显示出多个小方块，小方块即为夹点。

夹点是可以控制图形对象位置、大小的关键点。如直线，其中心点可以控制位置，而两个端点可以控制其长度和位置，所以直线有三个夹点。

将鼠标放置于夹点上，便可显示该夹点可实现的功能，如图 3-6-38 所示，根据实际需求选择即可。

使用夹点编辑图形，便捷高效，在实际工作中被工程师们广泛使用。

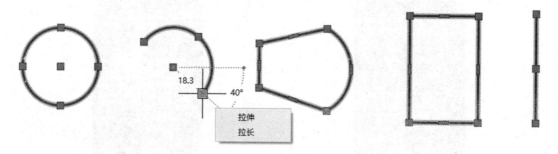

图 3-6-38　图形对象夹点及夹点功能显示

任务 3.7　绘制阶梯轴图样

【任务描述】

调用已创建的"AutoCAD2020-A4-S-B.dwt"样板文件，正确选择图层，按尺寸绘制阶梯轴图样；按图 3-7-1 所示要求完成图样线性尺寸标注和倒角标注；插入带属性的粗糙度符号图块，完成轴表面粗糙度标注，并按要求命名保存。

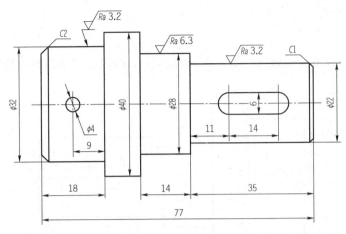

图 3-7-1　价梯轴

【任务要求】

1. 正确选择图层，按尺寸绘制阶梯轴图样；

2. 创建、修改尺寸标注样式，完成图样尺寸标注；

3. 设置引线样式，完成倒角标注；

4. 绘制粗糙度符号，创建带属性的内部图块，完成阶梯轴表面粗糙度的标注；

5. 图样绘制及标注完成后，将其保存在"学号+姓名"的文件夹中，并将文件命名为"3-T-7绘制阶梯轴图样.dwg"；

6. 使用"在命令提示行输入命令"的形式调用绘图、编辑命令，注重"功能键"和"组合键"的使用，提高绘图效率。

【学习内容】

1. 多重引线的设置即应用；

2. 创建内部块、外部块；

3. 图块的插入；

4. 创建带属性图块，编辑图块属性。

任务实施

一、绘图方式及步骤

（1）按尺寸要求绘制上述图例。该图为轴类零件主视图，关于轴线对称，因此可先绘制一半图形，然后对其进行镜像。最后进行内部销孔和键槽的绘制。

（2）尺寸标注：

① 修改尺寸标注样式，完成尺寸标注。

② 设置引线标注样式，完成倒角处引线标注。

③ 绘制粗糙度符号，创建粗糙度块，完成粗糙度标注。

（3）检查并调整图线和标注。

二、任务图形绘制

调用"AutoCAD2020-A4-S-B.dwt"样板文件，按尺寸要求绘制阶梯轴，如图3-7-2所示。

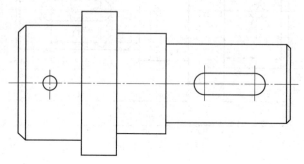

图 3-7-2　绘制阶梯轴

三、任务图形尺寸标注

工匠精神的培养

工匠精神是指追求卓越的创造精神、精益求精的品质精神、用户至上的服务精神，是职业能力、道德及品格的集中体现。工匠精神需要从业者不仅具有高超的技艺和精湛的技能，更要有严谨、细致、专注和负责的工作态度，以及对职业的认同感、责任感、荣誉感和使命感，它主要表现在执着专注、作风严谨、精益求精、敬业守信和推陈出新五个方面。

我们在走入工作岗位之前，就应该进行工匠精神的培养，要在学习中就养成追求严谨细致、精益求精、超越自我的工匠精神。例如绘制本任务中的机械零件图——阶梯轴，在绘制图形过程中要注意线型、线宽的设置和选用；在标注尺寸时应遵守国家标准相关规定，要注意尺寸清晰完整，做到不遗漏、不重复。这样在进入实际工作岗位后才可使上下游的工作伙伴更容易看清楚零部件的结构和尺寸，节省识图时间，使得相互之间的工作配合愉快融洽。

（1）选择"机械图样标注"标注样式，并标注基本尺寸。标注完成后，使用"打断"命令，在尺寸数字处将点画线打断，避免与轴直径标注的尺寸数字重叠，如图3-7-3所示。

（2）设置引线标注样式，完成倒角处引线标注。

1. 设置引线标注样式。

（1）选择"注释"选项卡后，将会看到"引线"面板，如图3-7-4所示。单击该面板右下角箭头（或命令提示行输入"MLEADERSTYLE"），将会弹出"多重引线样式管理器"窗口，如图3-7-5所示。

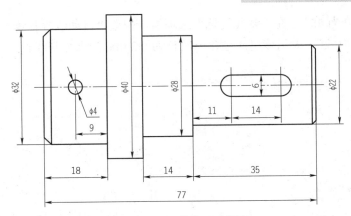

图 3-7-3　基本尺寸标注

图 3-7-4　引线面板

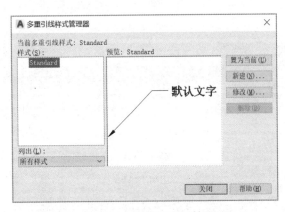

图 3-7-5　多重引线样式管理器

（2）单击"新建"，弹出"创建新多重引线样式"窗口，如图 3-7-6 所示，更改新样式名为"倒角标注"，以"Standard"作为基础样式，单击"继续"，弹出"修改多重引线样式：倒角标注"窗口。

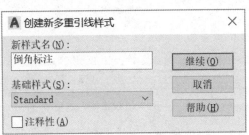

图 3-7-6　创建新多重引线样式

（3）选择"引线格式"选项卡，如图 3-7-7 所示，按图示进行修改，在"箭头"选项组下，设置箭头符号为"无"，即该引线没有箭头。

（4）选择"引线结构"选项卡，设置如图 3-7-8 所示。在"约束"选项组，勾选"最大引线点数"并设置值为"2"，即只绘制一段引线。勾选"第一段角度"并设置值为"45"，即引线的倾斜角度为45°。在"基线设置"选项组,勾选"自动包含基线"和"设置基线距离"并设置值为"0.2",表示该引线包含一段长为 0.2 mm 的水平基线。

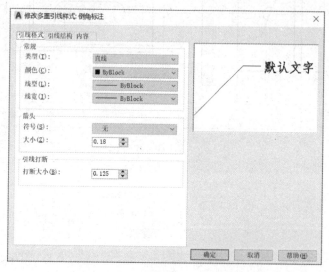

图 3-7-7 "引线格式"选项卡

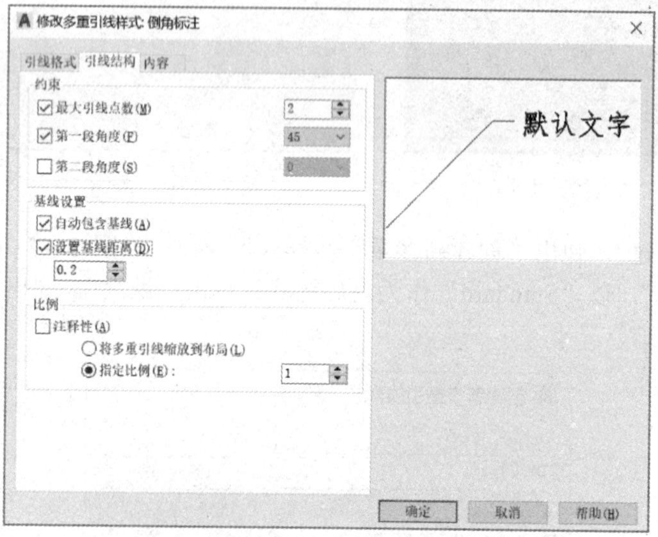

图 3-7-8 "引线结构"选项卡

(5) 选择"内容"选项卡,设置如图 3-7-9 所示。"多重引线类型"选择"多行文字"。"文字选项"选项组,"文字样式"选项选择"工程字",单击右边的 ··· 按钮,在"文字样式"中设置"高度"为"3",与前边设置的尺寸数字的高度一致。"引线连接"选项组,选择"水平连接","链接位置-左""连接位置-右"都选择"最后一行加下划线"。

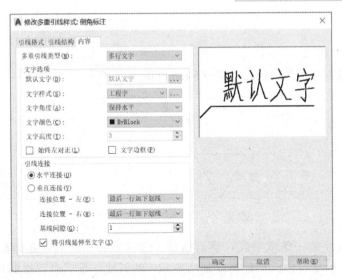

图 3-7-9　"内容"选项卡

以上设置完成后，单击"确定"。

2. 倒角处引线标注。

将图层切换至"尺寸标注"层，在"注释"选项卡的"引线"面板完成倒角处的引线标注，如图 3-7-10 所示。

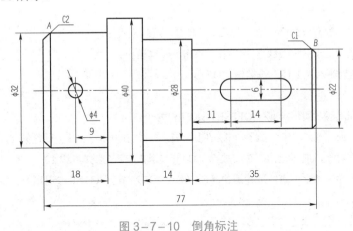

图 3-7-10　倒角标注

具体操作步骤如下：

命令：_mleader（在"注释"面板下单击"多重引线"或命令提示行输入"MLD"）
指定引线箭头的位置或 [引线基线优先（L）/内容优先（C）/选项（O）] <选项>：（单击点"A"）
指定引线基线的位置：（指定位置并输入"C2"，然后单击"关闭文字编辑器"）
命令：_mleader（单击"空格"重复上一命令）
指定引线箭头的位置或 [引线基线优先（L）/内容优先（C）/选项（O）] <选项>：（单击点"B"）
指定引线基线的位置：（指定位置并输入"C1"，然后单击"关闭文字编辑器"）

3. 粗糙度标注

1）绘制粗糙度符号

通过查阅机械制图相关规定，字高 2.5 mm 的粗糙度符号尺寸如图 3－7－11 所示。

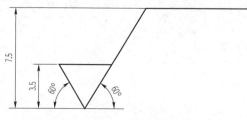

图 3－7－11　粗糙度符号尺寸

绘图思路：先绘制一条水平线，然后通过"偏移"命令绘制两条距离该水平线分别为 3.5 mm 和 7.5 mm 的平行线，然后再绘制两条 60° 的斜线，最后进行修剪和删除得到该粗糙度符号。

具体操作步骤如下：

（1）通过"偏移"命令绘制平行线，如图 3－7－12 所示。

命令：L（选择"尺寸标注"图层，键盘输入"直线"快捷键"L"）

LINE

指定第一个点：（任意指定一点）

指定下一点或［放弃（U）］：20（光标水平向右，绘制直线1）

指定下一点或［退出（E）/放弃（U）］：（单击 Esc 键退出）

命令：O（键盘输入"偏移"快捷键"O"）

OFFSET

当前设置：删除源=否图层=源　OFFSETGAPTYPE=0

指定偏移距离或［通过（T）/删除（E）/图层（L）］＜8.0000＞：3.5（设置偏移距离）

选择要偏移的对象，或［退出（E）/放弃（U）］＜退出＞：（选择直线1）

指定要偏移的那一侧上的点，或［退出（E）/多个（M）/放弃（U）］＜退出＞：（单击直线1的上方，绘制直线2）

选择要偏移的对象，或［退出（E）/放弃（U）］＜退出＞：（单击空格键退出）

命令：OFFSET（单击空格键执行上一条命令）

当前设置：删除源=否图层=源　OFFSETGAPTYPE=0

指定偏移距离或［通过（T）/删除（E）/图层（L）］＜3.5000＞：7.5（设置偏移距离）

选择要偏移的对象，或［退出（E）/放弃（U）］＜退出＞：（选择直线1）

指定要偏移的那一侧上的点，或［退出（E）/多个（M）/放弃（U）］＜退出＞：（单击直线1的上方，绘制直线3）

选择要偏移的对象，或［退出（E）/放弃（U）］＜退出＞：（单击 Esc 键退出）

2）绘制斜线，如图 3－7－13 所示。

图 3-7-12 绘制平行线

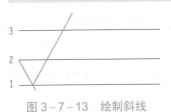

图 3-7-13 绘制斜线

命令：L（键盘输入"直线"快捷键"L"）

LINE

指定第一个点：（单击直线 2 的左端点）

指定下一点或 [放弃（U）]：60（单击 Tab 键切换到角度，输入角度"60"）

指定下一点或 [退出（E）/放弃（U）]：（单击空格键退出命令）

命令：LINE（单击空格键执行上一条命令）

指定第一个点：（单击刚绘制直线与直线 1 的交点）

指定下一点或 [放弃（U）]：60（单击 Tab 键切换到角度，输入角度"60"）

指定下一点或 [退出（E）/放弃（U）]：（单击 Esc 键退出）

（3）修剪线条 3 上方的斜线部分和左方横线部分、线条 2 右方横线部分、线条 1 下方斜线部分，然后删除线条 1，调整右端横线长度，如图 3-7-14 所示。

图 3-7-14 修剪删除

2）创建粗糙度块

在"默认"选项卡下，"块"面板如图 3-7-15 所示。

(a)

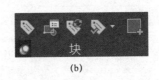

(b)

图 3-7-15 默认选项卡的块面板

(a) 展开前；(b) 展开后的扩充部分

（1）定义块的属性。

因粗糙度 Ra 的值有 3.2 μm 和 6.3 μm 两种，所以需创建带属性的块，使块所携带的文字可变化。在创建块之前需先定义属性，展开"默认"选项卡的块面板，单击"定义属性"图标 （或命令提示行输入"定义属性"快捷键"ATT"），弹出如图 3-7-16 所示"属性定义"窗口。

"模式"选择"锁定位置"，即锁定该块参照中的文字的位置。"插入点"勾选"在屏幕上指定"。"属性"选项组中标记填"Ra"，"提示"填入"请输入粗糙度值"，"默认"填入"3.2"作为该粗糙度的默认值。"文字设置"中"对正"选择"左对齐"，"文字样式"选择"工程字"，其余无须更改，单击"确定"按钮。此时命令栏会提示"指定起点："，单击图 3-7-14 绘制的粗糙度符号右端横线下方靠左位置，如图 3-7-17 所示，可通过夹点的编辑进行相对位置的调整。

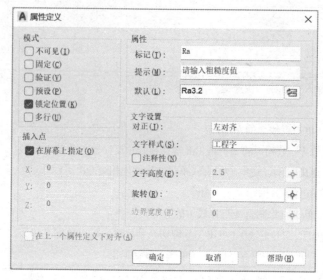

图 3-7-16 "属性定义"窗口

（2）创建块。

属性定义完成后，即可进行块的创建。在"默认"选项卡的块面板，单击"创建"图标![icon]（或命令提示行输入"创建块"快捷键"B"），弹出如图 3-7-18 所示"块定义"窗口。

图 3-7-17 "属性"与粗糙度符号相对位置

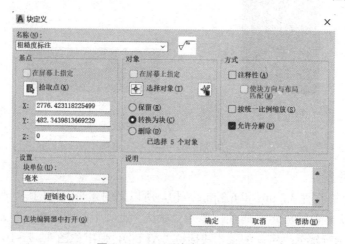

图 3-7-18 "块定义"窗口

名称命名为"粗糙度标注"。"基点"选项组中选择拾取点，然后单击粗糙度符号下方顶点，如图 3-7-19 所示。"对象"选项组，单击选择对象左边图标，拾取粗糙度符号及文字后，单击空格确认返回"块定义"窗口，勾选转换为块，单击"确定"按钮。弹出"编

图 3-7-19 拾取块的基点

辑属性"窗口，如图 3-7-20 所示，单击"确定"按钮，得到默认粗糙度为"Ra3.2"的粗糙度符号，如图 3-7-21 所示。

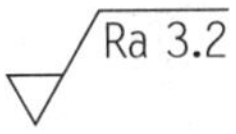

$\sqrt{\text{Ra 3.2}}$

图 3-7-21　默认值为 3.2 μm 的粗糙度符号

（3）插入粗糙度标注块。

块创建完成后，即可进行块的插入。在"默认"选项卡的块面板，单击"插入"图标▨（或在命令提示行输入"插入块"快捷键"I"），选择创建好的粗糙度符号，根据命令栏提示"指定插入点"，单击任务图中右端直径为 22 mm 的轴上方的转向轮廓线的适当位置，然后在弹出的"编辑属性"窗口直接单击"确定"即可，即完成标注。同样的操作完成直径为 32 mm 的轴段的粗糙度标注。标注直径 28 mm 的轴段时，因粗糙度值为 $Ra6.3$ μm，

图 3-7-20　"编辑属性"窗口

所以在弹出"编辑属性"窗口时，应先修改粗糙度数值为 Ra6.3，其余操作均一样，这里不在赘述。完成的粗糙度标注如图 3-7-22 所示。

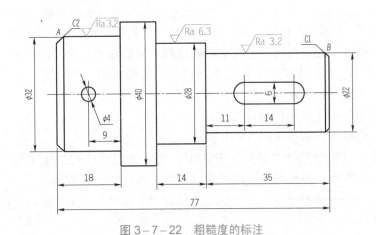

图 3-7-22　粗糙度的标注

四、检查调整及保存

使用夹点的编辑调整点画线的长度，调整各尺寸位置使图像整洁明了。最后按要求保存图样，任务完成。

3.7.1　多重引线样式管理器

【执行命令】

- 命令行：输入"MLEADERSTYLE"→"Enter"。
- 菜单栏："格式"→"多重引线样式"。
- 功能区："默认"选项卡→"注释"面板→"多重引线样式管理器"按钮 。
  "注释"选项卡→"引线"面板→右下角小箭头 。

【操作步骤】

（1）打开"多重引线样式管理器"，如图 3-7-5 所示。

（2）以"Standard"样式为基本样式，新建样式并命名，如图 3-7-6 所示。

（3）单击"继续"进入"修改多重引线样式"。

①"引线格式"选项卡，如图 3-7-7 所示。

常规：设置引线类型（直线、样条曲线、无 3 种类型）以及引线颜色、线性和线宽。

箭头：设置箭头的符号形状和大小。

引线打断：设置打断引线标注时的折断间距。

②　"引线结构"选项卡，如图 3-7-8 所示。

约束：设置引线的点数和角度。"最大引线点数"决定引线的段数，系统默认为"2"，即仅绘制一段引线。"第一段角度"和"第二段角度"是用来控制引线角度的。

基线设置：设置引线是否自动包含水平基线和水平基线的长度。若勾选了"自动包含基线"，在设置"最大引线点数"时，就会有一段水平基线占据一个点数。勾选"设置基线距离"即可设置水平基线的长度。

比例：设置引线标注对象的缩放比例。

③"内容"选项卡，如图 3-7-9 所示。

此选项卡中，首先需选择"多重引线类型"，用于决定引线的注释性内容类型，有多行文字、块、无 3 种类型，分别对应不同的窗口内容。现分别进行说明。

a. 多重引线类型-多行文字：这个选项下包含两个选项组"文字选项"和"引线连接"，如图 3-7-9 所示。

"文字选项"选项组：可设置注释文字的默认文字内容、文字样式、文字角度、文字颜色、文字高度，以及文字是否始终左对齐、是否有边框。

"引线连接"选项组：包含"水平连接"和"垂直连接"两种方式。

水平连接指将引线放在多行文字的左侧或右侧，每侧各有 9 种情况，现以引线在文字左侧即"连接位置-左"为例进行说明，如图 3-7-23 所示。

垂直连接指将引线放在多行文字的上侧或下侧，每侧各有 2 种情况，现以引线在文字下侧即"连接位置-下"为例进行说明，如图 3-7-24 所示。

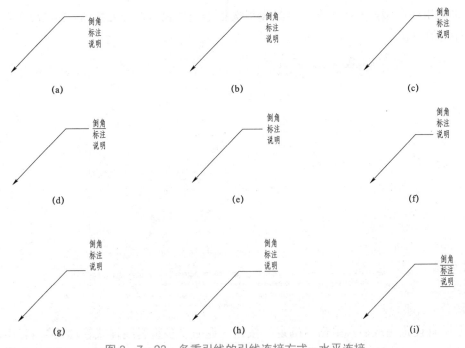

图 3-7-23　多重引线的引线连接方式-水平连接

（a）第一行顶部；（b）第一行中间；（c）第一行底部；（d）第一行加下划线；（e）文字中间；（f）最后一行中间；
（g）最后一行底部；（h）最后一行加下划线；（i）所有文字加下划线

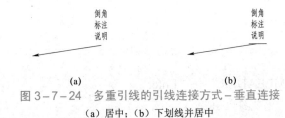

图 3-7-24　多重引线的引线连接方式-垂直连接

（a）居中；（b）下划线并居中

基线间隙指基线与文字之间的距离。

b. 多重引线类型-块：当多重引线类型选择"块"时，对应如图 3-7-25 所示窗口，可对"块选项"选项组进行设置。可进行块类型、块附着到引线的方式以及块的颜色和比例等相关设置。

图 3-7-25　多重引线类型-块

c. 多重引线类型-无：当多重引线类型选择"无"时，对应如图 3-7-26 所示窗口，无须进行其他设置。

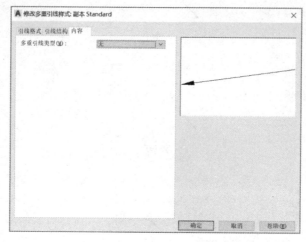

图 3-7-26　多重引线类型-无

以上所有设置完成后，单击"确定"按钮，返回"多重引线样式管理器"，若还需进行修改，可单击"修改"按钮，重复以上步骤，若无须修改，单击"关闭"即完成多重引线样式的设置。

3.7.2　多重引线的标注

【执行命令】

- 命令行：输入"MLEADER"→"Enter"。
- 菜单栏："标注"→"多重引线"。
- 功能区："默认"选项卡→"注释"面板→"多重引线"按钮 。
  "注释"选项卡→"引线"面板→"多重引线"按钮 。
- 命令缩写：MLD。

【操作步骤】

（1）选择"多重引线"命令后，命令栏提示"指定引线箭头的位置或［引线基线优先（L）/内容优先（C）/选项（O）］＜选项＞："，软件默认箭头位置优先，可输入"L"选择引线基线优先，即先指定引线位置；也可输入"C"选择内容优先，即先确定注释文字的位置。

（2）多重引线标注完成后，还可以在"引线面板"对现有引线进行编辑操作，添加引线、删除引线、对齐引线、合并引线等。

3.7.3　图块的创建（内部块、外部块）

图块是一个或多个对象的组合，是一个整体。对于绘图中遇到的相同元素，如粗糙度符号，可将其定义为一个块，在需要的位置插入，还可以给块定义属性，在插入时更改一些信息。

1. 创建块（内部块）

因使用该命令创建的块只保存在当前的图形文件中，所以又称为内部块。

【执行命令】

- 命令行：输入"BLOCK"→"Enter"。
- 菜单栏："绘图"→"块"→"创建"。
- 功能区："默认"选项卡→"块"面板→"创建"按钮 。
  "插入"选项卡→"块定义"面板→"创建块"按钮 。
- 命令缩写：B。

【操作步骤】

执行上述操作后，系统会弹出"块定义"窗口，如图 3-7-18 所示。可在该窗口定义块名称、确定基点位置、确定组成块的对象等操作，设置完成后即可创建块，现分别说明。

（1）名称：用于输入或选择块的名称。

（2）基点：用于确定块的插入点，可直接输入点的坐标；也可通过拾取点的方式来确定基点。单击"拾取点"按钮 ，然后在绘图区中选取插入基点的位置。

（3）对象：用于选择构成块的对象，以及创建块之后如何处理这些对象。单击"选择对象"按钮 ，然后在绘图区中选择构成块的对象，选好后单击空格键返回"块定义"对话框。也可通过单击旁边"快速选择"按钮 ，弹出如图 3-7-27 所示的"快速选择"窗口，进行快速过滤来选择满足要求的目标。

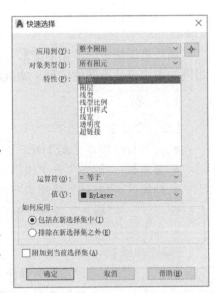

图 3-7-27　块定义中的
"快速选择"窗口

"保留""转换为块"和"删除"是创建完块后对源对象进行的处理。

选择"保留"后表示在创建图块后，所选图形对象仍保留且属性不变。选择"转换为块"表示在创建图块后，所选图形对象也转换为块，变成一个整体。选择"删除"表示在创建图块后，所选图形对象将被删除。

（4）方式：用于块的方式设置。

"注释性"选框用来指定是否将块设置为注释性对象。"按统一比例缩放"用来确定对象是否在 X、Y、Z 三个方向按统一比例进行缩放。"允许分解"用来确定块是否可被分解。

（5）设置：用于指定的插入单位以及将块和某个超链接相关联。

2. 写块（外部块）

因通过该方式定义的图块能够以图形文件的形式单独保存起来，然后可以插入其他图形文件中，所以又称为外部块。

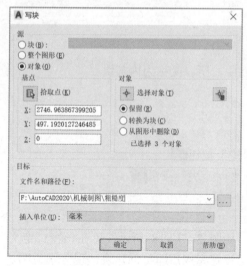

图 3-7-28 "写块" 窗口

【执行命令】
- 命令行：输入"WBLOCK"→"Enter"。
- 功能区："插入"选项卡→"块定义"面板→"写块" ■。
- 命令缩写：W。

【操作步骤】

执行上述操作后，系统会弹出"写块"窗口，如图 3-7-28 所示。可在该窗口定义名称、确定基点位置、确定组成块的对象等操作，即可创建块，现分别说明。

（1）源：用于确定外部块的来源，包括"块""整个图形"和"对象"三种方式。

选择"块"选项，即可以通过已创建的内部块来创建外部块。选择"整个图形"，即将当前绘图区的所有元素作为一个图块保存。选择"对象"跟创建内部块的方式类似，通过确定基点和选择图形对象来创建。

（2）目标：用于确定块的名称和保存路径，以及插入单位。

3.7.4　带属性图块的创建

属性是图块中的非图形信息，对块添加属性后，在插入图块时，输入不同的文字，可使相同的图块表达不同的信息，如例题中粗糙度符号的属性设置。

1. 定义属性

【执行命令】
- 命令行：输入"ATTDEF"→"Enter"。
- 菜单栏："绘图"→"块"→"定义属性"。
- 功能区："默认"选项卡→"块"面板→"定义属性"按钮 ■。

　　　　　　"插入"选项卡→"块定义"面板→"定义属性"按钮 ■。
- 命令缩写：ATT。

【操作步骤】

执行上述操作后，系统会弹出"属性定义"窗口，如图 3-7-16 所示。可在该窗口确定模式和插入点、设置属性和文字等，现分别说明。

（1）模式：用于设置属性的模式。

"不可见"选框表示插入块时是否显示或打印属性值。"固定"选框表示插入块时是否赋予属性固定的值。"验证"选框表示插入块时提示验证属性值是否正确。"预设"选框表示插入预置属性值的块时是否将默认值设为该属性的值。"锁定文字"选框表示是否锁定块中属性的位置，若未锁定，可通过夹点的编辑单独移动属性。"多行"选框表示属性是否包含多行文字。

（2）插入点：用于确定属性值的插入点，通常勾选"在屏幕上指定"。

（3）属性：用于设置属性的数据。

"标记"用于指定标识属性的名称。"提示"用于在插入包含该属性的块时在窗口中显示的提示信息。"默认"用于输入属性的默认值。

（4）文字设置：设置属性文字的对齐方式、文字样式、文字高度、旋转角度等。

2. 创建带属性的块

属性定义完成后，单击"确定"按钮，在绘图区确定属性位置后，即可进行带属性的块的创建。按照"3.7.3 图块的创建"知识点的操作流程，可以创建带属性的内部块或外部块，只要在选择对象时连属性一起选上即可。

3. 编辑图块属性

【执行命令】

- 命令行：输入"EATTEDIT"→"Enter"。
- 菜单栏："修改"→"对象"→"属性"→"单个"。
- 功能区："默认"选项卡→"块"面板→"编辑属性"按钮 。
  　　　　"插入"选项卡→"块"面板→"编辑属性"按钮 。

【操作步骤】

执行上述操作后，单击需要修改的块对象（也可先单击需要修改的块对象，再调用命令），系统会弹出"增强属性编辑器"窗口，该窗口包含属性、文字选项和特性三个选项卡，如图 3-7-29～图 3-7-31 所示。

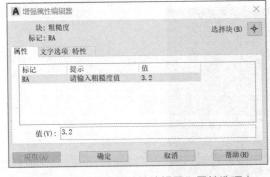
图 3-7-29　"增强属性编辑器"属性选项卡

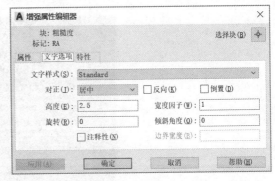
图 3-7-30　"增强属性编辑器"文字选项选项卡

（1）"属性"选项卡：用于修改图块属性的值。

（2）"文字选项"选项卡：用于修改属性文字的样式、对齐方式、文字高度、旋转角度、宽度因子和倾斜角度等。

（3）"特性"选项卡：用于设置属性文字的图层以及线型、颜色、线宽等。

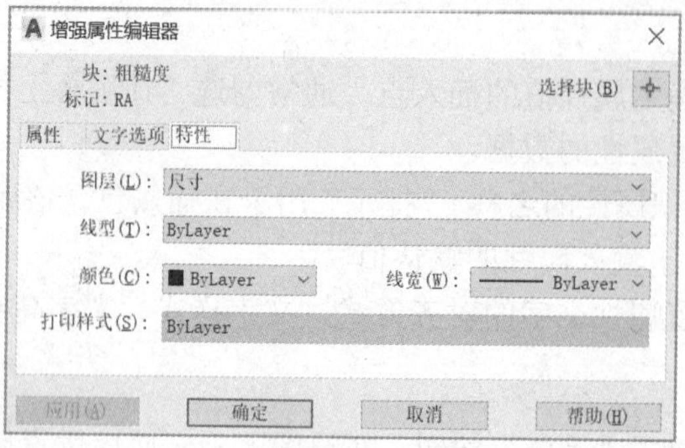

图 3-7-31 "增强属性编辑器"特性选项卡

3.7.5 插入块

【执行命令】

- 命令行：输入"INSERT"→"Enter"。
- 菜单栏："插入"→"块选项版"。
- 功能区："默认"选项卡→"块"面板→"插入"按钮 。
  "插入"选项卡→"块"面板→"插入"按钮 。
- 命令缩写：I。

【操作步骤】

当在功能区执行上述操作后，可直接在扩展面板中选择已经定义的块，然后确定基点位置和属性文字即完成块的插入。

当使用快捷键或命令行或菜单栏的方式调用命令时，系统将弹出"插入块"窗口，如图 3-7-32 所示。可在该窗口选择要插入的块，并进行比例、旋转等特性的设置。

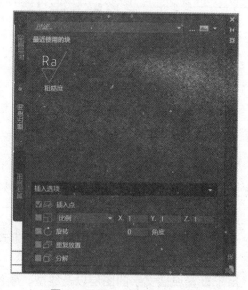

图 3-7-32 "插入块"窗口

项目总结

　　本项目通过七个任务的实施，主要讲解了 AutoCAD 2020 软件主要编辑命令的使用、文字表格及尺寸标注样式的创建及使用、图块的创建及使用等，具体知识、能力及素质培养目标及知识点详见表 3－1，此处不再赘述。任务实施过程中，着重培养学生的绘图识图分析能力、使用键盘输入调用命令以提高绘图效率的岗位能力以及专业严谨一丝不苟的工匠精神。

拓展训练

　　1. 综合利用绘图和编辑命令绘制图形，如图 3－E－1～图 3－E－7 所示。

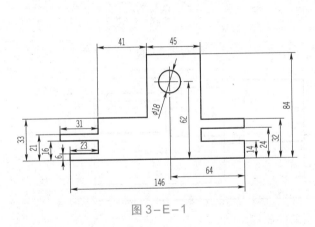

图 3－E－1

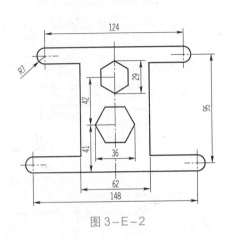

图 3－E－2

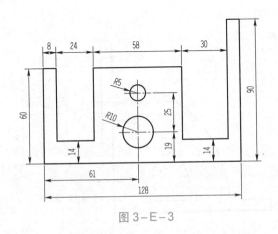

图 3－E－3

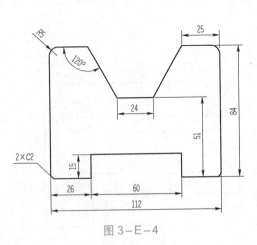

图 3－E－4

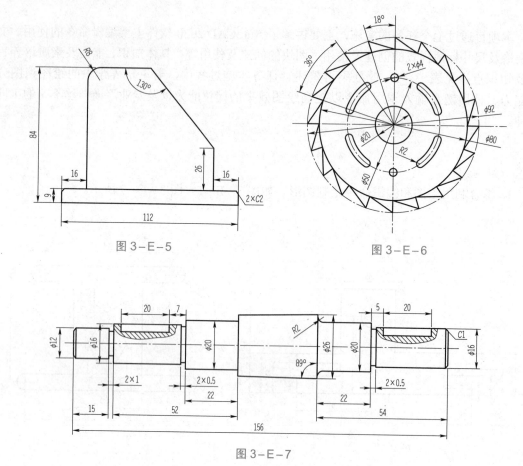

图 3-E-5

图 3-E-6

图 3-E-7

2. 完成下列图形尺寸标注，如图 3-E-8～图 3-E-10 所示。

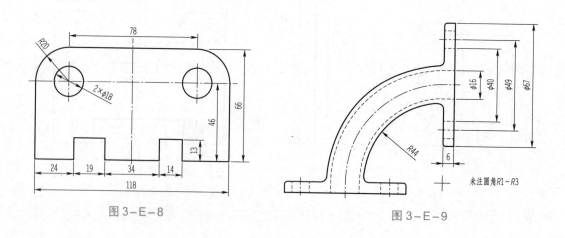

图 3-E-8

图 3-E-9

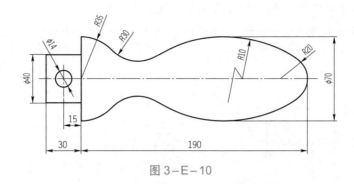

图3-E-10

3. 根据图3-E-11尺寸完成电气制图标题栏表格创建及文字填充。

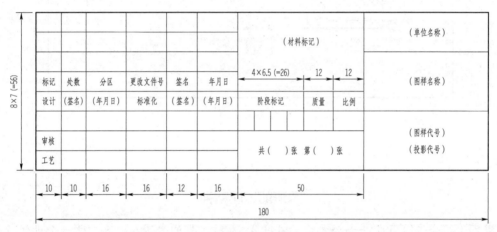

图3-E-11

4. 创建制作如图3-E-12所示明细表。

12	FU	熔断器		1	
11	KA7	中间继电器		1	
10	KA1-KA6	中间继电器		6	
9	FR1 FR3	热继电器		2	
8	KM1 KM2 KM3	接触器		3	
7	Q2	空气开关		1	
6	Q1	断路器		1	
5	GD YD RD	指示灯		5	
4	SBS	停止按钮		1	
3	SB	启动按钮		1	
2	SBE	急停按钮		1	
1	FC302	变频器		1	
序　号	文字符号	名　称	型号规格	数　量	备　注

图3-E-12

5. 完成图 3－E－13 所示尺寸标注及文字填充。

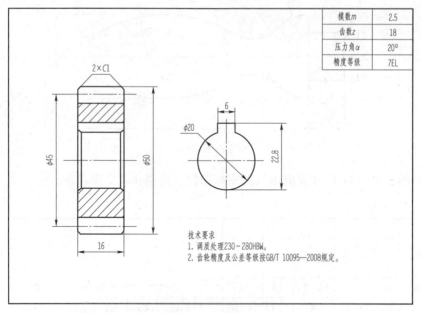

模数m	2.5
齿数z	18
压力角α	20°
精度等级	7EL

技术要求
1. 调质处理230～280HBW。
2. 齿轮精度及公差等级按GB/T 10095—2008规定。

图 3－E－13

鲁班的工匠精神

鲁班（约公元前507年—公元前444年），春秋时期的鲁国人，出身于一个世代工匠的家庭，姬姓，公输氏，字依智，名班，人称公输盘、公输般、班输，尊称公输子，惯称"鲁班"。鲁班从小就跟着家里人参加一些土木建筑工程劳动，逐渐掌握了生产劳动的技能，积累了丰富的实践经验。

根据《事物绀珠》《物原》《古史考》等一些古籍记载，木工使用的不少工具器械都是由鲁班创造的，如曲尺（也叫矩或鲁班尺），又如墨斗、刨子、钻子、锯子等工具传说也都是他发明的。这些木工工具的发明使当时工匠们从原始繁重的劳动中解放出来，劳动效率成倍提高，土木工艺出现了崭新的面貌。后来人们为了纪念这位名师巨匠，把他尊为中国土木工匠的始祖。

因为年代久远，许多发明创造等历史事件无从考证，所以关于鲁班的一些发明创造和故事也都是一些传说。而关于鲁班发明和创造的小故事，实际上是中国古代劳动人民发明创造的故事，人们把古代劳动人民的集体创造和发明也都集中到他的身上，所以鲁班这个名字其实已经成为古代劳动人民智慧的象征。

例如我们现在常用到的锯子传说也是鲁班发明的。据说有一次鲁班进深山砍树，不小心脚下一滑，手被一种野草的叶子划破了，渗出血来，他摘下叶片轻轻一摸，原来叶子两边长着锋利的齿，他用这些密密的小齿在手背上轻轻一划，居然割开了一道口子。于是鲁班从这件事上得到了启发。他想，如果做出这样齿状的工具，不就可以很快地锯断树木了吗？然后他经过多次试验，终于发明了锋利的锯子，大大提高了工效。

但是依考古学家的发现，居住在中国地区的人类早在新石器时代就会加工和使用带齿的石镰和蚌镰，这些都是锯子的雏形。而在鲁班出生前数百年的周朝，已有人使用铜锯，"锯"字也早已出现。

所以我们所说的鲁班的工匠精神，也并不单单是指鲁班个人的工匠精神，而是指从古至今一代代的炎黄子孙开拓进取、精益求精、勇于创新的精神。从四大发明到丝绸之路，再到郑和下西洋，无不体现着我们的工匠精神，正是因为有了各行各业的"工匠"追求着精益求精，才使得华夏文明延续至今。

参考网址：https://baike.baidu.com/item/%E9%B2%81%E7%8F%AD/346165？fr＝aladdin

项目四　某 GTQ-1 型管子台虎钳零件图及装配图识读与绘制

项目说明及任务划分

　　管子台虎钳，又叫管子压力钳、龙门钳，是常用的管道工具，用于夹稳金属管，进行铰制螺纹、切断及连接管子等作业。

　　本项目要求利用 AutoCAD 软件平台，灵活运用其绘图和编辑命令，完成"某 GTQ-1 型管子台虎钳零件图及装配图"绘制。通过项目实施，加强零件图及装配图的识读能力，进一步熟练软件命令的使用方法和技巧，强化"键盘输入命令"的命令调用形式，有效提高绘图速度与效率。

　　本项目共划分为以下 7 个任务：

　　任务 4.1　创建机械制图样版文件

　　任务 4.2　绘制螺杆零件图

　　任务 4.3　绘制螺母零件图

　　任务 4.4　绘制手柄杆零件图

　　任务 4.5　绘制滑块零件图

　　任务 4.6　绘制钳座零件图

　　任务 4.7　绘制装配图

项目实施

任务 4.1　创建机械制图样板文件

【任务描述】

　　设置 A3 图纸横向放置的图形界限，合理设置图层，绘制图纸幅面、图框和标题栏，并保存为样板文件"A3 横向机械图.dwt"。

【任务实施】

　　（1）新建 AutoCAD 文件，设置绘图环境。

具体操作过程参照任务 3.6。

（2）绘制标题栏。

参照国家机械制图标题栏标准（GB/T 10609.1—2008），绘制标题栏（180 mm×56 mm），并完成文字注释（字高 5 mm），如图 4-1-1 所示。

						Q235			（单位名称）		
标记	处数	分区	更改文件号	签名	年月日						
设计	（签名）	（年月日）	标准化	（签名）	（年月日）	阶段标记	重量	比例	螺杆		
审核								1:1	A-04		
工艺			批准			共 张 第 张					

图 4-1-1　标题栏

任务 4.2　绘制螺杆零件图

【任务描述】

调用"A3 横向机械图"样板文件，合理设置绘图环境，根据图 4-2-1 所示尺寸，按照 2:1 比例绘制螺杆零件图，并以"螺杆"命名保存。

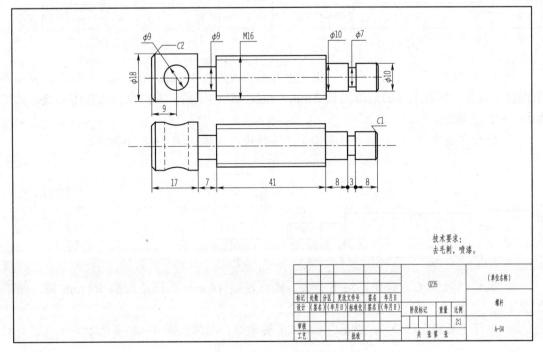

图 4-2-1　螺杆零件图

【任务实施】

（1）调用样板文件"A3 横向机械图"。

（2）分析任务图形，先绘制螺杆上半部分，后使用镜像命令（MI）绘制出下半部分，最后完成尺寸标注。

（3）绘制螺杆上半部分，结果如图 4—2—2 所示。

图 4—2—2　绘制螺杆

① 将图层设置为中心线，执行"直线"（L）命令，在适当位置绘制长度 200 mm 的中心线，将图层设置为粗实线，执行"直线"（L）命令向上绘制 18 mm 的直线，继续直线命令向右绘制 34 mm 的直线，继续直线命令向下连接中心线，继续直线命令向上选取 9 mm 向右绘制 14 mm 的直线，继续直线命令向下连接中心线，继续直线命令向上绘制长 16 mm 的直线，继续直线命令向右绘制长 82 mm 的直线，向下连接中心线。继续直线命令向上选取 10 mm 向右绘制长 16 mm 的直线，向下连接中心线，向上选取 7 mm 向右绘制长 6 mm 的直线，向下连接中心线，继续直线命令向上选取 10 mm 向右绘制长 16 mm 的直线，最后连接中心线，如图 4—2—3 所示。

② 执行"偏移"（O）命令将长为 82 mm 的直线向下偏移 2.4 mm，并将偏移后的直线图层改为细直线，如图 4—2—4 所示。

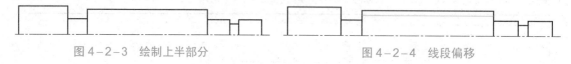

图 4—2—3　绘制上半部分　　　　　　　　图 4—2—4　线段偏移

③ 执行"倒角"（CHA）命令，将左上方的角改为长 4 mm、角度 45° 的倒角，并由倒角连接中心线，将右上方的角改为长 2 mm、角度 45° 的倒角，并由倒角连接中心线，结果如图 4—2—5 所示。

④ 执行"镜像"（MI）命令绘制出下半零件图，结果如图 4—2—6 所示。

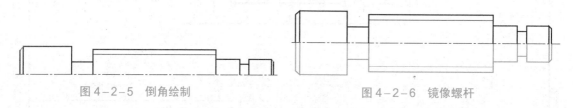

图 4—2—5　倒角绘制　　　　　　　　　　图 4—2—6　镜像螺杆

⑤ 执行"圆"（C）命令，沿中心线，距离左端 18 mm 为圆心绘制 R9 mm 圆，结果如图 4—2—7 所示。

⑥ 执行"复制"（CO）、"圆弧"（ARC）等命令，结果如图 4—2—8 所示。

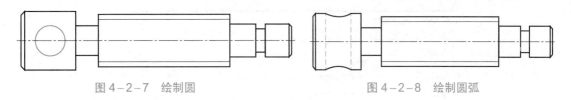

图 4-2-7　绘制圆　　　　　　　　　　　图 4-2-8　绘制圆弧

（4）螺杆尺寸标注。

① 设置尺寸标注样式。

创建"机械标注"样式，或在命令行键盘输入"D"并单击空格键，打开标注样式管理器，如图 4-2-9 所示，在机械标注样式下新建适合本图形的尺寸标注样式。

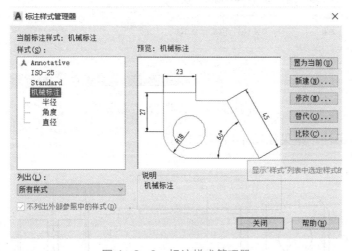

图 4-2-9　标注样式管理器

② 修改"文字"和"线"的参数，如图 4-2-10 和图 4-2-11 所示。

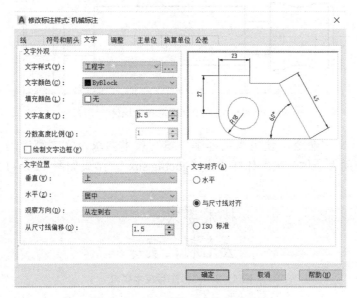

图 4-2-10　修改"文字"选项卡

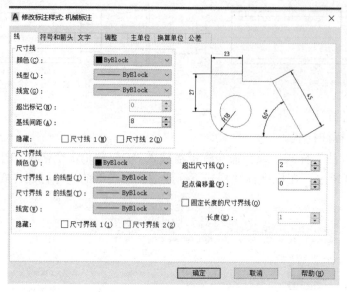

图 4-2-11　修改"线"选项卡

③ 图形尺寸标注，结果如图 4-1-12 所示。

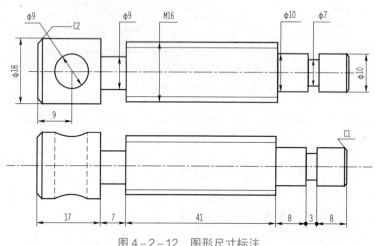

图 4-2-12　图形尺寸标注

④ 执行多行文字命令，使用"工程字"填写技术要求，文字高度为 5 mm，字体为"gbenor.shx"，使用大字体，大字体样式为"gbcbig.shx"，结果如图 4-2-13 所示。

技术要求:
去毛刺，喷漆

图 4-2-13　注写技术要求

任务 4.3 绘制螺母零件图

【任务描述】

调用"A3 横向机械图"样板文件，合理设置绘图环境，根据图 4-3-1 所示尺寸，按照 4:1 比例绘制螺母零件图，并以"螺母"命名保存。

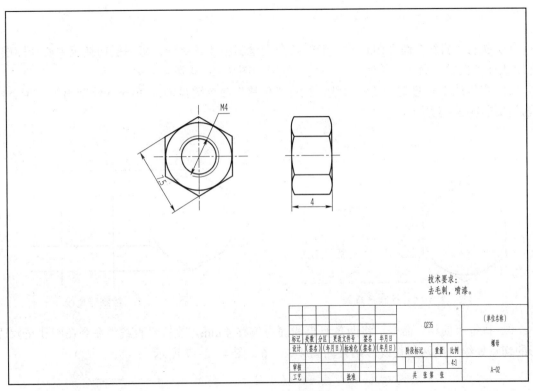

图 4-3-1 螺母零件图

【任务实施】

（1）调用样板文件"A3 横向机械图"。

（2）分析任务图形，绘制零件，最后完成尺寸标注。

（3）绘制螺母图形。

① 选择粗实线图层，执行"圆"和"多边形"命令绘制一个 $R24\ \text{mm}$ 的内切圆六边形，结果如图 4-3-2 所示。

② 执行"旋转"命令将正六边形旋转 $30°$，结果如图 4-3-3 所示。

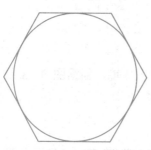

图4-3-2 绘制六边形

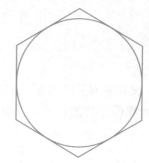

图4-3-3 旋转正六边形

③ 执行"直线"命令由正六边形的四个点绘制出4条直线，将图层切换至中心线图层，再次执行"直线"命令，绘制出中心线，结果如图4-3-4所示。

④ 在直线中心绘制一条竖直线，执行"偏移"命令键盘输入30 mm绘制出第二条竖直线，如图4-3-5所示。

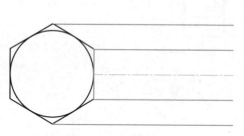

图4-3-4 绘制横直线

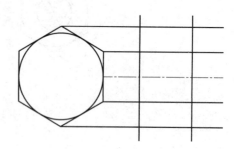

图4-3-5 绘制竖直线

⑤ 执行"偏移"命令，将两条竖直线向内偏移4 mm，执行"直线"命令在圆和正六边形的切点处绘制出两条直线，结果如图4-3-6、图4-3-7所示。

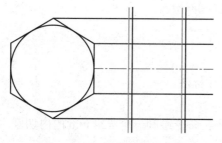

图4-3-6 偏移内部竖直线

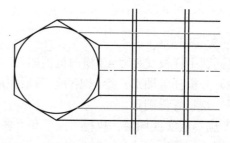

图4-3-7 绘制切点处直线

⑥ 执行"圆弧"命令绘制出六条圆弧，执行"删除"命令删除内部竖直线，如图4-3-8、图4-3-9所示。

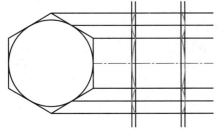

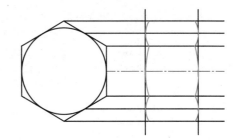

图 4-3-8 绘制圆弧   图 4-3-9 删除内部竖直线

⑦ 执行"修剪"命令修剪掉多余的线，如图 4-3-10 所示。

⑧ 利用 CAD 工具箱导出螺母正视图，如图 4-3-11 所示。

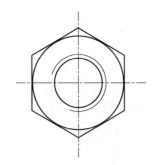

图 4-3-10 绘制螺母侧视图   图 4-3-11 导出螺母正视图

（4）螺母侧视图尺寸标注。

① 调用机械标注样式。单击菜单栏→标注→标注样式→修改，结果如图 4-3-12、图 4-3-13 所示。

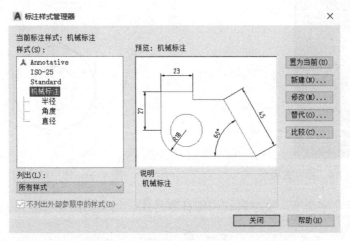

图 4-3-12 "修改机械标注"选项卡

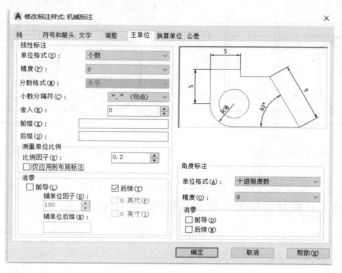

图 4-3-13 "尺寸标注"选项卡

② 将图层改为"尺寸标注",在工具栏选择"线性""角度"等标注尺寸,对图形进行尺寸标注,结果如图 4-3-14、图 4-3-15 所示。

图 4-3-14 标注选项卡

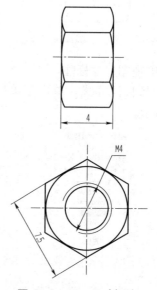

图 4-3-15 尺寸标注

③ 执行多行文字命令,文字样式同螺杆零件图,结果如图 4-3-16 所示。

技术要求:
去毛刺,喷漆。

图 4-3-16 注写技术要求

任务 4.4　绘制手柄杆零件图

【任务描述】

调用"A3 横向机械图"样板文件，合理设置绘图环境，根据图 4-4-1 所示尺寸，按照 2:1 比例绘制手柄杆零件图，并以"手柄杆"命名保存。

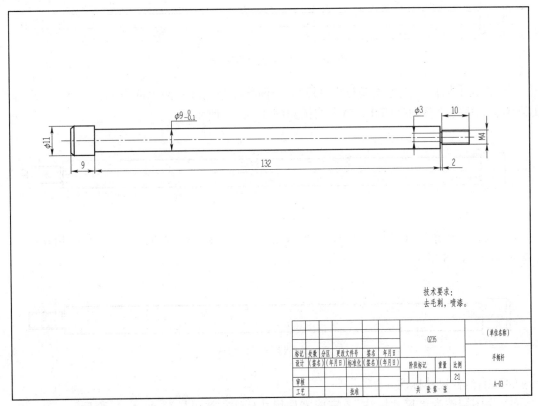

图 4-4-1　手柄杆零件图

【任务实施】

（1）调用样板文件"A3 横向机械图"。

（2）分析任务图形，应先绘制手柄杆上半部分，后执行"镜像"（MI）命令绘制出下半部分，最后完成尺寸标注。

（3）绘制手柄杆图形。

① 单击键盘"F8"键，打开正交模式，适当位置绘制中心线、使用"直线"（L）命令向上绘制 11 mm 的直线，继续直线命令向右绘制 18 mm 的直线，向下连接中心线。从中心线向上选取 9 mm 并向右绘制 264 mm 的直线，向下连接中心线。从中心线向上选取 3 mm 向右绘制 4 mm 的直线并连接中心线。执行"偏移"（O）选择最左端线段向右偏移 306 mm 并水平连接竖直为 4 mm 的直线，从中心线向上选取 14 mm 继续直线命令连接右侧直线。执

行"修剪"（TR）命令删除多余线段。绘制手柄杆上半部分，结果如图 4-4-2 所示。

图 4-4-2　绘制手柄杆上端

② 执行"镜像"（MI）命令选择中心线为镜像线作绘制手柄杆，结果如图 4-4-3 所示。

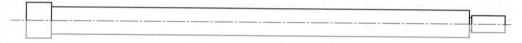

图 4-4-3　镜像手柄杆上端

③ 绘制手柄杆，执行"偏移"（O）命令偏移中心线分别向上向下偏移 1 mm，选择细实线图层，执行"修剪"（TR）命令结果如图 4-4-4 所示。

图 4-4-4　绘制右端螺纹小径

④ 执行"倒角"（CHA）命令，绘制长 2 mm、角度 45° 倒角，并由倒角处相互连接，结果如图 4-4-5 所示。

图 4-4-5　绘制倒角

（4）手柄杆尺寸标注。

① 将图层改为"尺寸标注"，完成零件尺寸标注，结果如图 4-4-6 所示。

图 4-4-6　手柄杆线性尺寸标注

② 编辑 $\phi 9$ mm 进行尺寸堆叠标注，堆叠后单击鼠标右键选择堆叠特性，将"上""下"分别设置，结果如图 4-4-7～图 4-4-9 所示。

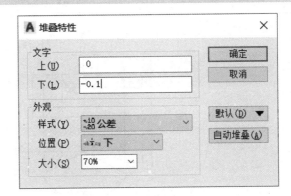

图 4-4-7 尺寸标注堆叠   图 4-4-8 堆叠选项卡

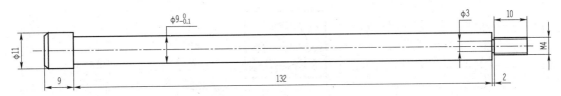

图 4-4-9 堆叠尺寸标注

③ 执行多行文字命令，使用"工程字"填写技术要求，结果如图 4-4-10 所示。

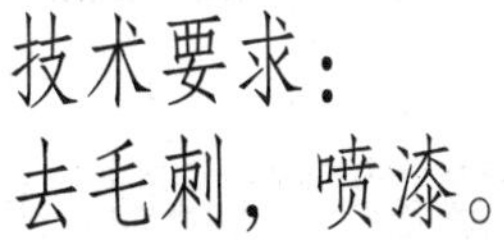

技术要求：
去毛刺，喷漆。

图 4-4-10 注写技术要求

任务 4.5 绘制滑块零件图

【任务描述】

调用"A3 横向机械图"样板文件，合理设置绘图环境，根据图 4-5-1 所示尺寸，按照 2:1 比例绘制滑块零件图，并以"滑块"命名保存。

【任务实施】

（1）调用样板文件"A3 横向机械图"。

（2）分析任务图形，先绘制零件主视图，后绘制俯视图，最后完成尺寸标注。

（3）绘制滑块图形。

① 在合适位置使用直线命令（L）绘制长为 60 mm 的横直线，切换至中心线图层，从此直线的中心点处向下绘制一条中心线，再由这条直线的左和右端点处向下分别竖直绘制长为 66 mm 的两条竖直线。在中心线上绘制端点距离横直线 58 mm 的开口向下的角度为 120°的两条斜线，依次连接两侧竖直线和斜线的下断点，结果如图 4-5-2 所示。

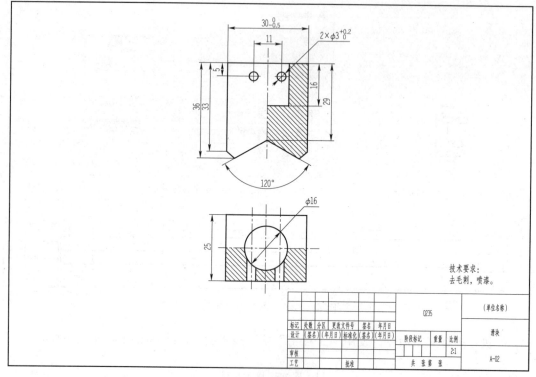

图 4-5-1 滑块零件图

② 在距离中心线 10.5 mm 的横直线上向下绘制一条 10 mm 的竖直线，在竖直线顶端绘制一个直径为 2 mm 的圆，再通过"镜像"命令，以中心线为镜像点，复制出右侧圆，结果如图 4-5-3 所示。

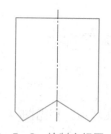

图 4-5-2 绘制主视图

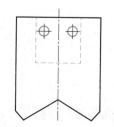

图 4-5-3 绘制图内圆

③ 对应主视图尺寸绘制俯视图形，根据主视图通孔向下绘制出 2 条辅助线，执行"修剪"命令修剪掉多余线段，并用半剖的方式表示，工具栏选择中 ANS131 填充图案，并填充图形，如图 4-5-4、图 4-5-5 所示。

图 4-5-4 填充选项卡

（4）滑块尺寸标注。

① 完成线性尺寸标注、堆叠尺寸标注及角度尺寸标注，结果如图 4－5－6 所示。

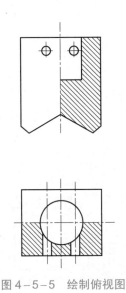

图 4－5－5　绘制俯视图 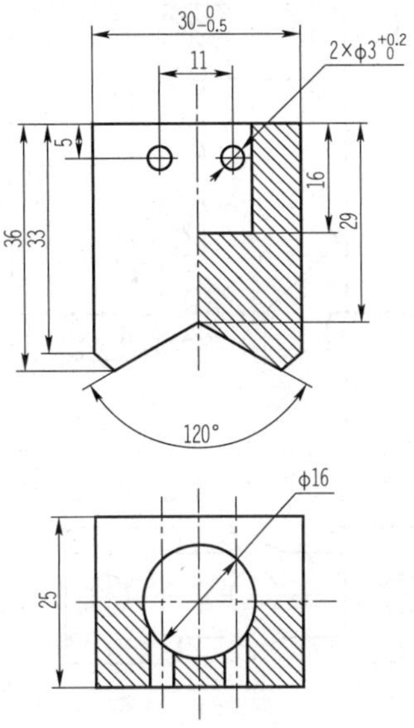　　　　　　图 4－5－6　线性尺寸标注

② 执行多行文字命令，填写技术要求，结果如图 4－5－7 所示。

技术要求：
去毛刺，喷漆。

图 4－5－7　填写技术要求

任务 4.6　绘制钳座零件图

【任务描述】

调用"A3 横向机械图"样板文件，合理设置绘图环境，根据图 4－6－1 所示尺寸，按照 1:1 比例绘制钳座零件图，并以"钳座"命名保存。

【任务实施】

（1）调用样板文件"A3 横向机械图"。

（2）分析任务图形，依次绘制钳座主视图内部图形、俯视图、左视图，最后完成尺寸标注。

（3）绘制钳座图形。

① 执行"直线""偏移""镜像""修剪"等命令绘制钳座主视图，结果如图 4－6－2 所示。

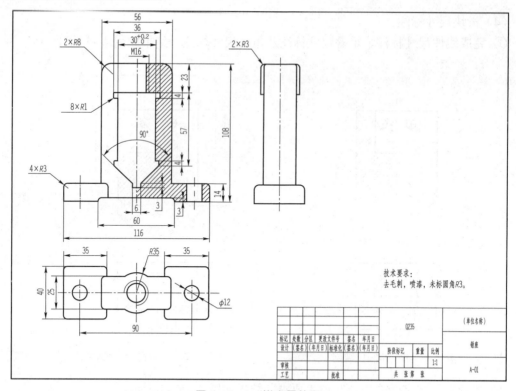

图 4-6-1　钳座零件图

技术要求：
去毛刺，喷漆，未标圆角R3。

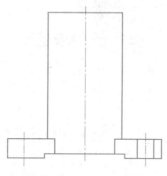

图 4-6-2　绘制主视图

② 绘制钳座内部的图形，结果如图 4-6-3 所示。

③ 执行"圆角"（F）命令，分别绘制 R3 mm 圆角、R8 mm 圆角，结果如图 4-6-4 所示。

④ 根据主视图绘制钳座俯视图，根据主视图绘制俯视图中心线，由主视图左侧对齐执行"矩形"（rec）命令绘制长 40 mm、宽 35 mm 的矩形，执行"镜像"（MI）命令以主视图竖直中心线为镜像点向右镜像，并绘制横向中心线。在主视图底座上方左边框向下绘制辅助线，绘制在横向中心线上且长为 25 mm 的直线，执行"镜像"（MI）命令向右镜像出相同直线，并连接两条竖直线成为矩形，如图 4-6-5 所示。绘制 R3 mm 圆角，结果如图 4-6-6 所示。执行"圆"（C）命令，以中心线交点为圆心，绘制 R15 mm 的圆。执行"修剪"（TR）命令修剪多余部分。结果如图 4-6-7 所示。

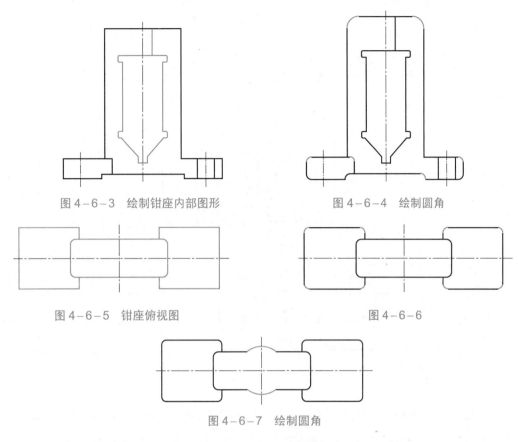

图 4-6-3　绘制钳座内部图形　　　　　图 4-6-4　绘制圆角

图 4-6-5　钳座俯视图　　　　　　　　图 4-6-6

图 4-6-7　绘制圆角

⑤ 绘制钳座俯视图和钳座剩余部分，并执行"图案填充"命令绘制钳座主视图为半剖，结果如图 4-6-8 所示。

⑥ 根据主视图与俯视图绘制左视图，结果如图 4-6-9 所示。

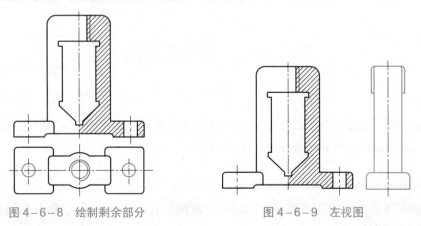

图 4-6-8　绘制剩余部分　　　　　　　图 4-6-9　左视图

（4）钳座尺寸标注。

① 完成线性尺寸标注、角度尺寸标注、半径尺寸标注、堆叠尺寸标注等，结果如图 4-6-10 所示。

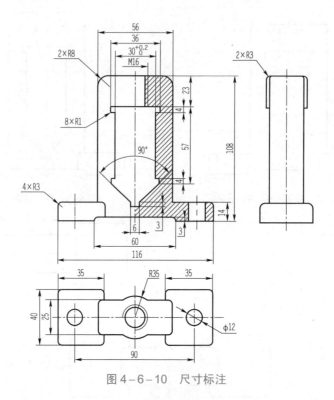

图 4-6-10   尺寸标注

② 执行多行文字命令，使用"工程字"填写技术要求，结果如图 4-6-11 所示。

技术要求：
去毛刺，喷漆，未标圆角R3。

图 4-6-11   注写技术要求

任务 4.7   绘制装配图

【任务描述】

调用"A3 横向机械图"样板文件，合理设置绘图环境，根据图 4-7-1 所示尺寸，按照 1:1 比例绘制装配图，并以"装配图"命名保存。

【任务实施】

（1）调用样板文件"A3 横向机械图"。

（2）分析任务图形，依次"移动""旋转""装配"各零件，最后完成尺寸标注。

（3）绘制装配图。

① 将所有绘制完毕零件复制到同一平面中，执行"缩放"（sc）命令，选择螺母键盘输出比例因子 0.25，选择螺杆键盘输入比例因子 0.5，选择滑块键盘输入比例因子 0.5，选择手柄杆键盘输入比例因子 0.5，结果如图 4-7-2 所示。关闭图层选项卡，如图 4-7-3 所示。

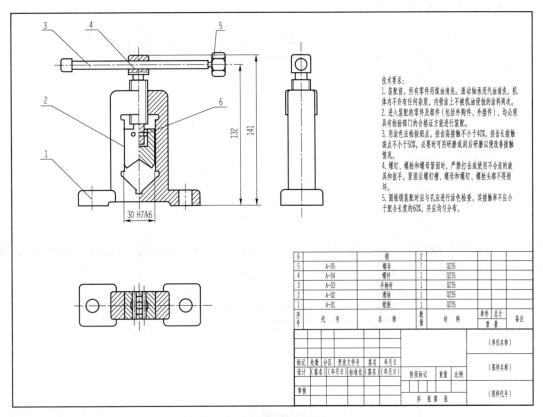

技术要求：
1. 装配前，所有零件用煤油清洗。滚动轴承用汽油清洗，机体内不许有任何杂质，内壁涂上不被机油侵蚀的涂料两次。
2. 进入装配的零件及部件（包括外购件、外接件），均必须具有检验部门的合格证方能进行装配。
3. 用涂色法检验斑点，按齿高接触不小于40%，按齿长接触斑点不小于50%，必要时可用研磨或刮后研磨以便改善接触情况。
4. 螺钉、螺栓和螺母紧固时，严禁打击或使用不合适的旋具和扳手。紧固后螺钉槽、螺母和螺栓、螺钉头都不得损坏。
5. 圆锥销装配时应与孔应进行涂色检查，其接触率不应小于配合长度的60%，并应均匀分布。

6		销	2					
5	A-05	螺母	1	Q235				
4	A-04	螺杆	1	Q235				
3	A-03	手柄杆	1	Q235				
2	A-02	滑块	1	Q235				
1	A-01	钳座	1	Q235				
序号	代　号	名　称	数量	材　料	单件 重量	总计 重量	备注	
							(单位名称)	
标记	处数	分区	更改文件号	签名	年月日			
设计	(签名)	(年月日)	标准化	(签名)	(年月日)	阶段标记	重量	比例
审核								(图样代号)

图 4-7-1　装配图

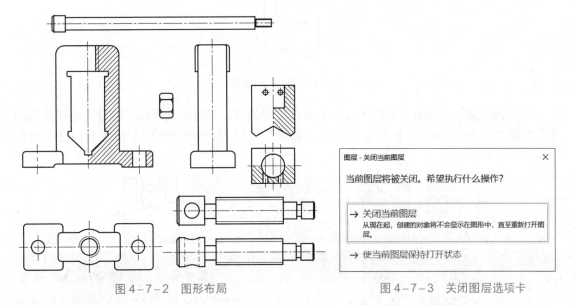

图 4-7-2　图形布局　　　　　图 4-7-3　关闭图层选项卡

图层 - 关闭当前图层　　　　　　　　　　　　×

当前图层将被关闭。希望执行什么操作？

→ 关闭当前图层
从现在起，创建的对象将不会显示在图形中，直至重新打开图层。

→ 使当前图层保持打开状态

　　② 将"螺母"和"螺杆"顺时针 90°旋转，执行"区域覆盖"命令选取手柄杆的中心部分，使此区域的绘图次序为后置。执行"移动"命令，将"螺母"和"手柄杆"移至"螺

杆"处，结果如图 4-7-4 所示。

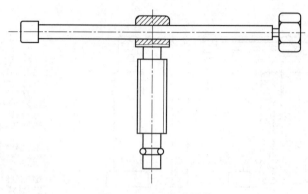

图 4-7-4　移动零件

③ 执行"区域覆盖"命令选中螺杆下方，选择绘图次序为后置，"移动"（M）命令将"滑块"移至"螺杆"下方，结果如图 4-7-5 所示。

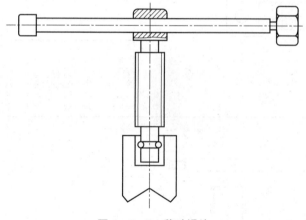

图 4-7-5　移动滑块

具体操作如下：执行"直线"（L）命令在指定位置向右绘制辅助线，将滑块主视图的圆紧贴辅助线，如图 4-7-6 所示。执行"移动"（M）命令将滑块向左移动至指定位置如图 4-7-7 所示。

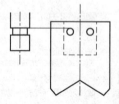

图 4-7-6　辅助线绘制　　　　　　图 4-7-7　移动滑块

④ 执行"区域覆盖"命令选中螺杆中间部分，执行"移动"命令组合图形移至"钳座"中，组合图在上"钳座"在下，在钳座主视图圆孔两侧加入剖切线，步骤如图 4-7-8～图 4-7-10 所示。

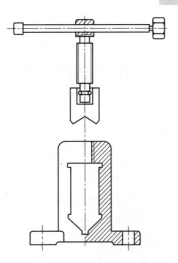

图 4-7-8　将组合图形移动至钳座正上方

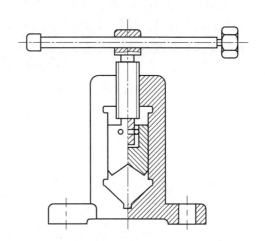

图 4-7-9　嵌入钳座

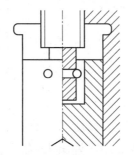

图 4-7-10　修剪钳座与螺杆相交线段

　　⑤ 执行"区域覆盖"命令选中钳座左视图，依次执行"旋转"（RO）命令，将"螺杆"顺时针旋转 90°，从螺杆顶端向右绘制一条辅助线与钳座左视图中心线对齐，将螺杆移动至辅助线终点位置后删除辅助线，结果如图 4-7-11 所示。

　　⑥ 修剪"钳座"，结果如图 4-7-12 所示。

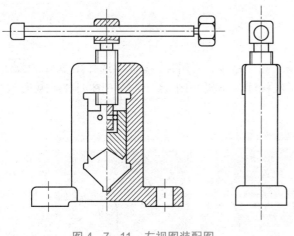

图 4-7-11　左视图装配图

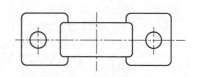

图 4-7-12　修剪俯视图

⑦ 修改钳座俯视图，依次执行"直线"（L）命令，沿主视图的 $R1$ mm 圆左、右象限竖直向下绘制两条直线，执行"修剪"（TR）命令修剪两条直线，执行"镜像"（MI）命令，将两条直线以中心线为镜像线进行镜像，执行"直线"（L）命令，竖直向下绘制两条辅助线，执行"镜像"（MI）命令，以中心线作为对称线绘制出右侧辅助线，最终删除辅助线，结果如图 4-7-13 所示，步骤如图 4-7-14 所示。

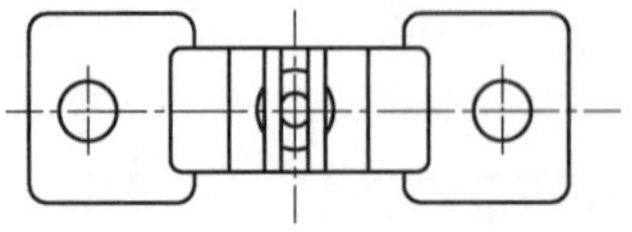

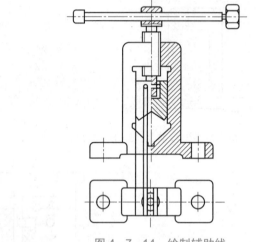

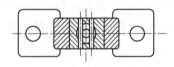

图 4-7-13　绘制俯视图

图 4-7-14　绘制辅助线

⑧ 设置图层为"剖面符号"，填充两边后重新选择并填充中间部分，在"特性"面板中将中间部分填充图案角度设置为 90°，结果如图 4-7-15 所示，"填充"选项卡如图 4-7-16 所示。

图 4-7-15　剖面填充

图 4-7-16　"填充"选项卡

（4）虎钳装配图尺寸标注。

① 完成尺寸标注。

② 关闭正交模式，执行"直线"与"圆"命令，"绘图"面板中选择图案填充▨▾，选择 SOLID 将小圆进行图案填充，采用引线标注，结果如图 4-7-17～图 4-7-19 所示。

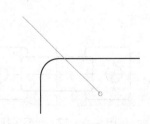

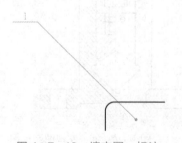

图 4-7-17　直线、圆绘制

图 4-7-18　填充圆、标注

图 4-7-19 剖面图形选项卡

③ 执行"复制"命令并修改文字，标注"1""2""3"竖直对齐，标注"3""4""5"水平对齐。

④ 在"标注"列表中选择"标注样式"，结果如图 4-7-20 所示。

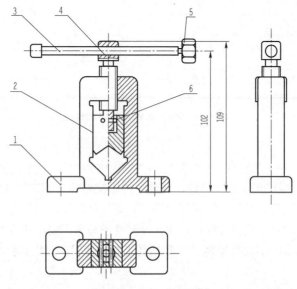

图 4-7-20 线性标注

⑤ 文字编辑标注"30 H7/k6"，结果如图 4-7-21 所示。

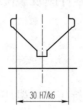

图 4-7-21 文字编辑

⑥ 执行多行文字命令，使用"工程字"填写技术要求，结果如图 4-7-22 所示。

技术要求:

1.装配前，所有零件用煤油清洗。滚动轴承用汽油清洗。机体内不许有任何杂质，内壁涂上不被机油侵蚀的涂料两次。

2.进入装配的零件及部件(包括外购件、外接件)，均必须具有检验部门的合格证方能进行装配。

3.用涂色法检验斑点，按齿高接触不小于40%，按齿长接触斑点不小于50%，必要时可用研磨或刮后研磨以便改善接触情况。

4.螺钉、螺栓和螺母紧固时，严禁打击或使用不合适的旋具和扳手。紧固后螺钉槽、螺母和螺钉、螺栓头部不得损坏。

5.圆锥销装配时应与孔应进行涂色检查，其接触率不应小于配合长度的60%，并应均匀分布。

图 4-7-22 填写技术要求

⑦ 绘制明细栏完成文字注释，结果如图 4-7-23 所示。

6		销	2			
5	A-05	螺母	1	Q235		
4	A-04	螺杆	1	Q235		
3	A-03	手柄杆	1	Q235		
2	A-02	滑块	1	Q235		
1	A-01	钳座	1	Q235		
序号	代 号	名 称	数量	材 料	单件 总计 重 量	备注

					（单位名称）
标记 处数 分区 更改文件号 签名 年月日					（图样名称）
设计	（签名）	（年月日）	标准化	（签名）（年月日）	阶段标记 重量 比例
审核					（图样代号）
工艺		批准		共 张 第 张	

图 4-7-23 明细栏及标题栏

项目总结

本项目借助 AutoCAD 2020 软件平台，创建了样版文件和外部图块（含带属性外部图块）、绘制了螺杆、螺母、手柄杆、滑块、钳座等零件图及管钳装配图，最终完成了"某 GTQ-1 型管子台虎钳装配图绘制"项目。项目实施过程中，绘制要求与生产实际和企业岗位需求相对接，强调键盘输入方式启动命令（即快捷键使用）和辅助工具的使用，以提高绘图效率和准确率。

拓展项目

机用台虎钳零件图及装配示意图绘制

项目说明及任务划分

机用台虎钳是钳工最常用的一种夹持工具。凿切、锯割、锉削以及许多其他钳工操作都是在台虎钳上进行的。

本项目要求利用 AutoCAD 软件平台，灵活运用其绘图和编辑命令，完成"机用台虎钳零件图及装配示意图"绘制。通过项目实施加强各绘图命令的使用方法和技巧训练，利用键盘输入快捷键调用绘图及编辑命令，有效提高绘图速度与效率（零件图详见配套资源）。

本项目共划分为以下 9 个任务：

（1）创建机械制图样版文件；

（2）绘制固定钳身零件图；

（3）绘制钳口板零件图；

（4）绘制圆螺钉零件图；

（5）绘制活动钳身零件图；

（6）绘制丝杠零件图；

（7）绘制丝杠螺母零件图；

（8）绘制垫圈零件图；

（9）绘制装配示意图，如图 4-E-1 所示。

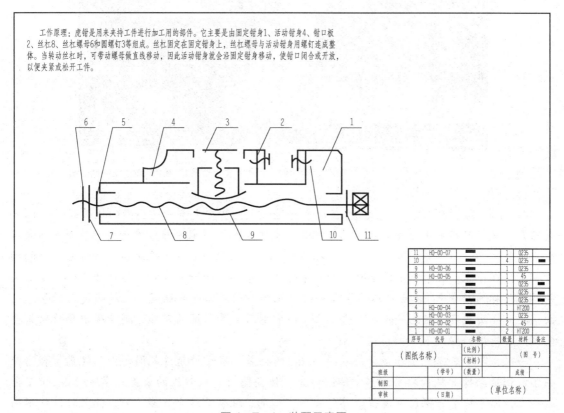

工作原理：虎钳是用来夹持工件进行加工用的部件。它主要是由固定钳身1、活动钳身4、钳口板2、丝杠8、丝杠螺母6和圆螺钉3等组成。丝杠固定在固定钳身上，丝杠螺母与活动钳用螺钉连成整体。当转动丝杠时，可带动螺母做直线移动，因此活动钳身就会沿固定钳身移动，使钳口闭合或开放，以便夹紧或松开工件。

11	HQ-00-07		1	Q235	
10	HQ-00-06		4	Q235	
9	HQ-00-06		1	Q235	
8	HQ-00-05		1	45	
7			1	Q235	
6			1	Q235	
5			1	Q235	
4	HQ-00-04		1	HT200	
3	HQ-00-03		1	Q235	
2	HQ-00-02		1	45	
1	HQ-00-01		2	HT200	
序号	代号	名称	数量	材料	备注

（图纸名称）	（比例）		（图 号）
	（材料）		
班级	（学号）	（数量）	成绩
制图			
审核		（日期）	（单位名称）

图 4-E-1 装配示意图

心细如发、精益求精—大国工匠李峰

2016 年 6 月 25 日 20 点，长征七号火箭在海南文昌航天发射中心首次升空。长征七号火箭是中国载人航天工程为发射货运飞船而研制的新一代运载火箭。一飞冲天，创造了中国航天史的多项第一。

2016 年 5 月，在长征七号火箭的总装车间里，数以万计的火箭零部件来自全国各地，它们在这里集结，经过严格的组合测试，然后被运送到海南文昌发射场组装。但有一个部件被特别处理，这就是长征七号火箭的惯性导航组合。

在航天科技集团九院的车间里，铣工李峰（图 4-E-2）正在工作，尽管此刻属于加班加点赶工，但他的每一个动作依然是从容不迫的。李峰加工的部件是火箭"惯组"中的加速度计。如果说"惯组"是长征七号的重中之重。那么，加速度计就是"惯组"的重中之重。在他的工作模式里，速度不是来自表面的急促紧迫，而源于每一个工作行为的准确有效。在他心里，精益求精已经成为一种信仰。

图 4-E-2　中国航天科技集团　李峰

（文字资源来自：https://www.jc35.com/news_people/detail/1128.html）

"惯导"器件中每减少 1 μm 的变形，就能缩小火箭在太空中几公里的轨道误差。1 μm 大约是头发丝直径的七十分之一，那是目前人类机械加工技术都难以靠近的精度。在高倍显微镜下手工精磨刀具是李峰的绝活。李峰磨制刀具时心细如发，探手轻柔，这时他所有的功力都汇聚在手上。看李峰借助 200 倍的放大镜手工磨刀才会让人明白，为什么在中文里工匠的技能被称为"手艺"。磨刀具的李峰，就用他那一双看似慢条斯理却又精巧灵动的手，一面拨轮，一面按刀，以无穷的耐心磨下去。与金刚石同等硬度的刀具逐渐呈现出李峰所需要的锐度和角度，这是真正的以柔克刚。

一次，李峰加工的加速度计存在着 5 μm 的公差，在设计允许范围之内已经属于合格产品了，但是李峰要从检验员这里拿回去返工，他要坚持自己心里的公差。李峰说道，"工匠这些人，都像缺了一根筋或者说是钻了牛角尖似的，就喜欢这个才能干好，什么时候你不用心你就干不好。"

工件铣削运行虽然是数控机床出力，但铣削精微处所用的刀具都需要李峰亲手打磨。刀具是决定加工精度的关键，李峰发现刃口上出现的小缺口导致了几微米的加工误差，必须加以精磨修整。

大国工匠李峰的感人故事、生动实践表明，只有那些热爱本职、脚踏实地、勤勤恳恳、兢兢业业、尽职尽责、精益求精的人，才可能成就一番事业，才可望拓展人生价值。

随着社会的发展，社会分工的精细化，人们对于各个专业的人才要求水平越来越高，而且对于机械类制图专业人才的培养需要更加精细，从而使得机械制图能够更好地应用到社会中。

因此，我们在今后的绘图、制图甚至学习、工作、生活等方方面面，始终践行工匠精神，以一丝不苟的态度对待每一件事，从细微之处严格要求自己，追求精益求精，不断提高自我核心竞争力，无论今后从事任何工作，在何种岗位，都以实现中国民族伟大复兴为己任，做到守土有责、守土担责。

项目五　某酒店供水水泵变频风机控制系统二次原理图识读与绘制

项目说明及任务划分

利用变频器调节水泵运行速度，实现水泵流量控制，以满足酒店一天中不同时段内，用水量不同的需求。

利用 AutoCAD 软件平台，灵活运用其绘图和编辑命令，创建电气工程图样板文件，创建并使用电气符号图块，绘制"某酒店供水水泵控制系统工程图"，完成文字注释，布局合理美观，结果如图 5-1 所示。

本项目共划分为以下 8 个任务：

任务 5.1　创建电气控制图样板文件

任务 5.2　绘制电气符号及创建带属性图块

任务 5.3　绘制主回路电气控制原理图

任务 5.4　绘制二次回路电气控制原理图

任务 5.5　绘制功能区

任务 5.6　绘制端子接线图

任务 5.7　绘制控制柜布局图

任务 5.8　绘制元器件明细表

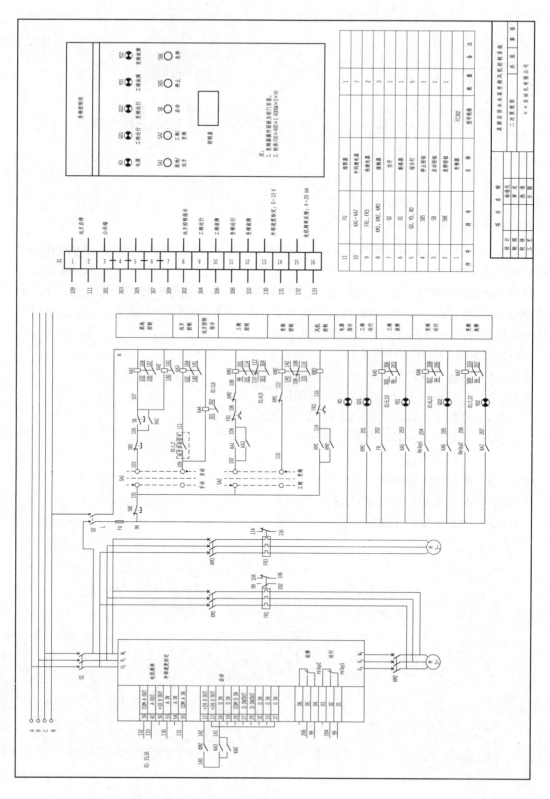

图 5-1　某酒店供水水泵变频风机控制系统二次原理图

项目实施

任务 5.1　创建电气控制图样板文件

【任务描述】

创建 A0 横向图幅，合理设置图层，绘制简易标题栏，并保存为样板文件。

【任务实施】

（1）新建 AutoCAD 文件，设置绘图环境，具体操作过程参照任务 3.6。

文字样式要求：创建"国标 – 7"和"国标 – 10"两种文字样式，SHX 字体为"gbenor.shx"，大字体为"gbcbig.shx"，文字高度分别是 7 mm 和 10 mm。

（2）参照国标要求，绘制简易标题栏，结果如图 5 – 1 – 1 所示。

项 目 名 称			某酒店供水水泵变频风机控制系统		
设 计		标准化			
制 图		审 定	二次原理图	共 张	第 张
校 核		批 准	××自动化有限公司		
工 艺		日 期			

图 5 – 1 – 1　简易标题栏

任务 5.2　绘制电气符号及创建带属性图块

【任务描述】

绘制本项目中所有的电气元件图形符号，并将其创建成外部图块（含带属性外部图块），保存至合适位置，以备后用。

【任务实施】

1. 绘制电气元件图形符号及创建外部图块

调用样版文件，绘制项目中所涉及的电气元件图形符号，键盘输入"W"，执行"创建外部图块"命令。绘制及创建图块步骤，详见任务 3.7 相关知识点，此处不再赘述。本项目中，所用到的电气图形符号如表 5 – 1 所示。

表 5 – 1　电气图形符号

名称	图形符号	名称	图形符号
断路器		接触器主触点	

名称	图形符号	名称	图形符号
热继电器		常闭触点	
常开触点		常闭按钮	
常开按钮		继电器和接触器线圈	
指示灯		熔断器	
微型断路器		热继电器常闭辅助触点	
电动机		转换开关	

2. 创建变频器外部图块

（1）绘制并创建带有属性的"模拟量输入/输出端子"外部图块。

键盘输入"L"，执行"直线"命令，绘制"52×72"矩形；键盘输入"O"，执行"偏移"命令，将长度为 52 mm 直线段连续偏移 5 次，偏移距离均为 12 mm，将矩形 6 等分；

键盘输入"Space"空格键，执行"重复上一命令"，将长度为 72 mm 直线段偏移 10 mm，结果如图 5-2-1（a）所示。

选用"国标-7"文字样式，键盘输入"MT"，执行"多行文字"命令，框选"端子号"方框，"对正"处选择"正中"，在端子号处输入"39"，键盘输入"Space"空格键，执行"重复上一命令"，再次框选"39 号端子注释"方框，"对正"处选择"正中"，在端子号注释处输入"COM A OUT"；键盘输入"CO"，执行"复制"命令，"F8"打开正交命令，垂直复制"39"和"COM A OUT"到其余"端子号"及"端子号注释"处，双击文字，修改"端子号"及"端子号注释"，如图 5-2-1（b）所示。

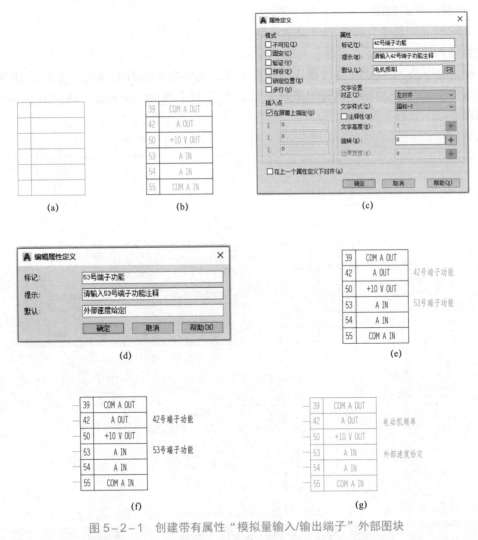

图 5-2-1　创建带有属性"模拟量输入/输出端子"外部图块

键盘输入"ATT"或单击图标，执行"定义属性"命令，定义"端子功能注释"属性，如图 5-2-1（c）所示，单击"确定"按钮，将"42 号端子功能注释"放置于"42 号端子号注释"后面左对齐位置；键盘输入"CO"，执行"复制"命令，"F8"打开正交命令，垂直复制"42 号端子功能注释"放置于"53 号端子注释"后，鼠标左键双击新复制的"42 号端子功能注释"，弹出"编辑属性定义"对话框，修改相关参数，如图 5-2-1（d）所示，单击"确定"按钮，结果如图 5-2-1（e）所示。

键盘输入"L"，执行"直线"命令，捕捉"39 号端子"中点，绘制长度为"5 mm"直线，键盘输入"CO"，执行"复制"命令，"F8"打开正交命令，垂直复制直线段，放置于每个端子中点处，完成端子接线端绘制，结果如图 5-2-1（f）所示。

键盘输入"W"，执行"创建外部图块"命令，选择图 5-2-1（f）为对象，选取基点，将"模拟量输入/输出端子"创建成带有属性的外部图块，弹出"编辑属性"对话框，单击"确定"按钮，结果如图 5-2-1（g）所示。

（2）绘制并创建带有属性的"数字量输入/输出端子"外部图块。

键盘输入"L"，执行"直线"命令，绘制"52×120"矩形；键盘输入"O"，执行"偏移"命令，将长度为 52 mm 直线段连续偏移 9 次，偏移距离均为 12 mm，将矩形 10 等分；键盘输入"Space"空格键，执行"重复上一命令"，将长度为 120 mm 直线段偏移 10 mm，结果如图 5-2-2（a）所示。

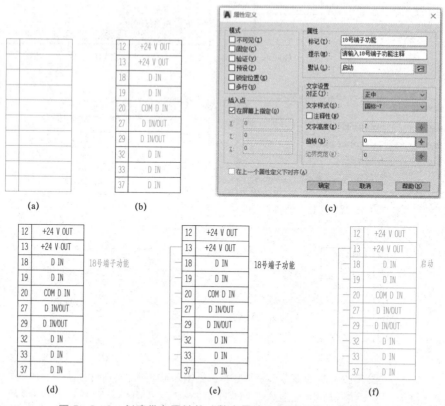

图 5-2-2　创建带有属性的"数字量输入/输出端子"外部图块

选用"国标-7"文字样式，键盘输入"MT"，执行"多行文字"命令，框选"端子号"方框，"对正"处选择"正中"，在端子号处输入"12"，键盘输入"Space"空格键，执行"重复上一命令"，再次框选"12 号端子注释"方框，"对正"处选择"正中"，在端子号注释处输入"＋24 V OUT"；键盘输入"CO"，执行"复制"命令，"F8"打开正交命令，垂直复制"12"和"＋24 V OUT"到其余"端子号"及"端子号注释"处，双击文字修改"端子号"及"端子号注释"，结果如图 5－2－2（b）所示。

键盘输入"ATT"或单击图标，执行"定义属性"命令，定义"端子功能注释"属性，如图 5－2－2（c）所示，单击"确定"按钮，将"端子功能注释"放置于"12 号端子号注释"后面左对齐位置；单击"确定"按钮，结果如图 5－2－2（d）所示。

键盘输入"L"，执行"直线"命令，捕捉"12 号端子"中点，绘制长度为"5 mm"直线，键盘输入"CO"，执行"复制"命令，"F8"打开正交命令，垂直复制直线段，放置于每个接线端子中点处，完成端子接线端绘制，结果如图 5－2－2（e）所示。

键盘输入"W"，执行"创建外部图块"命令，选择图 5－2－2（e）为对象，选取基点，将"数字量输入/输出端子"创建成带有属性的外部图块，弹出"编辑属性"对话框，单击"确定"按钮，结果如图 5－2－2（f）所示。

（3）绘制并创建带有属性的"继电器输出端子"外部图块。

键盘输入"L"，执行"直线"命令，绘制"52×72"矩形；键盘输入"O"，执行"偏移"命令，将长度为 52 mm 直线段连续偏移 5 次，偏移距离均为 12 mm，将矩形 6 等分，结果如图 5－2－3（a）所示。

选用"国标－7"文字样式，键盘输入"MT"，执行"多行文字"命令，框选"端子号"方框，"对正"处选择"正中"，在端子号处输入"06"，键盘输入"CO"，执行"复制"命令，"F8"打开正交命令垂直复制"06"到其余"端子号"处，双击文字修改"端子号"，如图 5－2－3（b）所示。

键盘输入"L"，执行"直线"命令，捕捉"06 号端子"所在方框右侧中点，绘制长度为"26 mm"直线段，键盘输入"CO"，执行"复制"命令，"F8"打开正交命令，垂直复制直线段，放置于"05、04 号端子"处，利用"夹点命令"，分别修改直线长度为"16 mm"和"20 mm"，捕捉"06 号端子"处直线段右侧端点，垂直向下绘制直线，利用"对象捕捉"捕捉"05 号端子"处直线，确定直线段下端点，鼠标向左，绘制线段长度为"7 mm"，捕捉"04 号端子"直线段右侧端点，鼠标向上，分别绘制长为"5 mm""10 mm"直线段，将"10 mm"直线段逆时针旋转"20°"，完成"relay2"绘制，结果如图 5－2－3（c）所示。

键盘输入"CO"，执行"复制"命令，选择刚绘制的"relay2"，完成复制，结果如图 5－2－3（d）所示。

选用"国标－7"文字样式，键盘输入"MT"，执行"多行文字"命令，输入"relay2"和"relay1"，如图 5－2－3（e）所示。

键盘输入"ATT"或单击图标，执行"定义属性"命令，定义"继电器端子功能注释"属性，如图 5－2－3（f）所示，单击"确定"按钮，将"relay2 功能注释"放置于合适位置；键盘输入"CO"，执行"复制"命令，"F8"打开正交命令，垂直向下复制，放置于合适位置后，鼠标左键双击新复制的"relay2 功能注释"，弹出"编辑属性定义"对话框，修改相关参数，单击"确定"按钮，结果如图 5－2－3（g）所示。

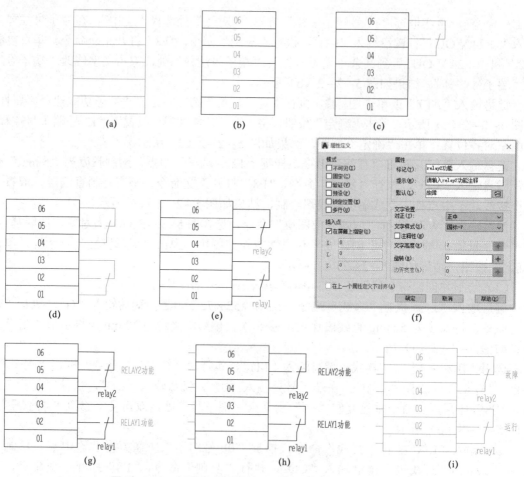

图 5-2-3　创建带有属性的"继电器输出端子"外部图块

键盘输入"L"，执行"直线"命令，捕捉"06 号端子"中点，绘制长度为"5 mm"直线，键盘输入"CO"，执行"复制"命令，"F8"打开正交命令，垂直复制直线段，放置于每个接线端子中点处，完成端子接线端绘制，结果如图 5-2-3（h）所示。

键盘输入"W"，执行"创建外部图块"命令，选择"图 5-2-3（h）"为对象，选取基点，将"继电器输出端子"创建成带有属性的外部图块，弹出"编辑属性"对话框，单击"确定"按钮，结果如图 5-2-3（i）所示。

带属性的图块，增加了图块的文字属性，通过修改文字属性，可以大大减少创建同类图块的重复工作，提高图块使用效率。是否需要创建带属性图块，可根据个人习惯视情况而定，在工程设计中并没有硬性规定。

（4）创建"变频器"图块。

键盘输入"REC"，执行"矩形"命令，绘制"120×380"矩形，结果如图 5-2-4（a）所示。

键盘输入"I",执行"插入图块"命令,插入图块"模拟量输入/输出端子""数字量输入/输出端子"和"继电器输出端子",如图5-2-4(b)所示;分别绘制变频器"进线输入端子"和变频器"出线输出端子",结果如图5-2-4(c)所示;键盘输入"W",将"变频器"创建成带有属性的外部图块。

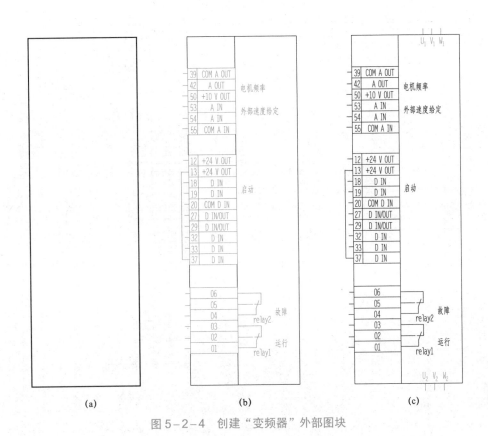

图5-2-4 创建"变频器"外部图块

任务5.3 绘制主回路电气控制原理图

【任务描述】

绘制主回路电气控制原理图,适当调整电气图形符号大小比例,布局合理美观。

【任务实施】

1. 绘制主进线及零线

(1)键盘输入"C",执行"圆"命令,绘制直径为5 mm的圆;按"F8"键打开正交模式;键盘输入"L",执行"直线"命令,以圆的右象限点为起点,输入长度为600 mm,绘制一条直线段,如图5-3-1(a)所示。

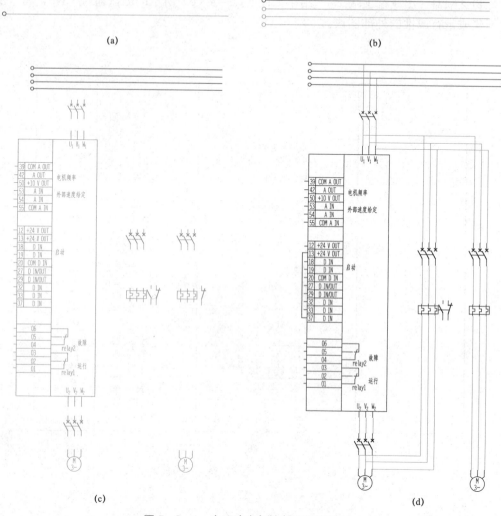

图 5-3-1　主回路电气控制原理图绘制

（a）绘制线段；（b）复制完成主进线；（c）主电路元器件布局；（d）主电路导线连接

（2）键盘输入"CO"，执行"复制"命令，垂直向下复制刚绘制的直线和圆，间距为 10 mm，复制三组，完成另外两条主进线和零线的绘制，结果如图 5-3-1（b）所示。

2. 插入电气元件并布局

将"断路器""FC302 变频器""接触器主触点""电动机""热继电器""常闭触点""常开触点""接线柱"，通过执行"插入图块（I）""移动（M）""复制（CO）""缩放（SC）"等命令，放置于合适位置，如图 5-3-1（c）所示。

3. 绘制主电路

执行"直线（L）"命令，捕捉端点连接电路，完成主电路电气控制图绘制，结果如图5-3-1（d）所示。

任务5.4 绘制二次回路电气控制原理图

【任务描述】

绘制二次回路电气控制原理图，适当调整电气图形符号大小比例，布局合理美观。

【任务实施】

1. 绘制就地、远方控制回路

（1）就地、远方控制回路及远方控制指示回路电气元件布局。键盘输入"I"，执行"插入图块"命令，调入电气元件"转换开关""常闭按钮"（急停按钮和停止按钮）、"常开触点"（继电器辅助常开触点）、"继电器线圈"，综合利用缩放（SC）、移动（M）、复制（CO）等命令，将电气元件放置于合适位置，如图5-4-1（a）所示。

（2）导线连接就地、远方控制回路及远方控制指示回路。将图层切换至"导线层"，键盘输入"L"，执行"直线"命令，分别用导线连接"就地控制回路""远方控制回路""远方控制指示回路"，结果如图5-4-1（b）所示。

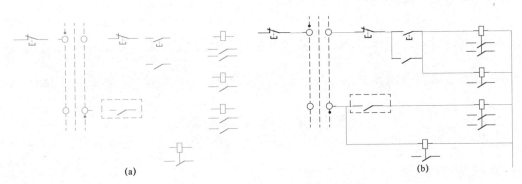

图5-4-1 就地、远方控制回路绘制

（a）电气元件布局；（b）连接导线

2. 绘制工、变频控制回路

（1）工、变频控制回路电气元件布局。键盘输入"I"，执行"插入图块"命令，调入电气元件"常闭触点""热继电器辅助常闭触点"；键盘输入"CO"，执行"复制"命令，复制"转换开关""常开触点""接触器线圈""接触器常开辅助触点""中间继电器常开辅助触点"，综合利用缩放（SC）、移动（M）等命令，将电气元件放置于合适位置，如图5-4-2（a）所示。

（2）导线连接工、变频控制回路。将图层切换至"导线层"，键盘输入"L"，执行"直线"命令，分别用导线连接"工频控制回路"和"变频控制回路"，结果如图5-4-2（b）所示。

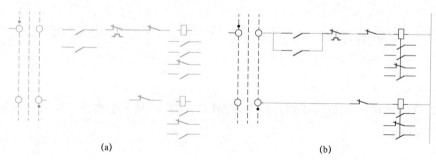

(a)　　　　　　　　　　　　　　　(b)

图5-4-2　工、变频控制回路绘制

（a）电气元件布局；（b）连接导线

3. 绘制风机控制回路

（1）工、变频控制回路电气元件布局。键盘输入"CO"，执行"复制"命令，复制"接触器常开触点""热继电器辅助常闭触点"和"接触器线圈"电气符号，利用移动（M）命令将电气元件放置于合适位置，如图5-4-3（a）所示。

（2）导线连接风机控制回路。将图层切换至"导线层"，键盘输入"L"，执行"直线"命令，用导线连接"风机控制回路"，结果如图5-4-3（b）所示。

(a)　　　　　　　　　　　　　　　(b)

图5-4-3　风机控制回路绘制

（a）电气元件布局；（b）连接导线

4. 绘制电源指示回路

（1）将"指示灯"创建成带有属性的外部图块。

（2）电源指示回路电气元件布局。键盘输入"I"，执行"插入图块"命令，调入电气元件"指示灯"，修改其属性后，将电气元件放置于合适位置。

（3）导线连接电源指示电路。将图层切换至"导线层"，键盘输入"L"，执行"直线"命令，用导线连接"电源指示回路"，结果如图5-4-4所示。

图5-4-4　电源指示回路

5. 绘制工、变频故障显示回路

（1）工、变频故障显示回路电气元件布局。键盘输入"I"，执行"插入图块"命令，调入电气元件"热继电器辅助常开触点""继电器输出端子常开辅助触点"；键盘输入"CO"，执行"复制"命令，复制"中间继电器线圈""中间继电器常开辅助触点"，修改"指示灯"属性，利用移动（M）命令，将电气元件放置于合适位置，如图5-4-5（a）所示。

（2）导线连接工、变频故障显示回路。将图层切换至"导线层"，键盘输入"L"，执行"直线"命令，分别用导线连接"工频故障显示回路"和"变频故障显示回路"，结果如图5-4-5（b）所示。

图5-4-5　工频运行、故障回路

（a）电气元件布局；（b）连接导线

6. 绘制工、变频运行回路

（1）工、变频运行回路电气元件布局。键盘输入"CO"，执行"复制"命令，复制"中间继电器线圈""中间继电器常开辅助触点""接触器常开辅助触点""继电器输出端子常开辅助触点"，修改"指示灯"属性，利用移动（M）命令，将电气元件放置于合适位置，如图5-4-6（a）所示。

（2）导线连接工、变频运行回路。将图层切换至"导线层"，键盘输入"L"，执行"直线"命令，分别用导线连接"工频运行回路"和"变频运行回路"，结果如图5-4-6（b）所示。

图5-4-6　工、变频运行回路

（a）电气元件布局；（b）连接导线

控制回路连接图如图5-4-7所示。

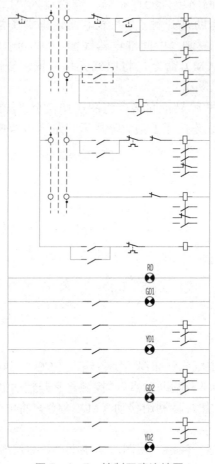

图 5-4-7　控制回路连接图

7. 主控回路连接

　　键盘输入"I"，执行"插入图块"命令，调入电气元件"微型断路器""熔断器"，利用移动（M）命令，将电气元件放置于合适位置。将图层切换至"导线层"，键盘输入"L"，执行"直线"命令，用导线连接"主回路"和"二次回路"，完成主控回路连接，结果如图 5-4-8 所示。

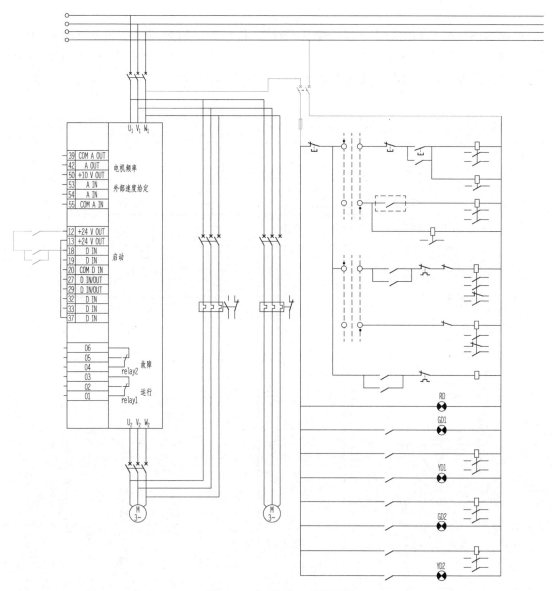

图 5-4-8　主控回路连接图

任务 5.5　绘制功能区

【任务描述】

为使原理图中每部分实现的功能更加明了，方便读图、接线等其他工作，利用构造线对所绘制的"控制系统原理图"进行分区，绘制功能区。

【任务实施】

1. 利用构造线分区

将图层切换至"功能区层",键盘输入"XL",执行"构造线"命令,选择"水平(H)",根据元器件图形符号的分割区域来绘制相应的垂直构造线;再执行"垂直(V)"选项,绘制两条垂直构造线,垂直线间距离为"35 mm",如图 5-5-1 所示。

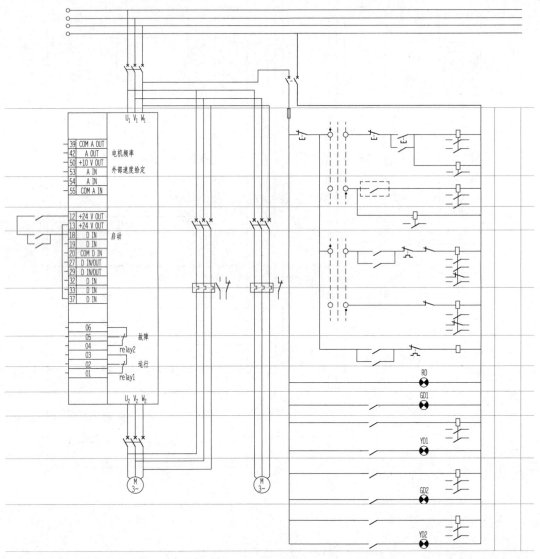

图 5-5-1 绘制构造线

键盘输入"TR",执行"修剪"命令,对多余的构造线进行修剪,使之在原理图的各个功能块的右侧形成相应的区域,如图 5-5-2 所示。

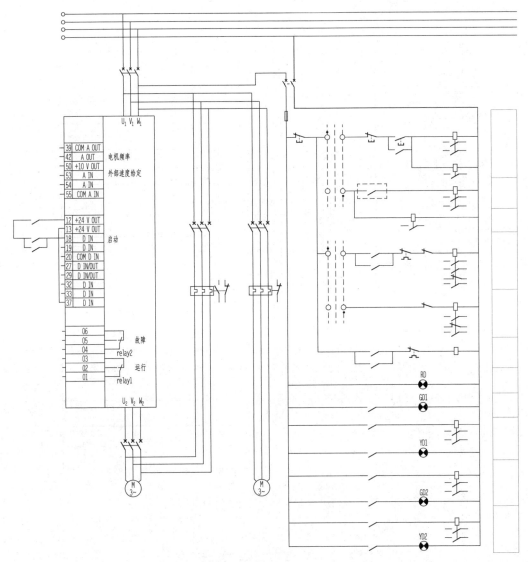

图 5-5-2　修剪构造线

2. 文字注释

图层切换至"文字注释层"，文字样式选择"国标-7"，键盘输入"MT"，执行"多行文字"命令，在图形相应位置进行文字注释，结果如图 5-5-3 所示。

至此，"控制系统原理图"绘制完成，键盘执行〈Ctrl+S〉，对文件进行保存。

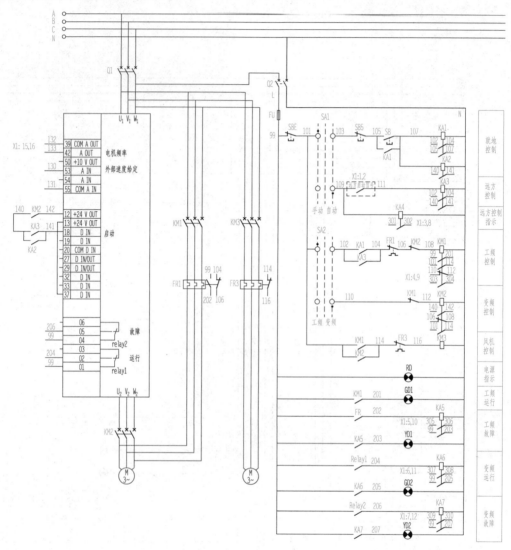

图 5-5-3　文字注释

任务 5.6　绘制端子接线图

【任务描述】

绘制端子接线图，布局合理美观。

【任务实施】

1. 绘制端子示意图

图层切换至"端子层"，键盘输入"L"，执行"直线"命令，绘制矩形，尺寸为"25×375"；键盘输入"AR"，执行"阵列"命令，选择刚绘制矩形上边线（长度为 25 cm）为阵列对象，选择"矩形阵列",列数为"1",行数为"17",行距为"-25",其余参数均"默认值",单击回车键,将矩形 16 等分,结果如图 5-6-1(a)所示。键盘输入"L",执行"直线"命令,在第一个端子方格两侧绘制长度为"20"端子引脚;键盘输入"CO",执行"复制"命令,打开正交命令,垂直向下复制端子引脚,结果如图 5-6-1(b)所示。键盘输入"L",执行"直线"命令,绘制长度为"8"的端子短接线,最终结果如图 5-6-1(c)所示。

2. 文字注释

图层切换至"文字注释层",文字样式选择"国标-7",键盘输入"MT",执行"多行文字"命令,输入端子号、线号及线号功能注释,结果如图 5-6-2 所示。

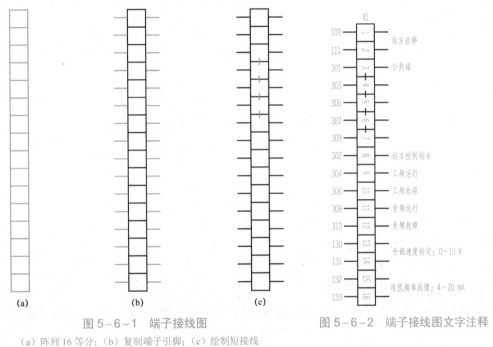

图 5-6-1 端子接线图

(a)阵列 16 等分;(b)复制端子引脚;(c)绘制短接线

图 5-6-2 端子接线图文字注释

任务 5.7   绘制控制柜布局图

【任务描述】

绘制变频控制柜布局图,适当调整电气图形符号大小比例,布局合理美观。

【任务实施】

1. 绘制控制柜柜体

图层切换至"控制柜层",键盘输入"REC",执行"矩形"命令,在合适位置选择矩形起点,绘制"200 mm×400 mm"的矩形。键盘输入"L",执行"直线"命令,距离矩形上边线 40 mm 位置绘制直线,键盘输入"O",执行"偏移"命令,向下偏移直线,距离为 10 mm,

结果如图 5-7-1 所示。

2. 创建"按钮"带有属性的外部图块

键盘输入"C",执行"圆"命令,绘制直径为 11 mm 的圆;键盘输入"ATT"或单击图标🖼,执行"定义属性"命令,定义"按钮"属性,参数设置如图 5-7-2 所示,单击"确定"按钮,将弹出文字"按钮"放置于刚绘制直径为 11 mm 圆的正上方。

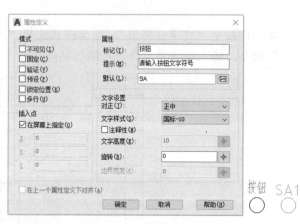

图 5-7-1 控制柜柜体

图 5-7-2 定义"按钮"属性及创建图块

键盘输入"W",执行"创建外部图块"命令,选择"圆形中心点"为基点,框选"圆形和按钮",确定块的保存路径和名称后,单击"确定"按钮,弹出"编辑属性"对话框,单击"确定"按钮。

3. 绘制控制柜布局图

(1)绘制辅助线。

将图层切换至"辅助线层",键盘输入"XL",执行"构造线"命令,选择"垂直(V)",

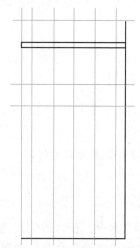

左键单击控制柜左边线,绘制第一条辅助线;键盘输入"CO",执行"复制"命令,向右复制第一条辅助线,距离为"20 cm",键盘输入"Space"空格键,执行"重复上一命令",连续向右复制 4 条辅助线,间距为"40 cm"。键盘输入"XL",再次执行"构造线"命令,选择"水平(H)",选择合适位置绘制第一条水平辅助线,键盘输入"CO",执行"复制"命令,向下复制第二条水平辅助线,间距"40 cm",结果如图 5-7-3 所示。

(2)插入电气符号,完成变频器控制柜布局。

键盘输入"I",执行"插入外部图块"命令,调入"指示灯"和"按钮"符号,放置于刚绘制的辅助线交叉点处,关闭"辅助线"层;依次双击"指示灯"

图 5-7-3 绘制控制柜布局辅助线

和"按钮"符号的"标记文字"，弹出"增强属性编辑器"对话框，修改"值"，如图5-7-4所示；键盘输入"REC"，执行"矩形"命令，绘制"50 mm×30 mm"控制盘，完成变频控制柜布局，结果如图5-7-5所示。

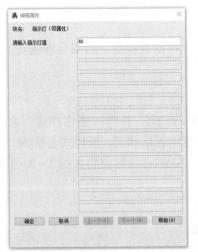 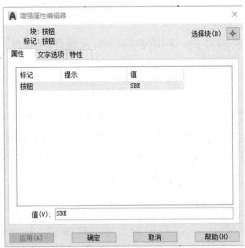

图5-7-4　修改"编辑属性"和"增强属性编辑器"的"值"

（3）文字注释。

图层切换至"文字注释层"，合理选择文字样式，键盘输入"MT"，执行"多行文字"命令，在图形相应位置进行文字注释，完成变频控制柜布局图，绘制结果如图5-7-6所示。

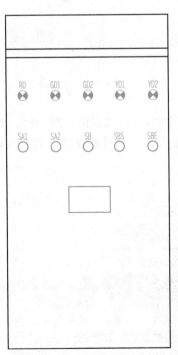 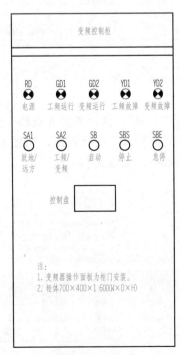

图5-7-5　变频器控制柜布局　　　图5-7-6　变频控制柜布局图文字注释

任务 5.8　绘制元器件明细表

【任务描述】

创建表格样式，利用表格绘制元器件明细表，合理设置参数，布局合理美观。

【任务实施】

1. 创建表格样式

图层切换至"明细表层"，键盘输入"TABLESTYLE"，执行"表格样式"命令，弹出"表格样式"设置对话框，单击"新建"按钮，创建新的表格样式，新样式名称为"明细表"，单击"继续"按钮，弹出"新建表格样式明细表"对话框，参数设置如图 5-8-1 所示，完成参数设置后，单击"确定"按钮。

图 5-8-1　表格样式设置

2. 插入表格

键盘输入"TAB"，执行"插入表格"命令，弹出"插入表格"对话框，对表格"列、行"以及"单元格样式"进行修改，如图 5-8-2 所示，设置完成后，单击"确定"按钮。将表格插入图纸中，如图 5-8-3 所示。

图 5-8-2　插入表格参数设置

图 5-8-3　插入表格

3. 填写明细表

根据填写内容，合理修改列宽，文字位置"正中"，完成明细表填写，如图 5-8-4 所示。

11	FU	熔断器		1	
10	KA1～KA7	中间继电器		7	
9	FR1、FR3	热继电器		2	
8	KM1、KM2、KM3	接触器		3	
7	Q2	空开		1	
6	Q1	断路器		1	
5	GD、YD、RD	指示灯		5	
4	SBS	停止按钮		1	
3	SB	启动按钮		1	
2	SBE	急停按钮		1	
1		变频器	FC302		
序　号	符　号	名　称	型号规格	数　量	备　注

图 5-8-4　明细表

至此，某酒店供水水泵变频风机控制系统二次原理图绘制完成，如图 5-1 所示，键盘输入组合键 "Ctrl+S"，对文件进行保存。

项目总结

本项目借助 AutoCAD 2020 软件平台，创建了样版文件和外部图块（含带属性外部图块）、绘制了主回路和二次回路电气控制原理图、功能区、端子接线图、控制柜布局图和元器件明细表，最终完成了"某酒店供水水泵变频风机控制系统二次原理图"的绘制。项目实施过程中，绘制要求与企业岗位实际需求相对接，强调键盘输入方式启动命令（即快捷键使用）和辅助工具的使用，以提高绘图效率和准确率。

项目要求：利用 AutoCAD 软件平台，灵活运用其绘图和编辑命令，创建 A3 横向电气工程图样板文件，创建并使用电气符号图块，绘制"×××变频器控制原理图"。完成文字注释，布局合理美观，如图 5-E-1 所示。

本项目共分为以下 5 个任务进行：

（1）创建 A3 横向电气工程图样板文件；

（2）绘制主电路控制原理图；

（3）绘制回路控制原理图；

（4）绘制端子接线示意图；

（5）绘制明细表。

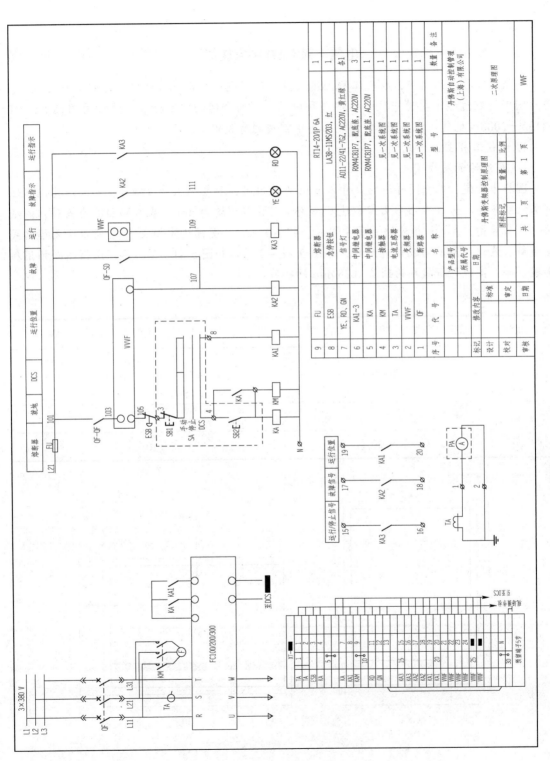

图 5-E-1 丹佛斯变频器二次原理图

电气工程 CAD 国家规范

图纸是工程师的语言，电气工程图纸由设计部门设计，由施工部门根据图纸进行施工，因此图纸绘制过程中要遵守统一的格式和规范。下面介绍的国家标准（简称为国标）GB/T 18135—2008《电气工程 CAD 制图规则》中常用的有关规定。

1. 电气工程图纸格式

1）图纸幅面及线宽

国标中规定，工程图样中的尺寸以 mm 为单位时，不需标注单位符号，如采用其他单位则需注明单位符号。本书中文字叙述及图例中尺寸单位均为 mm。基本幅面共有五种，图纸的幅面代号由 "A" 和相应的幅面号组成，即 A0～A4。图幅尺寸如表 5-2 所示。图框格式分为留有装订边和不留装订边两种，如图 5-E-2 所示和图 5-E-3 所示，图框线必须用粗实线绘制，图幅外框线均为线宽 0.25 mm 的实线。

表 5-2　常用图幅及图框尺寸　　　　　　　　　　　　　　mm

幅面	A0	A1	A2	A3	A4
$B \times L$	841 × 1 189	594 × 841	420 × 594	297 × 420	210 × 297
a	25				
c	10			5	
e	20		10		

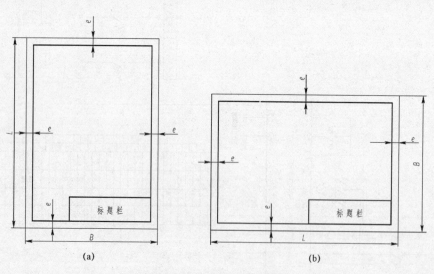

(a)　　　　　　　　　　　　　　(b)

图 5-E-2　不留装订边图框

（a）竖装；（b）横装

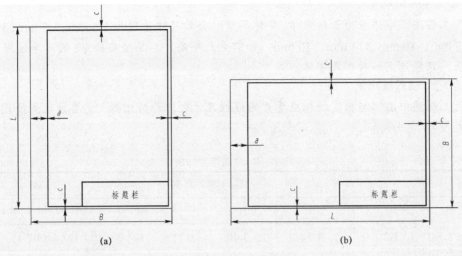

图 5-E-3　留装订边图框

（a）竖装；（b）横装

2）标题栏

标题栏一般位于图纸的右下角，用来注明图纸的名称、图号、张次以及人员签署等内容。标题栏中的文字方向即为看图方向。国标中标题栏格式如图 5-E-4 所示，在实际应用中，各个制图单位根据需求不同，在不违背国标规定条件下，所用标题栏也不尽相同。

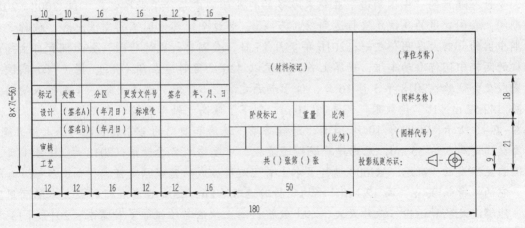

图 5-E-4　国标规定的标题栏格式

2. 电气工程图纸图线

国标中对电气工程图纸的图线规定如下：

（1）图线类型：电气工程图纸中常用的线型有实线、虚线、点画线、波浪线等。

（2）图线宽度：电气工程图纸中的图线宽度一般只有两种，即粗实线和细实线，其宽度比为 2:1，粗实线宽度通常采用 0.5 mm 或 0.7 mm，细实线宽度为 0.25 mm 或 0.35 mm。

在同一张图纸中，同类线型宽度应保持一致。

3. 电气工程图纸字体

电气工程图纸字体应为长仿宋体,字体高度的公称尺寸系列为 1.8 mm、2.5 mm、3.5 mm、5 mm、7 mm、10 mm、14 mm、20 mm。如需更大字高,其高度应按 $\sqrt{2}$ 的比率递增。同一张图纸上,只能选用一种形式字体。

4. 电气工程图纸比例

电气工程图中图形与其实物相应要素的线性尺寸之比称为比例。需要按比例绘图时,优先选择表 5-3 中比例。

表 5-3 绘图推荐比例

类别	推荐比例			
放大比例	2:1	5:1	10:1	$2 \times 10^n : 1$ $5 \times 10^n : 1$ $1 \times 10^n : 1$
缩小比例	1:2	1:5	1:10	$1:(2 \times 10^n)$ $1:(5 \times 10^n)$
	1:20	1:50	1:100	$1:(1 \times 10^n)$
原值比例	1:1			

绘图过程中,尽量采用原值尺寸绘制。图纸中无论采用何种比例进行绘图,图纸中所标尺寸均为实际尺寸。

世界瞩目的 "中国制造"

令世人瞩目的 "中国制造" 在越来越多的行业领域中领舞于世界之巅。仅 2008—2019 年期间,我国建造的高铁总里程达到 2.5 万 km,超过全球其他国家的高铁总和,被称之新时期中国的 "四大发明" 之一;2016 年 7 月 15 日,我国自行设计研制、全面拥有自主知识产权的两辆中国标准动车组,世界上首次实现以 420 公里时速在郑(州)、徐(州)高铁成功完成交会试验;2018 年 5 月 16 日,位于渤海之滨空心建筑 "渤海之眼" 正式投入使用,其高 142.52 m,比 "伦敦眼" 还要高 10 m,创了最高无轴摩天轮的吉尼斯世界纪录,如图 5-E-5 所示;2018 年 10 月 24 日,连接香港、珠海和澳门的全球最长的跨海大桥开通,跨海交通走廊长达 55 km,无论建筑规模还是施工难度均闻名于世界;2018 年 10 月 1 日,中国自主研发的 "鲲龙" AG600 进行了水上首飞起降,成功完成预定任务,如图 5-E-6 所示。它的机身长 37 m、高 12.1 m、平均飞行时速 555 km。这是世界在研的最大水陆两用飞机,能够满足物资运输、森林灭火、水上救援、海上执法与维权等多种需求;2019 年 3 月 12 日,亚洲最大的重型自航绞吸船 "天鲲号" 完成通关手续,从江苏连云港开启首航之旅,标志着完全由我国自主研发、建造的疏浚重器 "天鲲号" 正式投产首航。"天鲲号" 依靠其强大的挖掘能力,打通了坚硬环礁口门,在不到 20 个月内吹填造岛近 14 km²、增加水陆面积 17 倍,创造了世人瞩目的中国速度;2020 年从西藏日喀则到尼泊尔的日吉铁路,穿越喜马拉雅山的珠峰隧道,这又创造了一个人类奇迹;2020 年 11 月 27 日 0 时 41 分,华龙一号全球首堆——中核集团福清核电 5 号机组首次并网成功,这标志着中国打破了国外核电技术垄断,正式进入核电技术先进国家行列。

这样的案例举不胜举，这些都离不开本章所涉及的电气工程制图。

图 5-E-5　"渤海之眼"无轴摩天轮

图 5-E-6　亚洲最大绞吸挖泥船"天鲲号"海外首航

项目六　某学院教学实验楼综合布线建设工程图识读与绘制

项目说明及任务划分

某学院教学实验楼为实训楼 A 座四层到七层，为满足学院教学需求，现需要为每间教学实验室布放一条网线，实现网络教学、远程教学等功能。

项目要求：利用 AutoCAD 软件平台，灵活运用其绘图和编辑命令，创建综合布线工程图样版文件，创建并使用网络示意图块，绘制"某学院教学实验楼平面图""某学院教学实验楼系统图"。完成文字注释，布局合理美观，最终完成工程概预算编制。

本项目共分为以下 5 个任务进行：

任务 6.1　绘制草图
任务 6.2　绘制平面图
任务 6.3　绘制系统图
任务 6.4　制作工程量表
任务 6.5　编制概预算表

任务 6.1　绘制草图

【任务要求】

通过现场的房屋布局进行勘察，要求对现场的布局、走线方式、走线长度等信息勘察完整。在初步勘察结束后，方可进行草图绘制。绘制的草图必须与现场情况相符合，要干净整洁。草图绘制完成后，即为本工程初步方案，为后续完成整套设计图提供依据。

【任务实施】

1. 勘察现场

（1）做好勘察准备，带好画板、白纸（勘察表）、指北针、相机（手机）、卷尺、测距仪、即相关软件。

（2）查看设备间情况记录并拍照。

（3）查看每个房间弱电箱位置和网络面板位置记录并拍照。

（4）查看走线架情况和暗管空余情况记录并拍照。

（5）测量各部分走线距离并记录。

（6）参考 GB 50311—2016 综合布线系统工程设计规范。

2. 绘制草图

（1）用 GPS 或者指南针定位到"北"方向，并标注在草稿纸右上方。

根据现场布局从草稿纸左侧开始绘制整栋楼的西侧房间，然后依次将所涉及的房间均匀地绘制在草稿纸上。在绘制过程中，房间的细小结构可以忽略不计，仅绘制房间的轮廓即可。要注意的是，楼内的弱电井、强电井、水表井、楼梯间、电梯间等位置要标注明确，以便后续施工时一一对应。

（2）完成整体布局后，则需标明每个房间的弱电箱、网络面板的位置。如有无法标注的或因图纸位置太小而无法标注的，可用引线指出，在旁边标明即可。

3. 标注

将现场的桥架、暗管线路标出，且覆盖到每个有需求的房间和网络箱、网络面板等。同时测量相应的距离，将测量长度标注在相应的位置。

最后，根据草图与现场核对，查缺补漏，特殊点位特殊标明，重要的地方可用红色或者其他颜色笔标注说明，结果如图 6-1-1、图 6-1-2 所示。

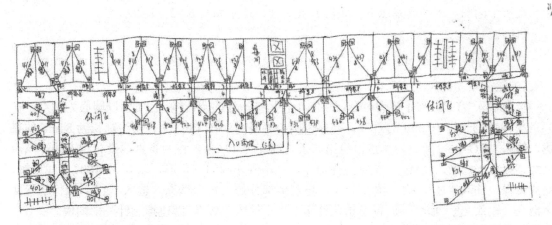

图 6-1-1　某教学实验楼四层平面草图

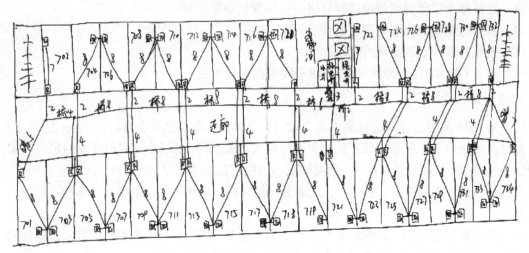

图 6-1-2　某教学实验楼七层平面草图

任务 6.2　绘制平面图

【任务要求】

创建 A3 横向样板文件，具体步骤参见本书任务 3.6，根据需要创建图块，绘制实验楼四～七层平面图，适当调整比例，布局合理美观，结果如图 6-2-1 所示。

【任务实施】

1. 创建图块

1）绘制指北针

键盘输入"C"，执行圆的命令，绘制半径为 5 mm 的圆；输入"L"以圆心为基点，在 0°的方向绘制长为 10 mm 的直线，同样以圆心为基点，在 180°的方向绘制长为 8 mm 的直线，输入"RO"，以圆心为基点，将第二条直线旋转 40°角，将两条直线没有相连的端点用直线连接起来。输入"MI"，执行镜像命令，选中刚才画的三角形，以 0°和 180°直线为轴，完成镜像。输入"H"，执行填充命令，将左半部分的三角形填充。输入"T"，执行单行文字命令，输入文字"北"，放置于指北针正上方。输入"W"，创建指北针外部图块。

2）绘制其他图块

利用"REC、DT、MI、L"等命令创建项目所需图块。网络面板的图块完成过程为输入文字"TO"，在"TO"的外侧绘制矩形，矩形的大小尺寸为 4 mm×3 mm。其余图块的大小可根据网络面板的样式调整，但要保持文字字体样式和大小一致。将完成的图块放置在相应的图层内。项目所需图块如表 6-1 所示。

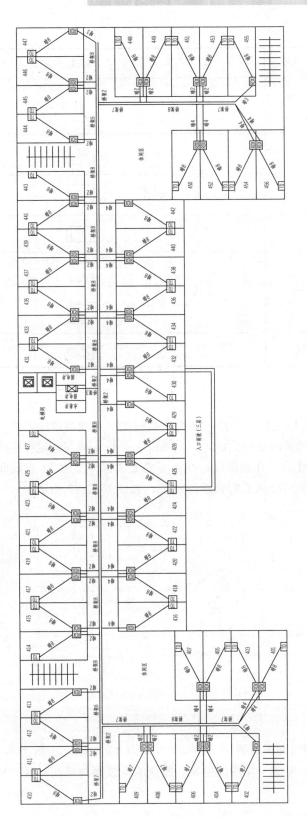

图6-2-1　实验室四层平面图

表 6-1 项目所需图块

序号	名称	样式
1	指北针	北
2	网络面板	TO
3	弱电箱	RDX
4	壁挂式网络机柜	⊠
5	弱电井	▢
6	电梯	⊠
7	多条六类线	—NxCAT6—

2. 绘制平面布局图

调用创建好的 A3 样板文件，并将其放置在相应图层。观察草图，选择合适的方向和比例，房间的大小尺寸无须按照比例绘制，门、窗等无须特别体现，也可不画，只要在图框中体现的合理美观即可。注意：在画图时，线条务必要"横平竖直"，直线间距保持一致，各对象间的端点要对齐，使得图纸看起来清晰明了，如图 6-2-2 所示。

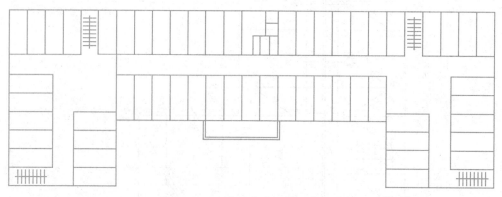

图 6-2-2 实验室四层平面布局图

1）绘制弱电箱及网络面板位置

在绘制好的底图中，完成平面图的绘制。图块的位置要与草图一致，与现场一致，结果如图 6-2-3 所示。

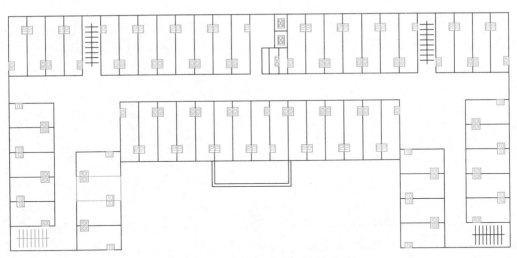

图6-2-3　实验室四层信息点位图

2）连接线缆

用直线命令，将弱电箱、网络面板、弱电井根据草图提示连接起来。在绘制过程中，直线连接点取图块的中点即可，如没有特定要求，直线的样式和颜色可根据自己需求选定，结果如图6-2-4所示。

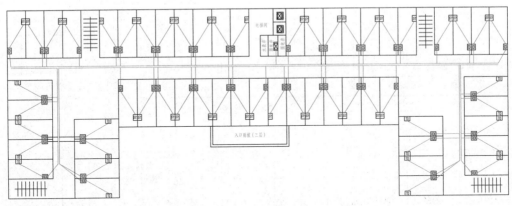

图6-2-4　实验室四层线缆连接示意图

3）文字标注

将距离、标注等依次按照实际位置标注在图中，完成平面图绘制。注意文字与尺寸线方向保持一致，很短的线条距离可以忽略，文字不能与尺寸线或图线重叠，如图6-2-5所示。

同样步骤，依次绘制实验室五～七层平面图。如果是标准层，可用统一图代替，但需要用文字说明，非标准层需要单独画出。五层、六层平面图与四层完全一致，即为标准层，其平面图只需要按相应楼层将房间号改为"5"开头和"6"开头即可。七层与标准层有所差异，需单独画出，如图6-2-6所示。

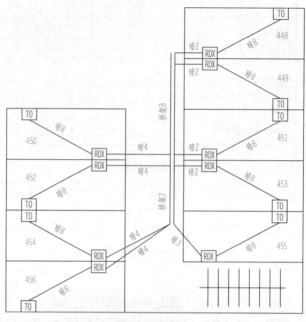

图 6-2-5　实验室四层某区域平面图文字标注

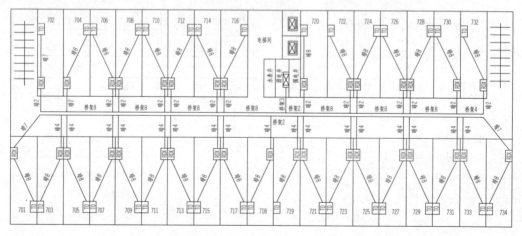

图 6-2-6　实验室七层平面图

任务 6.3　绘制系统图

【任务要求】

根据绘制出的平面图完成系统图，结果如图 6-3-1 所示。

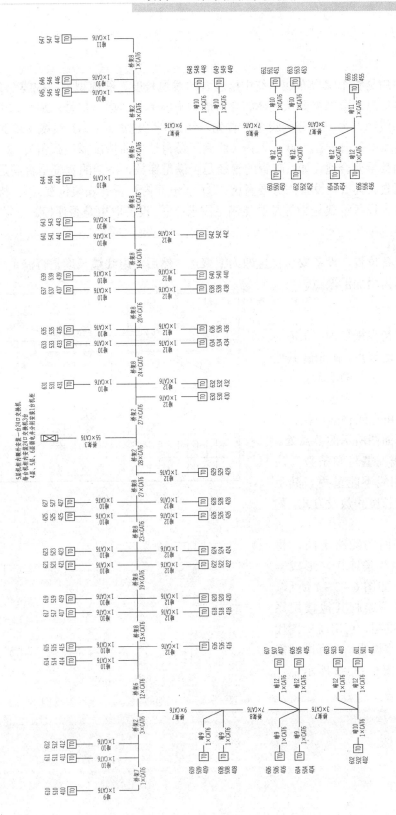

图 6-3-1　四层系统图

【任务实施】

1. 整体思路

系统图体现的是整个综合布线系统中所包含的线缆长度、线缆型号、线缆汇聚点位置、设备安装位置等信息。所以需要从整体综合考虑，不能单独考虑一层楼；那么，可以分为两部分，一部分为线缆，另一部分为设备。首先，线缆要考虑的是：① 线缆末端到汇聚点的长度，通常六类线单条最长在 100 m 以内（注意线缆自然弯曲情况需做预留）；② 同一路径下敷设六类线的数量要合适，如：暗管的管径是否满足穿放，桥架的宽度是否满足穿放足够数量的线缆等因素。其次，设备部分要考虑：① 弱电间内是否有安装位置；② 机柜和设备尺寸、设备数量、设备承载能力等是否能满足需求；③ 设备取电是否便捷。

2. 规划设备安装位置以及线路分布

首先确定设备位置，设备安装位置即为汇聚点，然后考虑线缆长度是否满足<100 m 的要求，不满足时需增加汇聚点。

3. 绘制系统图

根据平面图初步规划为：在每层弱电间设置一个汇聚点，在 5F（其他层也可以）设置一个总的汇聚点。

（1）插入一个网络面板，在其旁边标注房间号。用直线将其连接，直线的另一端为平面图所示的节点处。在直线上标注线缆型号和条数，注意文字与任何图线不能重叠。其上方标注此条线缆长度和敷设方式，如图 6-3-2 所示。

（2）根据平面图线路走向，将其他房间依次用线条连接，形成一个总的系统图，如图 6-3-1 所示。

（3）同样步骤绘制其他楼层系统图。如果是标准层，可用统一图代替，但需要用文字说明，非标准层需要单独画出，如图 6-3-3 所示。

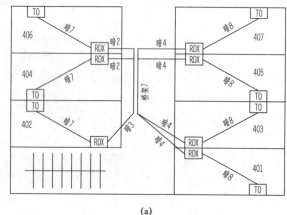

(a)

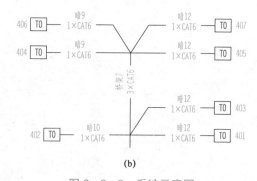

(b)

图 6-3-2 系统示意图

（a）局部区域平面布置图；（b）局部区域对应系统图

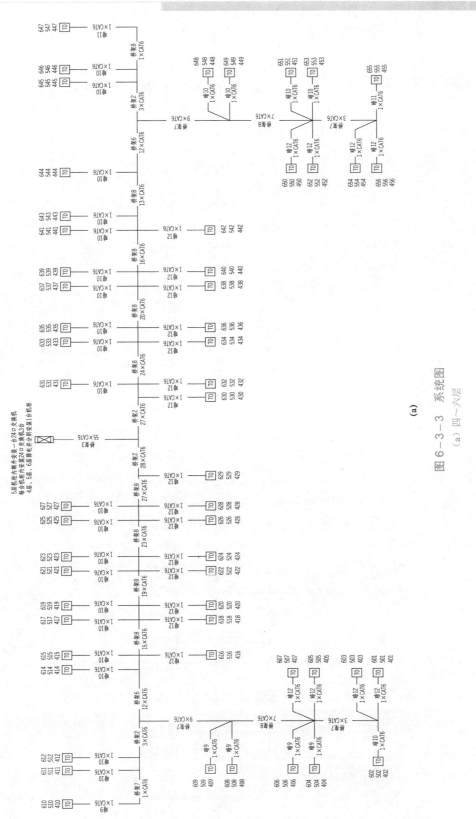

图 6-3-3　系统图

(a) 四~六层

(a)

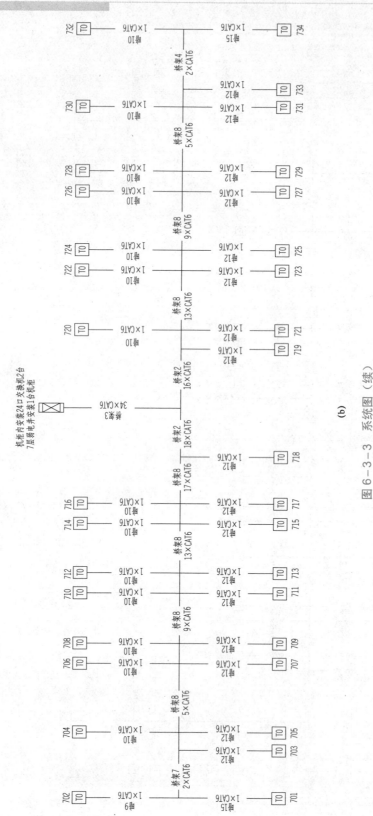

图 6-3-3 系统图（续）

(b) 七层

任务 6.4　制作工程量表

【任务要求】

绘制工程量表，便于统计工程量。

【任务实施】

（1）输入"TAB"，执行插入表格命令，设置表格格式，如图 6-4-1 所示。

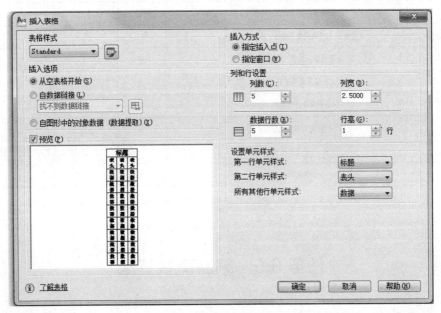

图 6-4-1　插入表格

（2）将列和行设置为 5 列、多行，可根据自己需要添加或者删除行和列，单击确定插入，标题改为"工程量统计表"，如图 6-4-2 所示。

工程量统计表				

图 6-4-2　插入"工程量统计表"

（3）根据内容，填写明细表。合理修改列宽，文字位置"正中"，完成明细表填写，如图6-4-3所示。

工程量统计表

序号	工程量名称	单位	数量	备注
1	管、暗槽内穿放电缆 4 对对绞电缆	百米条	21.13	
2	桥架、线槽、网络地板内明布电缆 4 对对绞电缆	百米条	80.67	
3	电缆链路 测试	链路	202	
4	安装信息插座底盒 砖墙内	十个	20.2	
5	安装 8 位模块式信息插座 单口 非屏蔽	十个	20.2	
6	安装机柜、机架 墙挂式（9U）	架	4	
7	安装低端局域网交换机	台	12	
8	调测局域网交换机 低端	台	12	
9	卡接 4 对对绞电缆非屏蔽	条	202	
10	安装配线架	架	12	
11	制作RJ45水晶头	个	202	

图6-4-3 填写工程量统计表

任务 6.5 编制概预算表

【任务要求】

根据完成的图纸编制概预算表。

【任务实施】

（1）通信建设工程的概算、预算应按不同的设计阶段进行编制。

① 工程采用三阶段设计时，初步设计阶段编制设计概算，技术设计阶段编制修正概算，施工图设计阶段编制施工图预算。

② 工程采用二阶段设计时，初步设计阶段编制设计概算，施工图设计阶段编制施工图预算。

③ 工程采用一阶段设计时，编制施工图预算，但施工图预算应反映全部费用内容，即除工程费和工程建设其他费以外，还应计列预备费、建设期利息等。

（2）建设项目总概预算构成图，如图6-5-1所示。

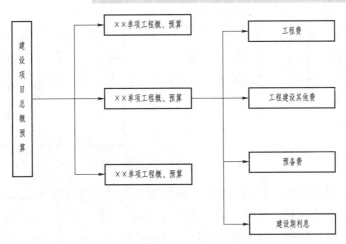

图6-5-1　建设项目总概预算构成图

（3）编制正式的概预算表之前，要清楚地明确每个表的内容，如表6-2所示。

表6-2　概预算一览表

预算表序号	名称	内容
表一	汇总表	工程总费用
表二	建筑安装工程费表	施工方的综合费
表三甲	建筑安装工程量表	主要体现人工费及工程量
表三乙	工程机械使用费表	机械使用费表
表三丙	仪器仪表使用费表	仪器使用费表
表四甲	不需要安装设备费表	附件、铁件等采购费用
表四乙	需要安装设备费表	设备采购费用
表四丙	主要材料表	主要材料费用
表五甲	其他费用表	设计、监理等费用

（4）概算、预算的编制方法。

① 通信工程概算、预算采用实物法编制。

实物法是首先根据工程设计图纸分别计算出分项工程量，然后套用相应的人工、材料、机械台班、仪表台班的定额用量，再以工程所在地或所处时段的实际单价计算出人工费、材料费、机械使用费和仪表使用费，进而计算出直接工程费。

根据通信建设工程费用定额给出的各项取费的计费原则和计算方法，计算其他各项，最后汇总单项或单位工程总费用。

② 实物法编制概预算步骤，如图6-5-2所示。

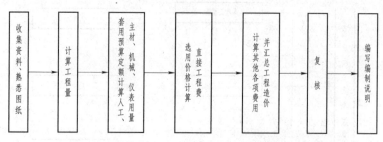

图 6-5-2　编制概预算步骤

a. 收集资料、熟悉图纸。在编制概算、预算前，针对工程具体情况和所编概算、预算内容收集有关资料，包括概算、预算定额、费用定额以及材料、设备价格等，并对施工图进行一次全面详细的检查，查看图纸是否完整，明确设计意图，检查各部分尺寸是否有误，以及有无施工说明。

b. 计算工程量。工程量计算是一项繁重而又十分细致的工作。工程量是编制概算、预算的基本数据，计算的准确与否直接影响工程造价的准确度。

线缆长度需在系统图中计算，将暗管部分全部相加，再将桥架部分全部相加，除此之外，一般情况下还需要加上每条线缆的两头预留（本工程室内两端各预留 3 m，每条线缆预留6 m）。由此得出：穿放 4 对对绞电缆的长度和明敷 4 对对绞电缆的长度，注意换算单位"百米"；线缆两头需要分别连接面板和 RJ45 水晶头，所以需计算安装 8 位模块式信息插座单口（非屏蔽），根据图上所示信息点计算即可。至于制作水晶头在 451 定额中没有体现，可不计算或者用相近的工程量代替；完成线缆连接需进行电缆链路测试（布放多少条线缆就测试多少链路）；安装其他器件，如配线架、机柜、交换机等。根据工程图如实计算，可得工程量表，如表 6-3 所示。

表 6-3　工程量统计

序号	工程量名称	单位	数量	备注
1	管、暗槽内穿放电缆 4 对对绞电缆	百米条	21.13	
2	桥架、线槽、网络地板内明布电缆 4 对对绞电缆	百米条	80.67	
3	电缆链路测试	链路	202	
4	安装信息插座底盒 砖墙内	十个	20.2	
5	安装 8 位模块式信息插座 单口 非屏蔽	十个	20.2	
6	安装机柜、机架 墙挂式（9U）	架	4	
7	安装低端局域网交换机	台	12	
8	调测局域网交换机 低端	台	12	
9	卡接 4 对对绞电缆 非屏蔽	条	202	
10	安装配线架	架	12	
11	制作 RJ45 水晶头	个	202	

利用概预算软件完成工程量统计，如表6-4所示。

表6-4　建筑安装工程量预算表（表三）甲

工程名称：某学院教学实验楼综合布线建设工程　　　　　　　　　　　　表格编号：TXL-3甲

建设单位：××通信集团有限公司　　　　　　　　　　　　　　　　　　第1页

序号	定额编号	项目名称	单位	数量	单位定额值（工日）		合计值（工日）	
					技工	普工	技工	普工
1	TXL5-069	管、暗槽内穿放电缆　4对对绞电缆	百米条	21.13	0.45	0.45	9.51	9.51
2	TXL6-148	卡接4对对绞电缆　非屏蔽	条	202.00	0.06		12.12	
3	TXL5-075	桥架、线槽、网络地板内明布电缆　4对对绞电缆	百米条	80.76	0.40	0.40	32.30	32.30
4	TXL6-210	电缆链路测试	链路	202.00	0.10		20.20	
5	TXL7-014	安装8位模块式信息插座　单口　非屏蔽	10个	20.20	0.45	0.07	9.09	1.41
6	TSY1-023	安装24口配线架	架	12.00	4.17		50.04	
7	TSY3-031	安装低端局域网交换机	台	5.00	1.25		6.25	
8	TSY3-034	调测局域网交换机　低端	台	5.00	0.50		2.50	
9	TXL7-005	安装机柜、机架　墙挂式	架	4.00	2.25	1.00	9.00	4.00
10	TXL6-140-15［换］	制作RJ45头	100对	2.02	1.20		2.42	
	合　计						153.43	47.22

c. 套用定额，计算人工、材料、机械台班、仪表台班用量。

工程量经核对无误方可套用定额。套用定额时应核对工程内容与定额内容是否一致，以防有误，如表6-5～表6-7所示。

表6-5　建筑安装工程仪器仪表使用费决算表（表三）丙

工程名称：某学院教学实验楼综合布线建设工程　　　　　　　　　　　　表格编号：TXL-3丙

建设单位：××通信集团有限公司　　　　　　　　　　　　　　　　　　第1页

序号	定额编号	项目名称	单位	数量	仪表名称	单位定额值		合计值	
						消耗量/台班	单价/元	消耗量/台班	合价/元
1	TSY3-034	调测局域网交换机　低端	台	5.00	网络测试仪	0.25	166.00	1.25	207.50
2	TSY3-034	调测局域网交换机　低端	台	5.00	操作测试终端（电脑）	0.25	125.00	1.25	156.25

序号	定额编号	项目名称	单位	数量	仪表名称	单位定额值		合计值	
						消耗量/台班	单价/元	消耗量/台班	合价/元
3	TXL6-210	电缆链路测试	链路	202.00	综合布线线路分析仪	0.05	156.00	10.10	1 575.60
	合　计								1 939.35

表6-6　国内器材预算表（表四）甲
（国内材料）

工程名称：某学院教学实验楼综合布线建设工程　　　　　　　表格编号：TXL-4 甲 A
建设单位：××通信集团有限公司　　　　　　　　　　　　　第 1 页

序号	名称	规格程式	单位	数量	单价/元			合计/元			备注
					除税价	增值税	含税价	除税价	增值税	含税价	
1	五类屏蔽双绞线 4 对	4 对	m	10 494.67	2.50	0.43	2.93	26 236.68	4 460.23	30 696.91	
2	五类非屏蔽双绞线 4 对	4 对	m	10 443.73	2.00	0.34	2.34	20 887.45	3 550.87	24 438.32	
	小计							47 124.13	8 011.10	55 135.23	
1	镀锌铁线 φ1.5 mm	φ1.5 mm	kg	2.54	5.86	1.00	6.86	14.86	2.52	17.38	
2	钢丝 φ1.5 mm	φ1.5 mm	kg	5.28	5.00	0.85	5.85	26.41	4.49	30.90	
3	8 位模块式信息插座（非屏蔽）单口	单口	个	202.00	8.00	1.36	9.36	1 616.00	274.72	1 890.72	
4	机柜1.0 m以下	1.0 m以下	个	4.00	538.20	91.49	629.69	2 152.80	365.98	2 518.78	
5	RJ45 头		个	202.00	4.50	0.77	5.27	909.00	154.53	1 063.53	
	小计							4 719.07	802.24	5 521.31	
	运杂费（费率：3.6%）							641.13	108.99	750.12	
	运输保险费（费率：0.1%）							51.84	8.80	60.66	
	采购及保管费（费率：1.1%）							570.28	96.94	667.22	
	总计							53 106.45	9 028.09	62 134.54	

表 6-7 国内器材预算表（表四）甲

（国内安装设备）

工程名称：某学院教学实验楼综合布线建设工程　　　　　　　　　表格编号：TXL-4 甲 B

建设单位：××通信集团有限公司　　　　　　　　　　　　　　　　第 1 页

| 序号 | 名称 | 规格程式 | 单位 | 数量 | 单价/元 | | | 合计/元 | | | 备注 |
					除税价	增值税	含税价	除税价	增值税	含税价	
1	局域网交换机	华为 24 口千兆交换机	台	12	750.00	127.50	877.50	9 000.00	15 300.00	10 530.00	
	总计							9 000.00	15 300.00	10 530.00	

d. 选用价格计算直接工程费。

用当时、当地或行业标准的实际单价乘以相应的人工、材料、机械台班、仪表台班的消耗量，计算出对应的使用费，并汇总得出直接工程费，即表二费用，如表 6-8 所示。

表 6-8 建筑安装工程费用预算表（表二）

工程名称：某学院教学实验楼综合布线建设工程　　　　　　　　表格编号：TXL-2 第 1 页

序号	费用名称	依据和计算方法	合计/元	序号	费用名称	依据和计算方法	合计/元
	建筑安装工程费（含税）	一+二+三+四	117 311.87	（2）	辅助材料费	（主要材料费+利旧材料费）×费率	159.35
	建筑安装工程费（除税）	一+二+三	102 831.91	3	机械使用费	机械费合计	0
一	直接费	（一）+（二）	84 660.78	4	仪表使用费	仪表费合计	1 939.35
（一）	直接工程费	人工费+材料费+机械使用费+仪表使用费	77 624.50	（二）	措施费	1+2+3+4+…+15	7 036.28
1	人工费	技工费+普工费	22 408.58	1	文明施工费	人工费×费率	336.13
（1）	技工费	技工总工日×技工单价	19 240.12	2	工地器材搬运费	人工费×费率	761.89
（2）	普工费	普工总工日×普工单价	3 168.46	3	工程干扰费	人工费×费率	1 344.51
2	材料费	主要材料+辅助材料费	53 276.57	4	工程点交、场地清理费	人工费×费率	739.48
（1）	主要材料费	主要材料	53 117.22	5	临时设施费	人工费×费率	582.62

序号	费用名称	依据和计算方法	合计/元	序号	费用名称	依据和计算方法	合计/元
6	工程车辆使用费	人工费×费率	1 120.43	1	工程排污费	地方政府规定	0
7	夜间施工增加费	人工费×费率	560.21	2	社会保障费	人工费×费率	6 386.45
8	冬雨季施工增加费	人工费×费率	806.71	3	住房公积金	人工费×费率	938.92
9	生产工具用具使用费	人工费×费率	336.13	4	危险作业意外伤害保险费	人工费×费率	224.09
10	施工用水电蒸汽费		0	（二）	企业管理费	人工费×费率	6 139.95
11	特殊地区施工增加费	总工日×价格	0	三	利润	人工费×费率	4 481.72
12	已完工程及设备保护费		448.17	四	销项税额	（人工费+乙供主材费+辅材费+机械使用费+仪表使用费+措施费+间接费+利润）*11%+甲供主材费销项税额	14 479.96
13	运土费		0				
14	施工队伍调遣费	单程调遣费定额×调遣人数×2	0				
15	大型施工机械调遣费	调遣用车运价×调遣运距×2	0				
二	间接费	（一）+（二）	13 689.41				
（一）	规费	1+2+3+4	7 549.46				

e. 计算其他各项费用及汇总工程造价。

按照工程项目的费用构成和通信建设工程费用定额规定的费率及计费基础，分别计算各项费用，然后汇总出工程总造价，即表一和表五。并以通信建设工程概算、预算编制办法所规定的表格形式，编制出全套概算或预算表格，如表6-9、表6-10所示。

表6-9 工程建设其他费预算表（表五）甲

工程名称：某学院教学实验楼综合布线建设工程　　　　　　　　　　　　　　表格编号：TXL-5 甲

建设单位：××通信集团有限公司　　　　　　　　　　　　　　　　　　　　　　第 1 页

序号	费用名称	计算依据及方法	合计/元			备注
			除税价	增值税	含税价	
1	建设用地及综合赔补费	按政府规定和具体情况计列				按实计算

续表

序号	费用名称	计算依据及方法	合计/元			备注
			除税价	增值税	含税价	
2	项目建设管理费	工程费×2.1%	2 348.47	140.91	2 489.38	财建〔2016〕504号
3	可行性研究费					发改价格〔2015〕299号
4	研究试验费					按实计算
5	勘察设计费	勘察费+设计费 勘察费=基价*80% 设计费=计费额（建安费+设备工器具购置费）×0.045	6 632.44	397.95	7 030.38	发改价格〔2015〕299号
6	环境影响评价费					发改价格〔2015〕299号
7	建设工程监理费	工程费×4%	4 473.28	268.40	4 741.67	发改价格〔2015〕299号
8	安全生产费	除税建筑安装工程费×费率	1 542.48	169.67	1 712.15	财企〔2012〕16号
9	引进技术及引进设备其他费					按实计算
10	工程保险费					按实计算
11	工程招标代理费					发改价格〔2015〕299号
12	专利及专利技术使用费					按实计算
13	其他费用					按实计算
14	合计		14 996.66	976.92	15 973.58	

表 6-10　工程预算总表（表一）

建设项目名称：某学院教学实验楼综合布线建设工程
项目名称：某学院教学实验楼综合布线建设工程　　　　　　　表格编号：TXL-1　第 1 页
建设单位名称：××通信集团有限公司

序号	表格编号	费用名称	小型建筑工程费	需要安装的设备费	不需要安装的设备、工器具费	建筑安装工程费	其他费用	预备费	总价值			
			（元）						除税价	增值税	含税价	其中外币（　）
1		工程费	9 000.00		102 831.91				111 831.91	19 011.42	130 843.33	
2		工程建设其他费					14 996.66		14 996.66	2 549.43	17 546.09	
3		合计	9 000.00		102 831.91		14 996.66		126 828.57	21 560.86	148 389.43	
4		预备费										
5		建设期利息										
6		总计	9 000.00		102 831.91		14 996.66		126 828.57	21 560.86	148 389.43	

　　f. 复核。

　　对上述表格内容进行一次全面检查，检查所列项目、工程量计算结果、套用定额、选用单价、取费标准以及计算数值等是否正确。

　　g. 编写说明。

　　复核无误后，进行对比、分析，写出编制说明。凡是概算、预算表格不能反映的一些事项以及编制中必须说明的问题，都应用文字形式列出，以供审批单位审查。

　　表三、表四是编制概预算的主要表格，根据费用构成，编制概预算表顺序如图 6-5-3 所示。

表三 → 表四 → 表二 → 表五 → 表一

图 6-5-3　编制概预算表顺序

　　至此，某学院教学实验室综合布线建设工程图绘制完成，键盘单击"Ctrl+S"组合键，对文件进行保存。

工程量统计时要熟悉图纸的内容和相互关系，注意搞清有关标注和说明；计算单位应与所要依据的定额单位相一致；计算过程一般可依照施工图顺序由下而上、由内而外、由左而右依次进行；要防止误算、漏算和重复计算；最后将同类项加以合并，并编制工程量汇总表。根据所绘制的图纸结合通信建设工程"451"定额，统计并计算图纸中所产生的工程量。

本项目借助 AutoCAD 2020 软件平台，绘制了教学实验楼四层～七层平面图和系统图，并基于图纸统计本项目所对应的工程量表，编制概预算表。项目实施过程中，绘制要求与企业岗位实际需求相对接，强调键盘输入方式启动命令（即快捷键使用）和辅助工具的使用，以提高绘图效率和准确率。除此以外，熟悉明确工程建设思路、方案尤为重要。

某县政府综合布线线路工程绘制

某县政府大楼现进行办公室调整，原有布线不能满足办公需求，现针对入住单位分别需要满足外网，内网（政务网、公安网），需对 6 层、7 层所有办公室进行综合布线；因此楼较为老旧，原有走线均为暗管，但暗管大部分已穿满网线或已堵塞，故本次需沿网线路由安装塑料线槽。

项目要求：利用 AutoCAD 2020 软件平台，使用其绘图和编辑指令，完成某县政府综合布线线路工程绘制，布局规范合理美观。

本项目共分为以下 3 个任务进行：

（1）绘制某县政府综合布线平面路由图，如图 6-E-1 所示；

（2）绘制某县政府综合布线系统图，如图 6-E-2 所示；

（3）统计工程量，如表 6-11 所示。

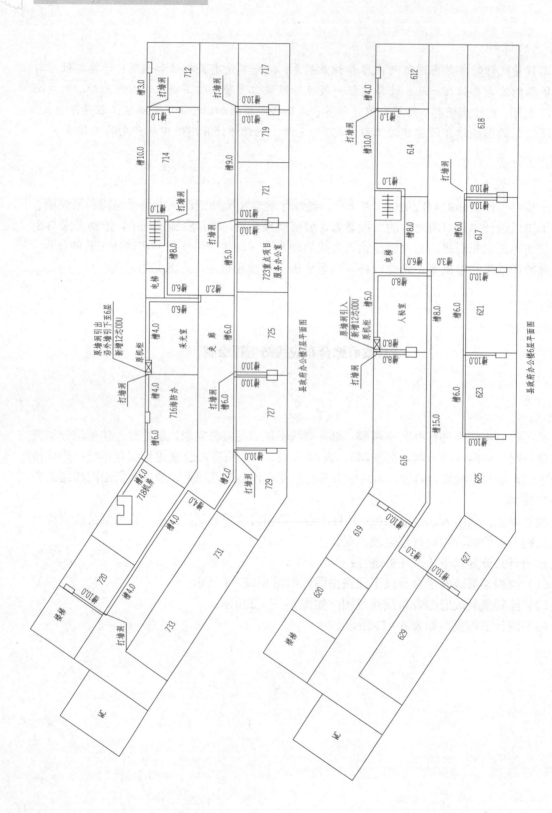

图 6-E-1 县政府综合布线平面路由图

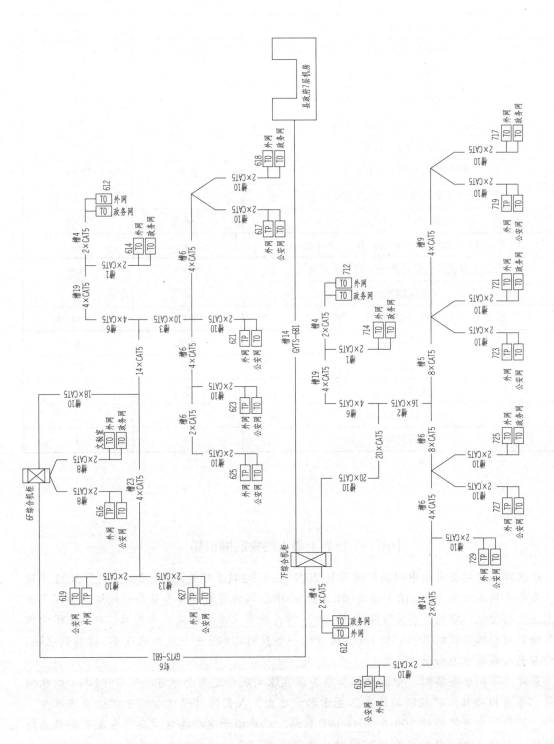

图 6-E-2 县政府综合布线平面系统图

表 6-11 县政府综合布线工程量统计表

安装理线架	个	2
安装 24 口配线架	个	2
8 芯线端头制作（水晶头制作）	头	88
架空光（电）缆工程施工测量	百米	0.05
管道光（电）缆工程施工测量	百米	2.3
打穿楼墙洞 砖墙	个	24
敷设塑料线槽 100 宽以下	百米	2.36
安装过线（路）盒（半周长）200 以下	10 个	2
穿放 4 对对绞电缆	百米条	1 336
卡接 4 对对绞电缆（配线架侧） 非屏蔽	条	44
安装 8 位模块式信息插座 单口 非屏蔽	10 个	4.4
电缆跳线	条	48
电缆链路测试	链路	44
跳线测试	链路	48
光纤路测试	链路	12
光缆成端接头	芯	24
新增 12 芯 ODU	个	2
光缆挂牌	块	4

拓展阅读

中国——世界上最大的物联网市场

　　根据市场研究公司估中国物联网市场 2022 年为 1 241.5 亿美元，在 2016 至 2022 年期间，复合年均增长率（CAGR）高达 41.1%。而根据瑞典贸易投资委员会的统计，中国是世界上最大的物联网市场，市场份额高达 22%。作为世界上最大的发展中国家，中国正迅速推动其物联网和机器对机器（M2M）技术提升到一个崭新的水平——覆盖从汽车、建筑到电视、动物甚至人类等方方面面。

　　最近，深圳水务集团、中国电信和华为还在深圳联合发布全球首个窄带（NB）物联网智慧水务商用项目。将物联网传感器置于水管之上，人们即可通过智能手机检查用水量。如今，深圳已部署了超过 500 个 NB-IoT 基站。正是由于这些连接设备可生成有用且易得的数据，因此在加以分析之后就可帮助公共事业部门降低运营成本，并最大限度地减少人为干预。

　　物联网能够让世界变得更趋智能、联系更加紧密，因此已成为政府和商业机构的重心。"互联网＋"和"中国制造2025"战略也推动了物联网技术的爆炸式增长。这些战略旨在将互联网、大数据、云计算和物联网技术整合到各行各业中，以实现创新，挖掘更多的商业和经济发展机会。

　　中国是全球最大的制造工厂，生产几乎所有类型的设备，因而中国有能力推动物联网市场的发展和进步，包括传感器、芯片、网关和其他电子产品在内的所有电子产品都可以在中国本土生产。在此情况下，作为电子制造业的领导者，中国可以联合数百万工厂的产能作为全球物联网市场的基础供应商，这无疑将对世界产生深远的影响。

项目七 某高校移动通信5G基站建设工程图识读与绘制

项目说明及任务划分

利用 AutoCAD 2020 软件平台，综合利用绘图和编辑命令，创建 A3 横向样板文件，并利用所创建的样板绘制"基站机房设备平面布置图""基站主设备面板图""基站机房线缆布放路由图"和"基站天馈线示意图"。

本项目共分为以下 7 个任务进行：

任务 7.1　5G 基站机房、天面勘察及绘制草图

任务 7.2　绘制图纸中所需图形单元、设备图块

任务 7.3　绘制 5G 基站机房设备平面布置图

任务 7.4　绘制 5G 基站主设备面板图

任务 7.5　绘制 5G 基站机房线缆布放路由图

任务 7.6　绘制 5G 基站天馈线示意图

任务 7.7　编制 5G 基站建设工程概预算表

项目实施

任务 7.1　5G 基站机房、天面勘察及绘制草图

【任务要求】

对某高校移动通信 5G 基站进行机房勘察，进行勘察准备工作，勘察基站机房设备布置位置及尺寸、设备的面板面、天面的位置等，在勘察的过程中，合理拍摄照片记录勘察细节。经实地勘察后，按照勘察流程及规范绘制草图，便于绘制某高校移动通信 5G 基站工程图。

【任务实施】

（1）勘察前准备工作。需准备工具：画板、两色笔、白纸（勘查表）、指北针、相机（手机）、卷尺、测距仪和 GPS 等。

（2）机房勘察。对机房内各设备拍照，拍照要注意各个设备（柜）型号，例如：地排空

位、空调位置、主设备柜位置、传输柜位置、开关电源柜位置、交流配电箱位置、电池位置型号、各设备柜面板、各设备柜内所用设备型号等。

（3）天馈（面）勘察。要求拍出设备整体、塔型、机房类型，在近处拍清塔桅上有几个平台，各平台上的天线型号、基本信息、运营商等。

（4）基站环境勘察。勘察基站周围环境，主要针对塔桅周围的环境、参照物、遮挡物等各类环境照片。环境拍照一般有 8 张（每 45°一张，共 360°）或 12 张（每 30°一张，共 360°）。

注：需从正北方向顺时针开始拍摄。

（5）在勘察纸上进行勘察记录，左上角写基站名称，在基站名称下边写出根据 GPS 测量的经纬度（注：经纬度精度要求在±5 m 之内），右上角画出指北针，要求指北针头部处于勘察纸水平线上方，如建北与磁北有角度差，需标明角度。

（6）机房草图绘制，绘制时要注意比例合适，要标明机房的大小，标明各个设备（柜）的位置、尺寸（长×宽×高）（单位：mm），例如：空调位置及摆放方向、地排位置、走线架位置、各设备柜位置及柜门朝向、蓄电池位置等，如图 7-1-1 所示。

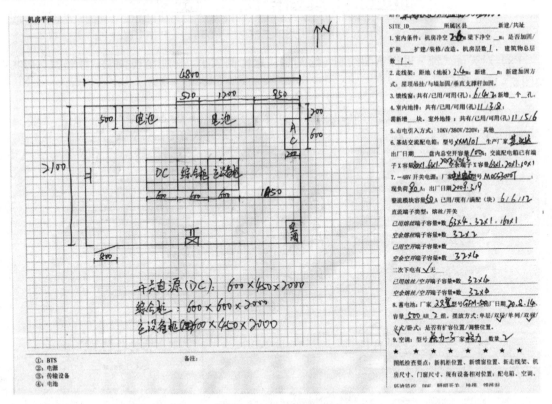

图 7-1-1 机房平面图

（7）对机房内主设备柜面板进行绘制，绘制时注意比例大小，标明柜内各层使用的主设备占用多少位置、各主设备型号，画出主设备 BBU 的面板图、室内外地排空位、馈线窗空位等，如图 7-1-2 所示。

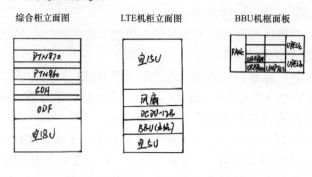

图 7-1-2 设备面板图

（8）对天面（馈）进行草图绘制，绘制时注意比例大小，标明塔桅类型、经纬度、指北，如图 7-1-3 所示。

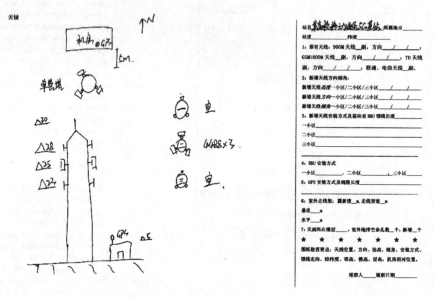

图 7-1-3 天面（馈）草图

在此任务中，通信工程勘察要依据相关标准，保证其严紧性，满足职业能力岗位需求。

任务 7.2　绘制图纸中所需图形单元、设备图块

【任务要求】

绘制 5G 基站建设工程中的图形单元及设备，并将其创建成图块，如表 7−1 所示。

表 7−1　图形单元及设备

序号	名称	样式	序号	名称	样式
1	升压配电盒		10	拆除定向天线	
2	5G BBU		11	GPS 天线	
3	4488 天线		12	新增室外 RRU 单元	R
4	4+4 天线		13	原有室外 RRU 单元	R
5	AAU NR 定向天线		14	拆除室外 RRU 单元	
6	原有 GSM 定向天线		15	指北针	
7	原有 DCS 定向天线		16	单管塔俯视图	
8	原有 LTE 定向天线		17	单管塔正视图	
9	其他运营商天线				

【任务实施】

（1）调用样板文件，绘制项目中所涉及的图形单元及设备，依次把表中所需图块录入。

（2）本次项目内不规定绘制的图块尺寸大小，可以自己选择合适的比例进行绘制，只要布局合理地放入标准 A3 图框内即可，其余需要创建的图块参考完整图一一绘制完成。

任务 7.3　绘制 5G 基站机房设备平面布置图

【任务要求】

根据勘察草图，利用 AutoCAD 2020 软件绘制基站机房设备平面图，如图 7－3－1 所示。

【任务实施】

（1）绘制机房平面图，根据勘察草图中的机房尺寸大小，绘制机房平面图。机房内边框绘制，调用"矩形指令"，输入长和宽的值，鼠标左键单击绘图区矩形完成，以此类推，所有机房设备根据尺寸一一画完，插入 A3 图框内，执行"线性标注"命令，逐一对设备进行标注，键盘输入"I"，执行"插入块"命令，选择"指北针"，放在机房平面图的右上角。机房布置平面图绘制完成，如图 7－3－1 所示。

（2）绘制主设备安装工程量表和主设备拆除工程量表。

单击菜单栏的"绘图"，单击表格，选择表格的行和列后自动生成表格，调整尺寸，根据图样，填入相应的文字即可，如图 7－3－1 中工程量表和拆除工程量表所示。

（3）绘制图例及文字说明，使用直线命令"L"和文字命令"T"进行绘制，如图 7－3－1 中的图例所示。

（4）把设备布置图、主设备安装工程量表和主设备拆除工程量表、图例及文字说明等绘制的图形布局合理地放在 A3 标准图框。

任务 7.4　绘制 5G 基站主设备面板图

【任务要求】

根据勘察草图，用 AutoCAD 2020 软件绘制基站主设备面板图，如图 7－4－1 所示。

【任务实施】

（1）绘制升压配电盒，使用插入块命令，插入升压配电盒，使用直线命令，绘制出升压配电盒占用端子，如图 7－4－1 所示。

（2）绘制 5G BBU5900，使用插入块命令，插入 5G BBU，通过直线命令和填充命令，绘制出 5G 所需的基带板卡、交换板卡、电源板卡，如图 7－4－1 所示。

（3）绘制主设备柜立面图，根据勘察草图的主设备柜立面信息，调用直线命令绘制主设备柜的立面图，如图 7－4－1 所示。

（4）绘制主设备安装工程量表和主设备拆除工程量表，使用直线命令和文字命令，将表格绘制完成，如图 7－4－1 所示。

（5）将升压配电盒图、5G BBU5900 图、主设备柜立面图、主设备安装工程量表和主设备拆除工程量表布局合理地放在 A3 标准图框内。

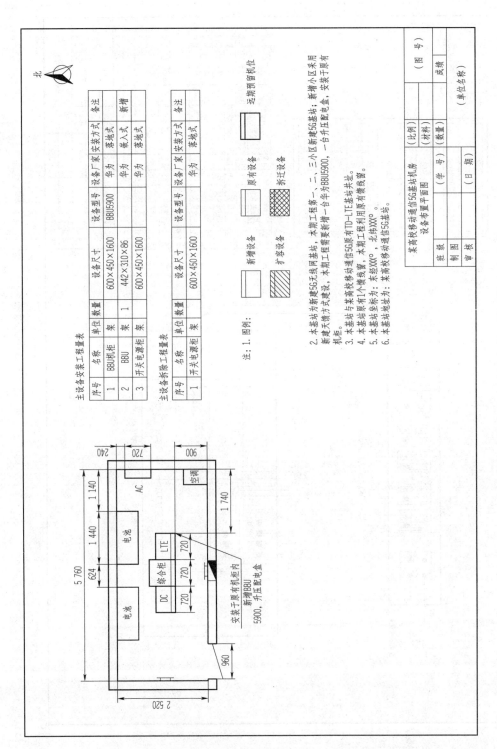

图 7-3-1　机房设备布置平面图

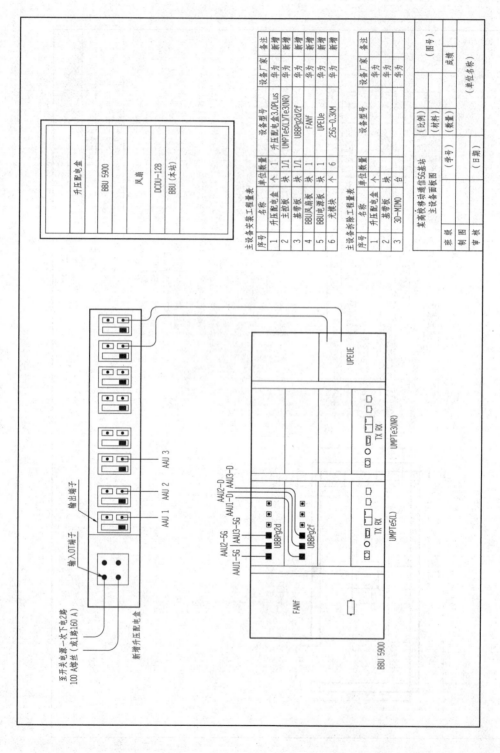

图 7－4－1　基站主设备面板图

任务 7.5　绘制 5G 基站机房线缆布放路由图

【任务要求】

根据基站机房线缆路由勘察草图,用 AutoCAD 2020 软件绘制基站机房线缆布放路由图,如图 7-5-1 所示。

【任务实施】

（1）绘制机房线缆路由图,使用复制命令把第一幅图复制到本张图纸中,使用直线命令和文字命令绘制出线缆路由图,如图 7-5-1 所示。

（2）绘制线缆布放明细表（无线专业计列）和线缆拆除明细表（无线专业计列）,使用直线命令和文字命令将表格完成,如图 7-5-1 所示。

（3）绘制线缆图例和文字说明,使用直线命令、线型控制和文字命令绘制出线缆图例和文字说明,如图 7-5-1 所示。

（4）机房线缆路由图、线缆布放明细表和线缆拆除明细表、线缆图例和文字说明布局合理地放在 A3 图幅内,如图 7-5-1 所示。

任务 7.6　绘制 5G 基站天馈线示意图

【任务要求】

根据基站天馈线勘察草图,用 AutoCAD 2020 软件绘制基站天馈线示意图,如图 7-5-1 所示。

【任务实施】

（1）绘制天馈俯视图,使用插入块命令插入俯视图,插入 AAU NR 定向天线,再使用直线命令绘制出机房示意图,使用文字命令编辑文字,如图 7-6-1 所示。

（2）绘制天馈侧视图,使用插入块命令插入侧视图和 GPS,根据勘察草图将各平台所对应的天线使用直线命令进行绘制,并使用文字命令将其进行标注,将各平台的距地高度使用直线命令和文字命令进行绘制,使用直线命令绘制机房示意图,如图 7-6-1 所示。

（3）绘制 5G/3D-MIMO 小区方向图,键盘输入"LE",执行"引线"命令,绘制指北线,根据要求合理地分别绘制 140°、220°、310°三个方向角,如图 7-6-1 所示。

（4）绘制各平台俯视图的具体天线类型,使用插入块命令插入俯视图,插入各平台所需的天线类型,如图 7-6-1 所示。

（5）绘制安装工程量表和拆除工程量表,使用直线命令和文字命令将表格完成,如图 7-6-1 所示。

（6）绘制图例及文字说明,使用插入块命令、直线命令和文字命令进行绘制,如图 7-6-1 所示。

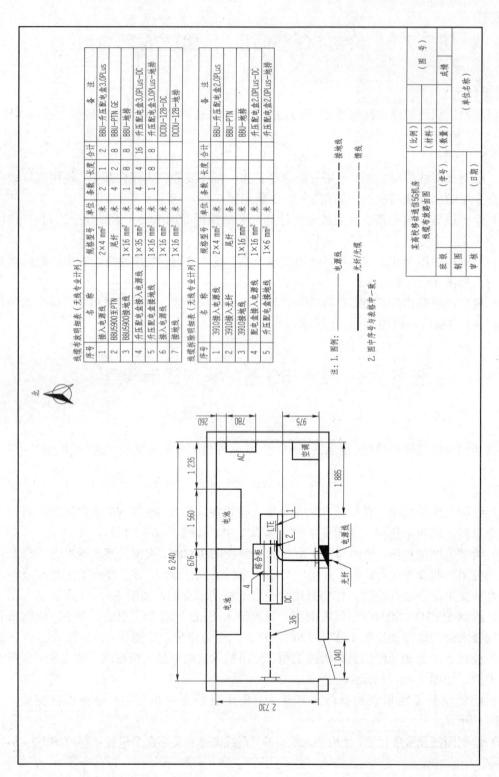

线缆布放明细表（无线专业计列）

序号	名 称	规格型号	单位	条数	长度	合计	备 注
1	接入电源线	2×4 mm²	米	2	1	2	BBU—升压配电盒3.0Plus
2	BBU5900至PTN	尾纤	米	4	2	8	BBU—PTN GE
3	BBU5900接地线	1×16 mm²	米	8	1	8	BBU—地排
4	升压配电盒接入电源线	1×35 mm²	米	4	4	16	升压配电盒3.0Plus-DC
5	升压配电盒接入接地线	1×16 mm²	米	1	8	8	升压配电盒3.0Plus-地排
6	接入电源线	1×16 mm²	米				DCDU-12B-DC
7	接地线	1×16 mm²	米				DCDU-12B-地排

线缆标签明细表（无线专业计列）

序号	名 称	规格型号	单位	条数	长度	合计	备 注
1	3910接入电源线	2×4 mm²	米				BBU—升压配电盒2.0Plus
2	3910接入光纤	尾纤	条				BBU—PTN
3	3910接地线	1×16 mm²	米				BBU—地排
4	配电盒接入电源线	1×16 mm²	米				升压配电盒2.0Plus-DC
5	升压配电盒接入接地线	1×6 mm²	米				升压配电盒2.0Plus-地排

注：1. 图例：
———— 电源线 —·—·— 接地线
-------- 光纤/光缆 — — — 馈线

2. 图中序号与表格中一致。

图 7–5–1　基站机房线缆布放路由图

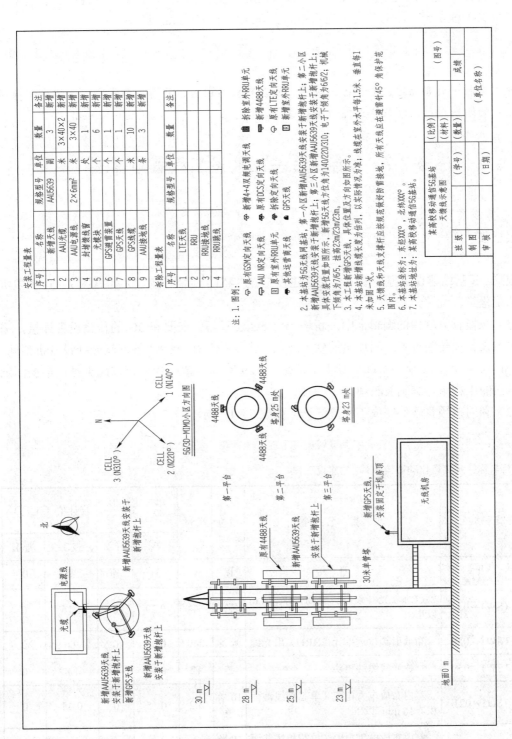

图 7-6-1　基站天馈线示意图

（7）天馈俯视图、天馈侧视图、5G/3D–MIMO 小区方向图、各平台俯视图、安装工程量表和拆除工程量表、图例及文字说明布局合理地放在 A3 标准图框内。

 职业素养

通过绘制平面布置图、主设备面板图、线缆布放路由图、天馈线示意图，让学生掌握通信工程图的绘图规范，满足职业能力岗位需求。

任务 7.7　编制 5G 基站建设工程概预算表

【任务要求】

根据移动通信 5G 基站建设工程图编制工程概预算表编制。

【任务实施】

根据 5G 基站建设工程图纸结合通信建设工程"451"定额，统计并计算图 7–5–1 中所产生的工程量。

（1）在概预算软件的编辑框中，新增一台 5G 主设备，需要和 5G 的传输设备连接，需要布放主设备和传输设备之间连接的软光纤，通过定额查询，找到"放绑软光纤设备机架间，绑 15 m 以下"，在定额中查找到技工工日是"0.29"，录入表三甲中，以此类推，根据图纸中计算出的工程量，编制表三甲。

（2）利用概预算软件完成工程量统计，如表 7–1 所示。

表 7–1　建筑安装工程量预算表（表三）甲

建设项目名称：某高校移动通信 5G 基站建设工程

序号	定额编号	项　目　名　称	单位	数量	单位定额值（工日）		合计值（工日）	
					技工	普工	技工	普工
I	II	III	IV	V	VI	VII	VIII	IX
1	TSW1–053	放绑软光纤设备机架间，绑 15 m 以下	条	4	0.29	0	1.16	0
2	TSW1–058	布放射频拉远单元（RRU）用光缆	米条	240	0.04	0	9.6	0
3	TSW1–059	制作光线缆端接头	芯	12	0.15	0	1.8	0
4	TSD5–021	室内布放电力电缆（单芯相线截面积）16 mm² 以下	10米条	3.2	0.15	0	0.48	0
5	TSD5–021	室内布放电力电缆（单芯相线截面积）16 mm² 以下 [工日×1.35]	10米条	0.2	0.2	0	0.04	0

续表

序号	定额编号	项目名称	单位	数量	单位定额值（工日）		合计值（工日）	
					技工	普工	技工	普工
I	II	III	IV	V	VI	VII	VIII	IX
6	TSW1－068	室外布放电力电缆（单芯）16 mm² 以下［工日×1.35］	10米条	12	0.24	0	2.88	0
7	TSW1－068	室外布放电力电缆（单芯）16 mm² 以下	10米条	0.6	0.18	0	0.108	0
8	TSW1－083	封堵馈线窗	个	1	0.75	0	0.75	0
9	TSW2－011	安装定向天线地面铁塔上（高度）40 m 以下［工日×1.30］	副	3	8.255	0	24.765	0
10	TSW2－055	安装、射频拉远设备 地面铁塔上（高度）40 m 以下［工日×0.50］	套	3	1.44	0	4.32	0
11	TSW2－023	安装、调测卫星全球定位系统（GPS）天线	副	1	1.8	0	1.8	0
12	TSY2－083	安装、调测全球定位系统（GPS）	套	1	4	0	4	0
13	TSY2－084	GPS 馈线布放 十米	十米	1	0.5	0	0.5	0
14	TSW2－048	配合调测天馈线系统	扇区	3	0.47	0	1.41	0
15	TSW2－052	安装基站主设备 机柜/箱嵌入式	台	1	1.08	0	1.08	0
16	TSW2－081	配合基站系统调测 定向	扇区	3	1.41	0	4.23	0
17	TSW2－094	配合联网调测	站	1	2.11	0	2.11	0
18	TSW2－095	配合基站割接、开通	站	1	1.3	0	1.3	0
	总计						62.333	0

（3）复核。

对上述表格内容进行一次全面检查，检查所列项目、工程量计算结果、套用定额、选用单价、取费标准以及计算数值等是否正确。

（4）编写说明。

复核无误后，进行对比、分析，写出编制说明。凡是概算、预算表格不能反映的一些事项以及编制中必须说明的问题，都应用文字形式说明，以供审批单位审查。

项目总结

本项目借助 AutoCAD 2020 软件平台，创建了样版文件和图块，绘制了基站机房设备平面布置图、基站主设备面板图、基站机房线缆布放路由图、基站天馈线示意图，基站概预算编制。最终完成了"某高校移动通信 5G 基站建设工程图"的绘制。项目实施过程中，绘制要求与企业岗位实际需求相对接，强调键盘输入方式启动命令（即快捷键使用）和辅助工具的使用，以提高绘图效率和准确率。

在项目实施过程中，除了要提升绘图效率外，更重要的是要对工程建设思路和方案进行熟知，所以强调思路明确是非常必要的。

绘制某广场移动通信 5G 基站建设工程图

利用 AutoCAD 2020 软件平台，使用其绘图和编辑指令，在指定图框中绘制"基站机房设备平面布置图（图 7-E-1）、基站主设备面板图（图 7-E-2）、基站机房线缆布放路由图（图 7-E-3）、基站天馈线示意图（图 7-E-4），完成文字注释，布局合理美观。

项目任务分解：

本项目共分为以下 4 个任务进行：

（1）绘制基站机房设备平面布置图；

（2）绘制基站主设备面板图；

（3）绘制基站机房线缆布放路由图；

（4）绘制基站天馈线示意图。

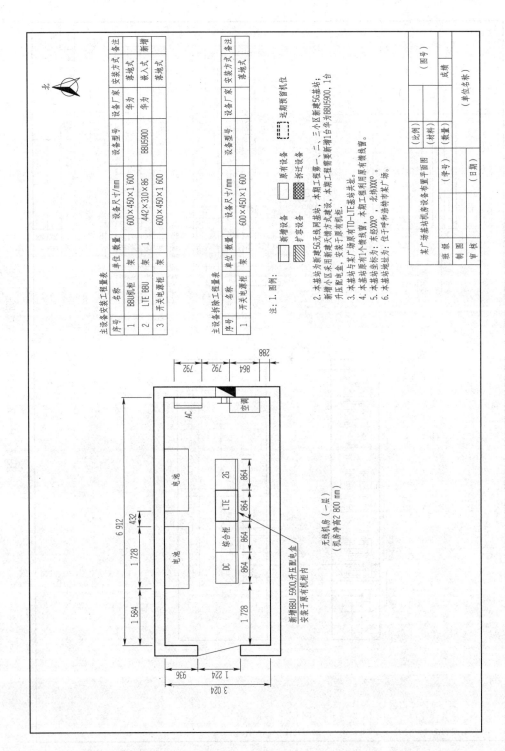

图 7－E－1　基站机房设备平面布置图

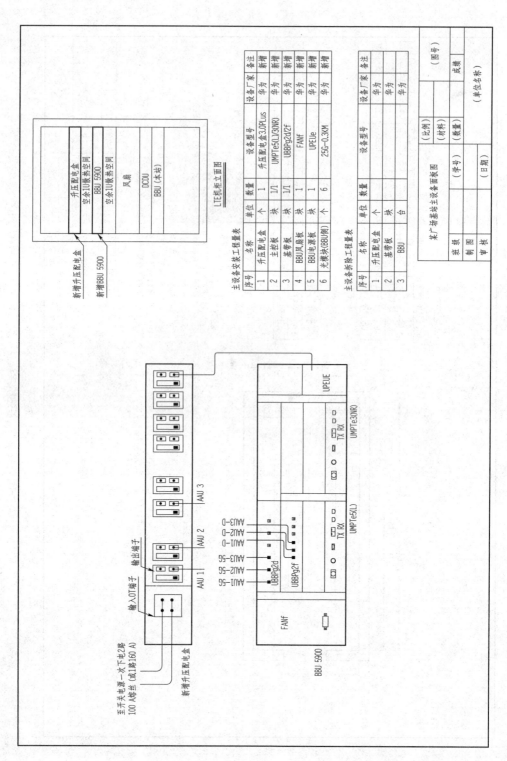

图 7－Ｅ－2　基站主设备面板图

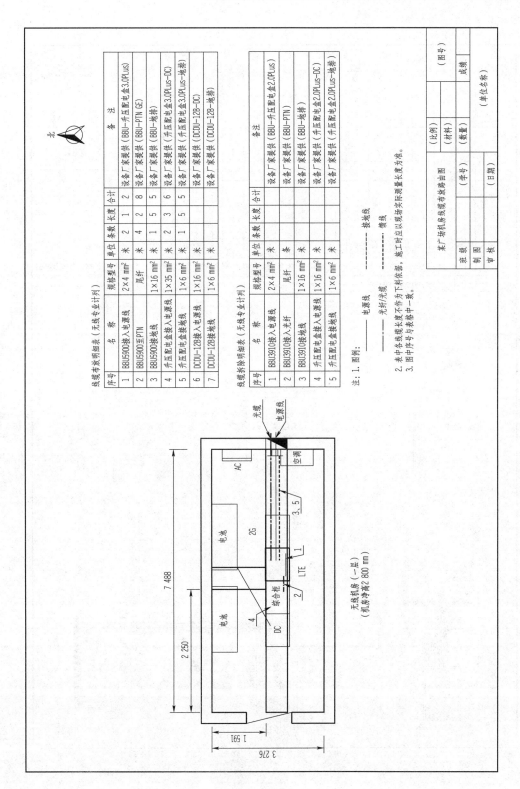

图 7－E－3　基站机房线缆布放路由图

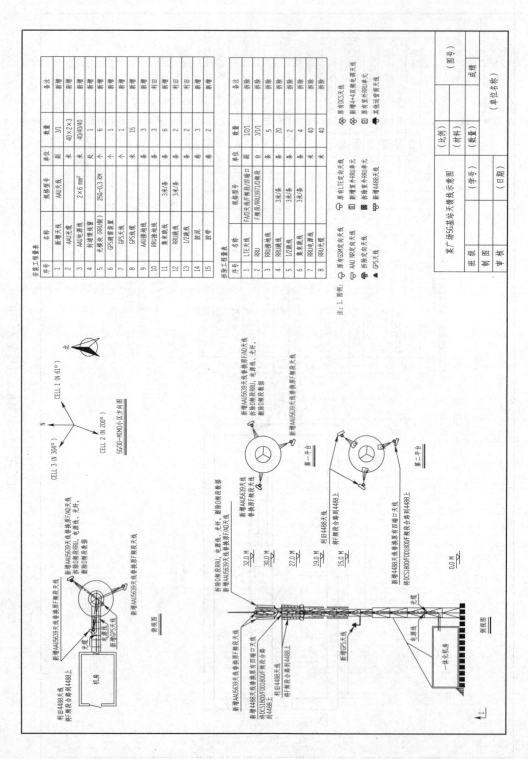

安装工程量表

序号	名称	规格型号	单位	数量	备注
1	新增F频段天线	AAU天线	副	3/1	新增
2	AAU光缆		米	40×2×3	新增
3	AAU电源线		米	40/40/40	新增
4	射频拉远设置	2×6 mm²	段	1	新增
5	光模块 (RRU侧)	25G~0.3 KM	个	6	新增
6	GPS避雷装置		个	1	新增
7	GPS天线		条	1	新增
8	GPS馈缆		条	15	新增
9	AAU接地线		条	3	新旧
10	RRU接地线	3米/条	条	3	新增
11	集束馈线		条	6	新增
12	RRU馈电线	3米/条	条	2	利旧
13	1/2馈线		条	2	新增
14	胶泥		包	3	新增
15	胶带		卷	2	新增

拆装工程量表

序号	名称	规格型号	单位	数量	备注
1	LTE天线	F/A/D头线及厂频段/回波口	副	1/2/1	拆除
2	RRU	F频段 RRU1397口/B头段	台	3/0/1	拆除
3	RRU接地线		条	5	拆除
4	RRU接地线	3米/条	条	20	拆除
5	1/2馈线		条	4	拆除
6	集束馈线	3米/条	条	4	拆除
7	RRU电源线		米	40	拆除
8	RRU光缆		米	40	拆除

注: 1. 图例:

图 7－E－4 基站天馈线示意图

十四运会首次引入"5G"技术　解锁观赛新"姿势"

十四运会首次构建国家级大型运动会信息化系统的大数据统一平台，把 5G、人工智能、大数据、云计算等先进技术应用到赛事各项业务中，满足竞赛、赛事组织、安全保障、观众观赛等方面的技术服务需求。裸眼全景模式、自由视角、VR 技术……目前正在进行的十四运会篮球项目（西安赛区）测试赛就率先运用了 5G 智慧观赛新模式，十四运会合作运营商搭建直播平台进行了测试性直播，如图 7-E-5 所示。

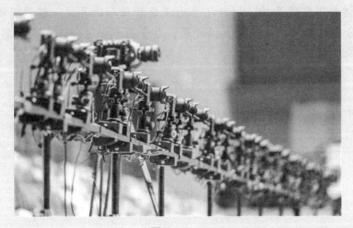

图 7-E-5

1. 5G 技术为十四运会赋能

"连选手脸上的汗珠都清晰可见，一点儿也不会延时卡顿，这样看比赛实在太过瘾了！"20 日下午，坐在家里的市民王先生通过电信 IPTV 平台以第一视角实时观看了测试赛直播。此次比赛期间，运营商在陕西省西安城市运动公园体育馆内搭建了 120 余台全景摄影机位，对赛事进行全方位直播，因为 5G 技术的"加持"，观赛体验有了质的提升。

"依托 5G 技术高带宽、超低延时、高可靠性的优势，现场直播的传输速率达到了 4G 网络的十几倍，以'毫秒级'同步投射到屏幕上，传输速度和移动性有了更坚实的技术支撑。"据相关工作人员介绍，现场赛况的各路声画都被实时上传至直播平台，为观众带来了更流畅的现场转播、更真实的观赛体验、更丰富的信息服务和更随心的角度选择。

2. 实景观赛体验仿佛身临其境

与传统电视直播模式相比，"5G＋VR"技术能给观众带来全新、震撼、前所未有的 360°、沉浸式观赛体验和赛事直播享受。在场馆外，记者戴上 VR 设备也实际体验了一次"云观赛"，只需要操作手柄就可以自由选择任意视角观看比赛，还可以通过操作手柄和晃动手臂等动作"挥舞"荧光棒或"鼓掌"，为运动员加油助威。如果想和异地的朋友共同观赛，还可以通过 VR 设备坐在相邻的"座位"上，一边观赛、一边交流。

据测试赛 5G 多媒体直播项目负责人贾国稳介绍："观众可以通过自主交互改变视角和位置，一改过去传统的定点和被动式观赛模式，就仿佛亲临比赛现场，能够坐在最佳位置、以最佳视角欣赏精彩的比赛，'5G＋VR'技术能够将赛场外千万量级的观众'齐聚'场内。"

3. 为十四运会正赛直播奠定基础

据悉，立足 5G 等一系列技术基础，此次测试赛期间运营商更是在网络测试、设备布设、预案部署上下足了功夫。十四运会篮球项目竞委会（西安赛区）在用电、网络、人员等方面也提供了全程协助、全要素保障，为十四运会智慧观赛提供坚实保证。

除了提前对比赛进行 5G 部署，相关单位还组织了多轮网络测试和预案演练，模拟突发故障、应急事件、常规流程等既定测试环节，展开从上到下、从发现问题到解决问题的全流程模拟演练，确保万无一失。

"目前为止，赛事直播工作十分顺利，我们将用过硬的技术、扎实的部署，为十四运会篮球项目正赛直播打下坚实基础，用新技术为观众带来一次耳目一新的观赛体验。"贾国稳表示，他们将充分吸取本次测试赛的直播经验，力争在十四运会正式赛事期间做好服务保障工作，给观众带来上佳的观赛体验。

项目八　某广场移动通信覆盖系统工程图识读与绘制

项目说明及任务划分

某广场 1ZLM 位于某市某区，由办公楼和商场组成。办公楼共有 17 层，B1～F5 组成购物商场，用户较多，通话需求量较大，估算客流量为 800 人。

某广场 1ZLM 为新建方案，频段为 2 515～2 675 MHz。

本楼宇设计思路为平层采用 PRRU 覆盖。该站共使用 127 副独立型 PRRU，22 副合路型 PRRU，对数周期天线 28 个，室内定向板状天线 2 副。本楼宇应客户要求电梯要做通信系统 4G 覆盖，办公楼、超市进行 5G 通信覆盖，本次深度覆盖规划目标为该物业点所有楼宇。利用移动通信覆盖系统规划、勘测、设计的相关知识完成某广场的覆盖系统工程实施项目。

本项目共划分为以下 6 个任务进行：

任务 8.1　移动通信室内覆盖系统工程规划

任务 8.2　移动通信室内覆盖系统工程勘测

任务 8.3　移动通信室内覆盖系统工程设计

任务 8.4　绘制某广场移动通信室内覆盖系统工程系统图

任务 8.5　绘制某广场移动通信室内覆盖系统工程分布图

任务 8.6　编制某广场移动通信室内覆盖系统工程概预算表

项目实施

任务 8.1　移动通信室内覆盖系统工程规划

【任务描述】

综合利用移动通信覆盖系统的规划目标、规划内容，进行移动通信覆盖工程规划。

【任务实施】

一、移动通信覆盖系统规划目标

1. 无线覆盖率

TD－LTE 室内分布系统要求目标覆盖区域内 95%以上的公共参考信号接收功率 RSRP 大于－100 dBm 且公共参考信号信干噪比 RS－SINR 大于 6 dB。营业厅（旗舰店）、会议室、重要办公区等业务需求高的目标覆盖区域内 95%以上的公共参考信号接收功率 RSRP 大于－95 dBm 且公共参考信号信干噪比 RS－SINR 大于 9 dB，如表 8－1 所示。

表 8－1　无线覆盖指标

覆盖类型	覆盖区域	覆盖指标	
		RSRP 门限/dBm	RS－SINR 门限/dB
室内覆盖系统	一般要求	－100	6
	营业厅（旗舰店）、会议室、重要办公区等业务需求高的区域	－95	9

2. 室内信号外泄场强

室内覆盖信号应尽可能少地泄漏到室外，要求主要道路一侧的室外 10 m 处应满足 RSRP ≤－110 dBm 或室内小区外泄的 RSRP 比室外主小区 RSRP 低 10 dB（当建筑物距离道路不足 10 m 时，以道路靠建筑一侧作为参考点）。

二、移动通信覆盖系统规划内容

1. 频率规划

1）规划指导思想

将 E 频段作为本期 TD－LTE 规模网室内分布系统的使用频段，使用 2 320～2 370 MHz 共 50 MHz 频率，为了避免干扰，优先使用 2 320～2 340 MHz。5G 使用 2 515～2 675 MHz 频率。

2）规划组网方式

室内覆盖系统采用与室外系统异频组网。室内覆盖同一水平层面如需设置多个小区时，相邻小区间建议采用异频组网。

（1）在建筑物内可以利用自然阻隔合理进行频率规划。

（2）楼层间隔离较好，可以采用带宽 20 MB 同频组网方式。

（3）对同层天然隔离较差的区域，建议采用异频组网方式，同层小区间频率交错复用。

2. 时隙规划

时隙转换点可以灵活配置是 TD－LTE 系统的一大特点。非对称时隙配置能够适应不同业务上下行流量的不对称性，提高频谱利用率；由于基站间采用不同的时隙转换点会带来交叉时隙的干扰，因此在网络规划时需利用地理环境隔离、异频或关闭中间一层的干扰时隙等方式来避免交叉时隙干扰。

　　E 频段的业务子帧配置为 1:3，特殊子帧配置为 10:2:2。

　　3. 小区规划

　　在单小区容量无法满足业务需求或覆盖需求的情况下，应考虑系统分区设计：

　　（1）应综合考虑建筑物结构、室内环境、信号源容量、设备性能等因素，合理设置小区边界，保证小区间切换，避免小区间干扰。

　　（2）同一楼层原则上要划分在同一个小区内，楼层面积较大的站点可以分区设计，但是要合理设置小区切换边界，保证切换成功率。

　　根据主设备的能力，以方便后期的小区分列和增加双载波：

　　① 原则上单通道 RRU 可以 6 个 RRU 共一个小区；

　　② 双通道 RRU 可以 4 个 RRU 共一个小区；

　　③ 通道 RRU 不超过 4 级联；

　　④ 通道 RRU 不超过 2 级联。

　　4. 信源规划

　　1）信源选址

　　（1）综合利用：应充分考虑室内覆盖系统综合利用和未来发展，提高经济效益。

　　（2）解决弱覆盖：应选择内部无线通信信号弱或无信号的建筑和场所。

　　（3）需求考虑：应选择用户密度大、话务量需求高的综合性商场、超市、车站等建筑和场所。

　　（4）场景选择：应选择高端用户集中的高档写字楼、星级酒店等建筑和场所。地区内标志性或有影响力的机场、重要体育馆、展览中心、政府机关等建筑和场所。

　　（5）重点覆盖场景：党政机关、星级酒店、大型医院、交通枢纽、大型商场、企业总部、商务楼宇、高校、会展中心、交通（地铁、隧道）等。

　　2）信源配置

　　（1）原则上 TD-LTE 每小区配置为 01，载波带宽为 20 MHz；

　　（2）为了保证 TD-LTE 的覆盖范围，考虑 2×20 M（后续扩容到 2 频点）因素，规定 40 W 和 50 W 的 RRU 设计导频输出功率为 12.2 dBm，20 W 的 RRU 设计导频输出功率为 9.2 dBm；

　　（3）对于覆盖和容量不满足的场景，将根据链路预算进行 RRU 增加及替换 50 W RRU，以保证覆盖和容量的需求。

　　5. 室分天馈系统规划

　　1）系统双路站点规划

　　（1）需要规划双路站点的场景有省市级党政机关、四星级以上酒店、三甲（乙）医院、省市级交通枢纽、大型综合商场、国家省级企业总部、甲级商务楼宇、省市级会展中心以及地铁覆盖等。

　　（2）需要注意的事项：

　　① 如果地市有其他场景的双路建设需求，需要向省公司申请；

　　② 对于电梯间、楼梯走道、地下车库、洗手间等客户驻留时间较短的特殊场景，原则

上不纳入双路建设目标的范围；

③ 由于改造双路站点难以做到功率平衡，4G 二期站点原则上不进行改造双路的建设；

④ 如有特殊需求，需要提前向省公司申请。

2）系统改造及新建

（1）新建单路。

新建单路系统如图 8-1-1 所示，TD-LTE 室分建设应考虑 GSM、TDS、WLAN 共用的需求，尽量按照小功率多天线原则布放天线。

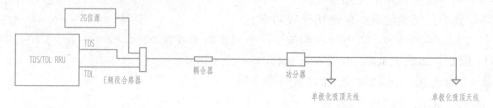

图 8-1-1 新建单路系统图

（2）新建双路。

双路分布系统相对于单路分布系统具有 1.5～1.6 倍的容量增益，对于提升小区吞吐量和用户峰值速率体验具有明显的性能优势。对于新建双路分布系统如图 8-1-2 所示，应通过合理的设计确保两路分布系统的功率平衡，通过一个双 E 通道的 RRU 分出双路信号，其中一路接入多频合路器，将信号均匀分布到双路系统中。

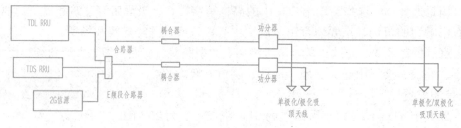

图 8-1-2 新建双路系统图

（3）改造一单路加新建一路分布。

增加 TD-LTE 信源及一个多频合路器对原有天馈进行改造的同时，还要新建一路天馈系统以使用双通道。如原有的室分无源器件的频段不满足要求的，需替换相关无源器件。其分布系统如图 8-1-3 所示。

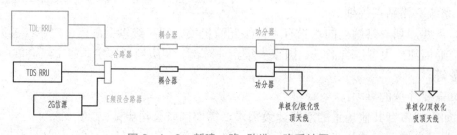

图 8-1-3 新建一路+改造一路系统图

（4）5G 覆盖系统示意图如图 8-1-4 所示。

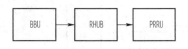

图 8-1-4　5G 覆盖系统示意图

在此任务中，工程设计与实施要依据相关标准保证其严紧性，满足职业能力岗位需求。

任务 8.2　移动通信室内覆盖系统工程勘测

【任务描述】

掌握移动通信室内覆盖工程勘测内容、流程、步骤、方法等。

【任务实施】

1. 移动通信室内覆盖工程勘测内容

（1）地理环境勘测。

包括某广场的地理位置、大楼外观照等。

（2）从物业获取大楼结构图并分析其结构特点。

① 建筑平面图，含地下层、裙楼、夹空层和标准层的结构、电梯的数量以及共井情况。

② 对于新建站点，勘察之前要拿到集成商提供的建筑图纸，核实各个平层及电梯结构是否跟现场一致。

③ 对于升级站点，要提前拿到竣工图纸，需核实现场施工情况是否跟原有设计一致。

（3）电磁环境勘测。

需要统计其他运营商的 2G、4G、5G、WLAN 覆盖情况。有条件的情况下还需要对现场进行 LTE 模拟测试。在物业的室内覆盖系统建设前，测试调查物业的网络覆盖状况、性能指标和干扰情况等，发现问题，以便在该物业的室内覆盖系统设计中解决问题或减弱干扰。对于无线环境勘测而言，在室内环境是采用步测的方式进行慢速的沿路测试。

（4）新增设备安装位置。

安装位置、取电位置、接地位置等，每个 PRRU 供电必须要有单独的空开，接地时不允许多个设备串接。

2. 勘测流程

勘测流程图如图 8-2-1 所示。

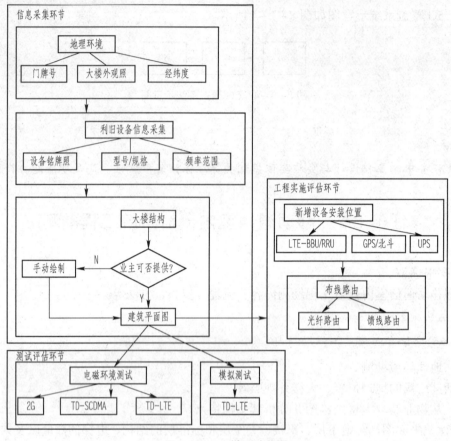

图 8-2-1 勘测流程图

3. 勘测工具及资料

（1）原有分布系统的竣工图纸（升级改造站点）。

（2）建筑物的平层图。

（3）指北针、手持式 GPS。

（4）数码相机（记录大楼外观图、有源设备安装位置）。

（5）皮尺或测距仪。

（6）吸顶天线、模拟信号源和连接线。

（7）便携式计算机。

（8）测试手机和接收机。

（9）扫频仪。

4. 勘测方法

本原则中将建筑物按楼层定义为低层、中层、高层、超高层几个部分。1～7 层为低层，8～21 层为中层，22～39 层为高层，40 层以上为超高层。勘测方法如表 8-2 所示。

表8-2　勘测方法

序号	勘测项目	使用仪器	方法	结果
1	建筑物外观	数码相机		外观照片
2	经纬度	GPS		经度/纬度
3	建筑物内无线环境测试	2/3/4G测试仪器、测试软件	1. 测试场景选择 （1）每层结构都不同，应逐层测试； （2）每层结构相类似，应按低层、中层、高层的顺序各抽测一层； （3）地下层场景，从地下层入口开始测试，记录开始测试到脱网的整个过程； （4）电梯场景，相邻的电梯只选择其中1部测试，不相邻的电梯全部测试。 2. 室内步测 （1）步测路线需包含走廊和围绕窗边1m处； （2）测试路线打点均匀	获得代表性楼层的步测图，能反映当前小区的RSRP值、RSRQ等指标
4	信源安装环境		1. BBU/RRU优先选择在大厦的弱电设备房，其次选择弱电井，注意有无空气开关引出的电源； 2. 信源同步天线优先选择在大楼楼顶天面安装，其次选择在南面45°仰角方向无阻挡的地方安装，安装位置的周围不能存在同频段的大功率的微波发射台	说明待安装位置，有必要的附上照片
5	LTE BBU-RRU传输路由		注意沿途有无移动线槽可以使用，若线槽已满或无线槽，则应安排施工配套一同勘测	给出详细路由（附照片），对采用光缆的类型，施工工艺进行现场确定

5. 勘测的其他注意事项

勘测时应遵守由各地市移动公司制定的相关安全文明规范，同时应注意以下环节：

（1）带齐证明身份文件以及处理紧急事件的相关负责人员的联系方式；

（2）事先要联系代维技术人员和集成厂家；

（3）进入酒店、私人区域或者禁区应提前预约，不可硬闯；

（4）在勘测过程中，遇到执法人员、业主或者保安询问，不可以硬顶，应该首先表明自己的身份和来意（建议事先写好在卡片上），在对方要求出示证件时，应该提供证件；

（5）在自己不能有效与对方沟通的情况下，应让代维技术人员与对方沟通。

职业素养

勘测人员在勘测的过程中，要遵守相关安全文明规范，注意实施过程中要保护公共环境与物品。

任务 8.3　移动通信室内覆盖系统工程设计

【任务要求】

根据移动通信室内覆盖系统工程的工程设计流程,要知道通信覆盖系统信源、分布系统、天馈线系统如何设计。

【任务实施】

1. 工程设计流程

移动通信室内覆盖系统工程设计流程如图 8-3-1 所示。

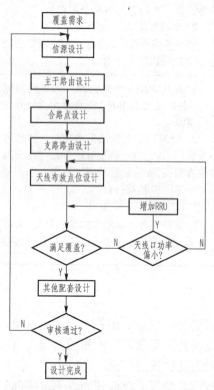

图 8-3-1　移动通信室内覆盖系统工程设计流程

2. 移动通信室内覆盖系统工程信源设计

（1）对于使用多个 RRU 覆盖的物业点需进行 RRU 的覆盖分区时,设计时应使得各个 RRU 分区间的隔离度尽可能高,以利于后期扩容,降低改造工作量。

（2）对于采用双路室分系统的建设场景,应使用双通道 RRU,并将 RRU 的两个通道对应覆盖相同区域。对于采用单路室分系统的建设场景,可使用双通道 RRU,并将 RRU 的两个不同通道分别对应覆盖不同区域。

（3）设计时保证 RRU 通道间的隔离度尽可能高，以利于后续空分复用技术引入，提升单路天馈线系统的容量。

（4）RRU 每通道输出功率按单个子载波 12.2 dBm 计算。

（5）根据厂家 RRU 设备支持能力进行 RRU 级联级数设置，通常情况下室内覆盖系统单通道 RRU 级联级数建议为 4 级以内；双通道 RRU 级联级数建议在 2 级以内。

（6）根据室内分布系统的实际情况，应因地制宜选择链形和星形拓扑结构，体现方案的合理性和经济性。

3. 移动通信室内覆盖系统工程系统设计

（1）MIMO 天线阵布放密度。

对采用双路建设的站点，MIMO 天线阵的布放密度与 SIMO 天线布放密度相同。组成 MIMO 天线阵的两个单极化天线尽量采用 10λ 以上间距（约为 1.25 m），如实际安装空间受限双天线间距不应低于 4λ（约为 0.5 m）。狭长走廊场景下，由于 key-hole 效应（匙孔效应）的存在，天线相关性较大，建议天线间距设置为大于 6 个波长（E 频段约为 0.6 m），尽量使天线的排列方向与走廊方向垂直。

（2）单路天线布放密度。

为保证均匀覆盖，建议同一有源系统在相同场景下的天线口功率差异控制在 5 dB 以内。LTE 天线口功率为单载波功率。各系统的天线布放间距、天线口功率及天线类型、安装位置参考原则如表 8-3 所示。

表 8-3　天线布放参考原则

场景	天线间距	天线口功率	天线类型	天线安装位置
开放型	GSM900：20～35 m TD：15～25 m WLAN：15～20 m LTE：15～25 m	GSM900：0～5 dBm TD：3～8 dBm WLAN：12～15 dBm LTE：-10～-15 dBm	主要为全向吸顶天线，安装条件受限或狭长的开阔区域可以使用定向板状天线	公共区
密集型	GSM900：10～20 m TD：6～12 m WLAN：6～10 m LTE：6～12 m	GSM900：5～13 dBm（楼层较高且电磁环境复杂时，建议天线口功率为 10～15 dBm） TD：5～10 dBm WLAN：12～15 dBm LTE：-10～-15 dBm	主要为全向吸顶天线，切换区及容易产生泄露的区域可以适当使用定向板状或定向吸顶天线	公共走廊，天线布放位置尽量靠近房间门口；纵深 10 m 或以上的房间，可以考虑天线内置房间，内置后天线口功率应适当降低，减少功率浪费或外泄影响
半密集型	GSM900：15～25 m TD：8～15 m WLAN：8～12 m LTE：8～15 m	GSM900：5～13 dBm（楼层较高且电磁环境复杂时，建议天线口功率为 10～15 dBm） TD：5～10 dBm WLAN：12～15 dBm LTE：-10～-15 dBm	主要为全向吸顶天线，切换区及容易产生泄露的区域可以适当使用定向板状或定向吸顶天线	公共走廊，面积较大的会议室或房间建议天线安装到房间内，内置天线口功率应适当降低，减少功率浪费或外泄影响

（3）双极化天线布放密度。

① LTE 与 GSM 系统合路时，GSM 系统的信号要馈入垂直极化通道。

双极化天线有 2 个输入端口，其中垂直极化的端口频率范围为 880～960 MHz，1 710～2 690 MHz，涵盖了 GSM/TD－SCDMA/TD－LTE/WLAN 频段。

水平极化的端口频率范围为 1 880～2 500 MHz，涵盖了 TD－SCDMA/TD－LTE/WLAN 频段。

考虑到通常合路方式为 GSM/TDS/LTE 共一路天馈，LTE 单独一路天馈，所以合路的信号要馈入垂直极化通道，如图 8－3－2 所示。

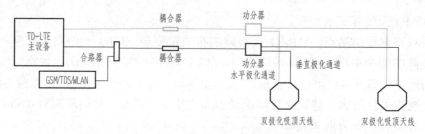

图 8－3－2　LTE 与 GSM 系统合路时天线布放

② 覆盖半径。

双极化天线在低频的增益为 2 dB，在高频的增益为 3.5 dB；集采的单极化天线在低频的增益为 2 dB，在高频的增益为 5 dB，所以两种规格的天线覆盖能力相当。建议在封闭场景双极化天线间距为 6～10 m，在开阔场景双极化天线间距为 10～15 m。

（4）TD－LTE 天线与其他系统天线的隔离要求。

WLAN 工作在 2 400～2 483.5 MHz，TD－LTE 室内 E 频段工作于 2 350～2 370 MHz 频段，两系统频段相近，存在着干扰。因此，当 TD－LTE 与 WLAN 同区域覆盖时，应优先考虑共室分系统组网，可以通过提高合路器的隔离度至 88 dB 以上进行干扰规避。如二者采用独立建设方式，保证两设备天线空间隔离 3～4 m，有条件可 6 m 以上。

（5）5G 通信系统覆盖方案：3 个盒子＋2 根线，如图 8－3－3 所示。

4. 天馈系统设计及布放原则

1）天线布放

天线布放应重点确保重要会议室、重要办公室、电梯口的有效覆盖，天线密度应以满足 TD－S/TD－LTE 系统引入需要为原则。

（1）对于电梯的覆盖，一般采用电梯井内安装定向天线的方式进行覆盖。

（2）对于观光电梯，一般依靠室外宏站信号解决。

（3）在具备施工条件的物业点，可采用定向天线由临窗区域（有墙体遮挡位置或距离窗户 2 m 以上）向内部覆盖的方式，有效抵抗室外宏站穿透到室内的强信号，使得室内用户稳定驻留在室内小区，获得良好的覆盖和容量服务，同时也减少信号泄漏。

（4）对于住宅区里离人群较近的美化天线，在满足覆盖需求的前提尽量以小功率发射，满足国家一级电磁辐射安全标准。

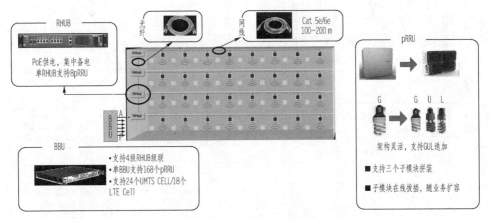

图 8-3-3　5G 通信系统覆盖方案

2）天线的选型

（1）板状天线、壁挂天线、定向吸顶天线：电梯、较空旷的区域、U 形或较长的出入口。

（2）全向吸顶天线：较封闭的楼层、地下室。

全向吸顶天线一般安装在覆盖区域中间，板状天线、壁挂天线、定向吸顶天线安装在覆盖区域边缘。

（3）天线尽量外露，布放在天花板内的情况应特别注明，以便审核相应的功率设计匹配情况。

（4）天线口输出功率分配应均匀，相同覆盖场景的多个天线输出功率偏差应控制在 5 dB 范围内。

3）外泄控制

各种场景下控制外泄的案例如图 8-3-4 所示。

（1）天线不允许正对出入口，如不能避免，则要求降低天线口功率，如图 8-3-4（a）所示。

（2）根据现场建筑物结构，如果出入口正对有柱子或其他阻挡物，天线可安装在类似位置，如图 8-3-4（b）、（c）所示。

（3）2F 也可能会出现出入口正对有柱子或其他阻挡物情况，如图 8-3-4（d）所示。

（4）地下室通道近出入口处不允许安装天线（此类情况较少见），如图 8-3-4（e）所示。

（5）U 形地下室通道近出入口处不允许安装天线，但要求用板状安装在合适的位置和合适的角度以保证切换，如图 8-3-4（f）所示。

（6）外放天线不能射向小区大门出入口，1F 不能安装水平朝向的电梯天线，如图 8-3-4（g）所示。

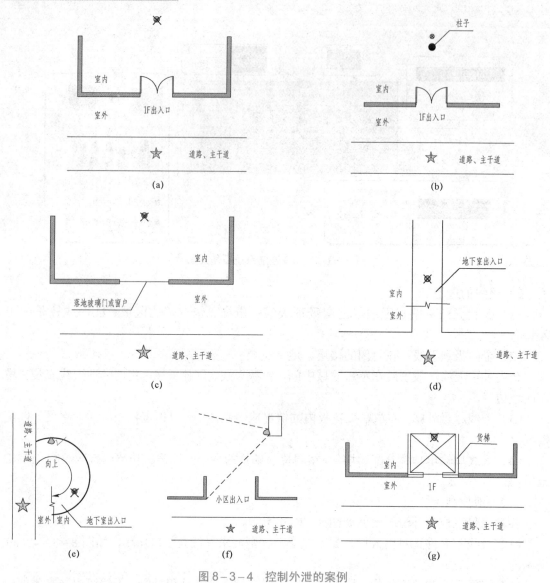

图 8-3-4　控制外泄的案例

（a）1F 天线不允许安装位置；（b）1F 有柱子时天线安装位置；（c）1F 有其他阻挡物；（d）2F 有阻挡物；

（e）地下室通道；（f）U 形地下室通道；（g）1F 不能安装水平朝向天线

4）走线设计

（1）使用干放增加分布系统总功率前应先充分利用主设备的两路干线输出功率，避免一路主干带干放而另一路主干空载的情况出现。

（2）水平面很大的建筑（35 m 以上），应采取多路垂直主干走线。

（3）合理使用功分器和耦合器，不允许大量重复走线，同一个方向不应超过 3 根馈线；清楚标注馈线断点来去方向。

（4）若主干馈线和平层馈线超过 30 m 的馈线，建议使用 7/8 馈线，其他情况建议使用 1/2 馈线。

（5）对于多个电梯并行的场景，可根据实际情况考虑采取单主干路由再穿墙覆盖多个电梯的方式，以节省馈线。

5）天线位置

（1）外放天线的摆放位置需要根据目标区域的特点进行确定，尤其当目标覆盖区域是居民住宅小区时，需要现场勘察仔细考虑合适的天线安装位置，避免引起居民投诉。选择天线位置的另外一个原则就是能够有效利用遮挡减少外泄，同时可以避免外部干扰的引入。

（2）建议天线安装位置。

尽量选择馈线可直接到达的位置进行天线外放，以提高易维护性，包括楼顶天面、裙楼平台、梯间顶、停车场出入口等。

典型的天线位置示意图如图 8-3-5 所示。

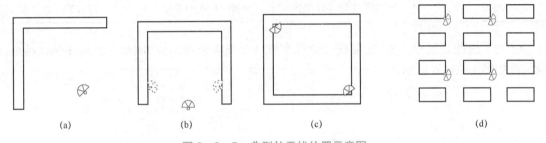

图 8-3-5　典型的天线位置示意图

（a）L 形建筑；（b）U 形建筑；（c）口形建筑；（d）郊外别墅群

5. 5G 分布系统方案设计

（1）5G 基站设备配置如表 8-4 所示。

表 8-4　5G 基站设备配置

网络类型	分区	覆盖面积/万 m²	配置	覆盖区域用户数/人	RHUB 数量/台	内置 PRRU 数/个	外置 PRRU 数/个
5G	无	3.927	01	800	19	149	

（2）5G 基站设备选型如表 8-5 所示。

表 8-5　5G 基站设备选型

网络类型	BBU 型号	BBU 数量	RHUB 数量	PRRU 数量
5G	BBU5900	2	19	149

（3）有源设备接地要求。

根据 GB 50689—2011《通信局（站）防雷与接地工程设计规范》第 3.1.1 条的要求，移动通信基站的工作接地、保护接地以及建筑物防雷接地应共用一组接地系统，形成联合接地。

根据 YD 5098—2005《通信局（站）防雷与接地工程设计规范》第 8.8.1 条的要求，室内覆盖系统信号源和功率放大器、RRU 等有源设备必须有良好的接地系统。

（4）机房荷载。

由于一些基站的站址选用的是民用住房，为确保地面承载安全，务必请建设单位根据设备布置图和设备安装质量表所示的设备质量，核实各基站地面承载能力，如不能满足要求，需采取相应的加固措施，必须在确保能够满足设备质量负荷的要求后安装设备。本工程主要设备受力面尺寸及质量如表 8-6 所示。

表 8-6　设备受力面尺寸及质量

设备名称	单位	安装方式	受力面尺寸 （宽×深×高）/mm	满配质量/kg	数量
BBU5900	个	安装于传输综合架内	600×600×1 800	12	4

（5）系统图楼层标注要求：系统图中以实线划分托盘位置，并在图纸右侧标注所在楼层，示范图如图 8-3-6 所示。

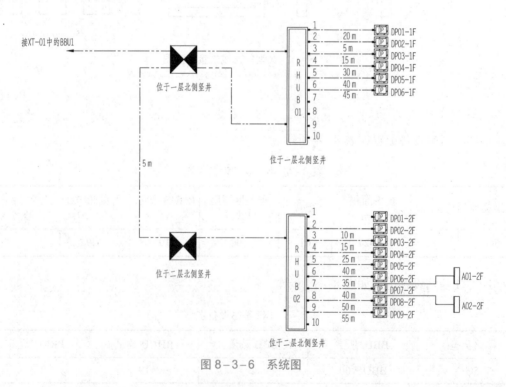

图 8-3-6　系统图

（6）同一位置安装的 ODF 光纤盒数量超过 3 个时，建议采用挂墙 ODF 光纤配线箱或落地 ODF 光纤配线架，并按照相关规范预留操作维护空间。

（7）机房电源线及地线引入建议如表 8-7 所示。

表 8-7 机房电源线及地线引入建议

导线类型	导线路由		导线规格型号	设计工作电压/V	适用范围/m
	由	至			
交流电源线	业主交流配电箱	机房交流配电箱	ZA-RVV3×6	220	0~50
			ZA-RVV3×10	220	50~80
			ZA-RVV3×16	220	80~120
			ZA-RVV3×25	220	120~180
			ZA-RVV4×16+1×10	380	180~220
			ZA-RVV4×25+1×16	380	220~300
接地线	业主联合接地网	机房总地线排	接地引入线长度不宜大于 30 m，材料为 40 mm×4 mm 热镀锌扁钢，或截面积为 95 mm² 多股铜缆		

注：机房内负载功耗按 7 kW 单相负荷计算上述线缆规格。

① 在人防层施工，严禁穿墙打洞。电缆、电线需从人防门框墙预留管孔穿线。应清除管内积水、杂物，在管内两端应用密封材料填充，填料应捣固密实。

② 施工人员在交底过程或施工过程中发现任何问题或疑义，请及时联系设计人员解决。对于本站点的室内覆盖系统方案，施工过程中如有任何改动，必须征得设计单位的同意，并办理设计变更手续。

本任务培养学生主动观察、独立思考的习惯，具备良好的人际沟通及团队协作能力。

任务 8.4　绘制某广场移动通信室内覆盖系统工程系统图

【任务要求】

绘制某广场办公楼 5G 移动通信室内覆盖系统工程系统图，利用天越软件，根据某广场移动通信室内覆盖系统工程分布图中的数据，设计各器件的逻辑关系，完成系统图绘制。

【任务实施】

（1）按照移动通信室内覆盖系统工程的制图规范、完成器件的布放。

① 某广场办公楼 BBU1、BBU2 系统图绘制。

键盘输入"I"，执行"插入图块"命令，插入 BBU 图块，再次调用此命令插入 72 芯光纤分纤箱，利用缩放（SC）、移动（M）调整好器件位置。调用连接线命令，设置连接线线型，完成 BBU1 与分纤箱及分纤箱到 RHUB1、RHUB3、RHUB5、RHUB6、RHUB8 连接关系，如图 8-4-1（a）所示。重复此步骤完成 BBU2 与分纤箱及分纤箱到 RHUB10、RHUB12、RHUB14、RHUB15、RHUB17、RHUB19 连接关系，如图 8-4-1（b）所示。

② 某广场办公楼 RHUB1～9 与 PRRU 连接系统图绘制。

键盘输入"I"，执行"插入图块"命令，插入 RHUB 和 PRRU 图块，再次调用此命令插入 48 芯光纤分纤箱，利用缩放（SC）、移动（M）调整好器件位置。调用连接线命令，设置连接线线型，完成 RHUB1、RHUB2 与 48 芯分纤箱及 PRRU 连接关系，如图 8-4-1（c）所示。重复此步骤完成 RHUB3～9 与 48 芯分纤箱及连接关系，如图 8-4-1（d）～图 8-4-1（g）所示，RHUB1～9 连接 BBU1 中。

③ 某广场办公楼 RHUB10～19 与 PRRU 连接系统图绘制如图 8-4-1（h）～图 8-4-1（m）所示，RHUB10～19 连接 BBU2 中。

（2）查看广场办公楼 5G 移动通信室内覆盖系统工程分布图中各段线缆的长度标注到系统图相应的连接线处，如图 8-4-1 所示。

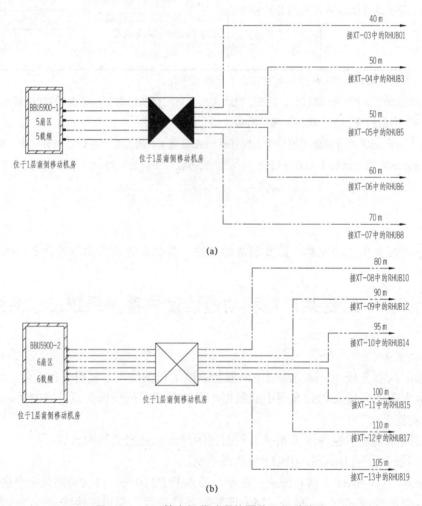

(a)

(b)

图 8-4-1　某广场移动通信覆盖工程系统图

（a）某广场办公楼 BBU5900-1 系统图；（b）某广场办公楼 BBU5900-2 系统图

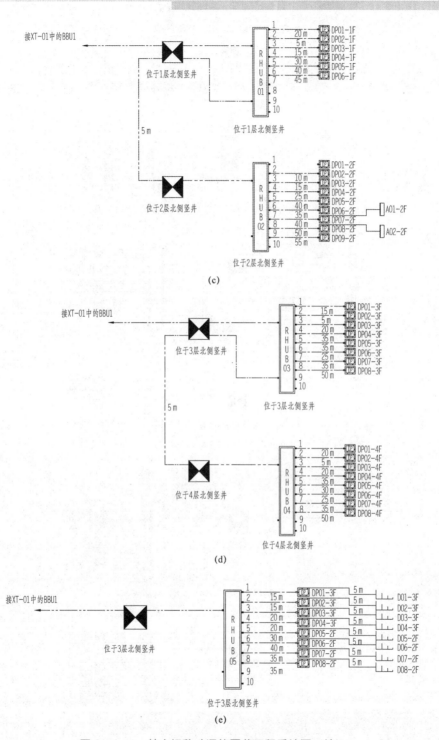

图 8-4-1　某广场移动通信覆盖工程系统图（续）

（c）某广场办公楼 1~2 层系统图；（d）某广场办公楼 3~4 层系统图；（e）某广场办公楼 2~3 层及电梯系统图

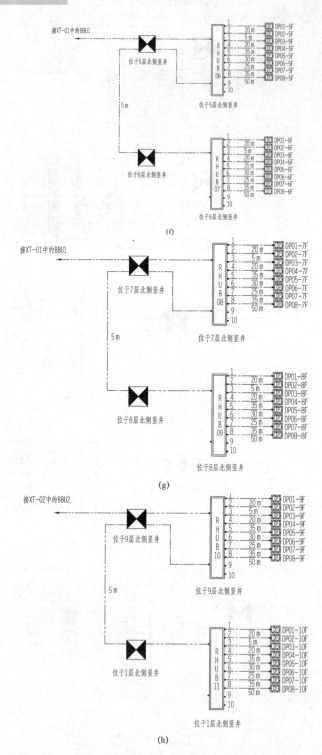

图 8-4-1 某广场移动通信覆盖工程系统图（续）

（f）某广场办公楼 5～6 层系统图；（g）某广场办公楼 7～8 层系统图；（h）某广场办公楼 9～10 层系统图

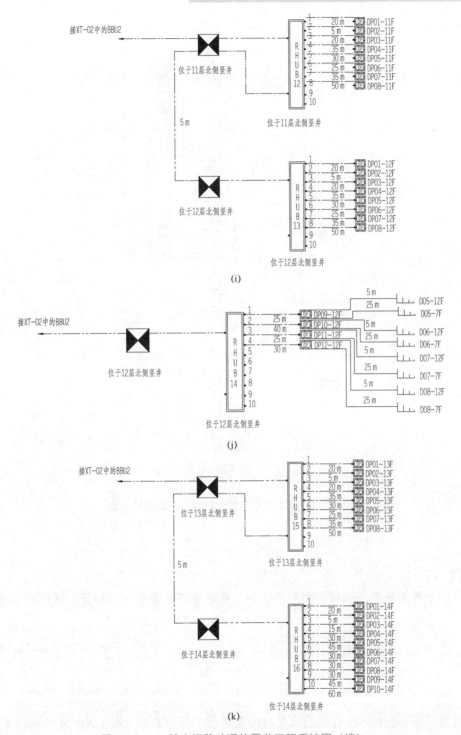

图 8-4-1　某广场移动通信覆盖工程系统图（续）

（i）某广场办公楼 11～12 层系统图；（j）某广场办公楼 12 层及电梯系统图；

（k）某广场办公楼 13～14 层系统图

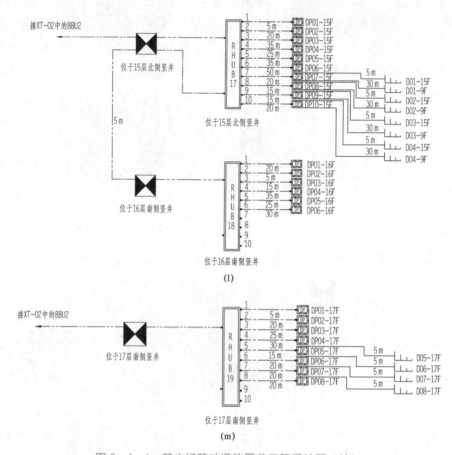

图 8-4-1 某广场移动通信覆盖工程系统图（续）

（l）某广场办公楼 15～16 层及电梯系统图；（m）某广场办公楼 17 层电梯系统图

在本任务的训练中，认真负责完成任务，在绘图中注意每一个细节，保证绘图质量。

任务 8.5　绘制某广场移动通信室内覆盖系统工程分布图

【任务要求】

绘制某广场办公楼 5G 移动通信室内覆盖系统工程分布图，在 CAD 软件基础上用天越软件设计各器件的分布。

【任务实施】

（1）按照移动通信室内覆盖系统工程的设计要求完成信源节点与天线的布放。

① 某广场办公楼 1 层分布图布局。

键盘输入"I"，执行"插入图块"命令，调入办公楼 1 层平面图，调用连接点命令，把连接点放入弱电竖井合适位置，调用天线命令，把 PRRU 天线放置到勘测点，综合利用缩放（SC）、移动（M）、复制（CO）等命令完成 F1 层天线布放，然后用 1/2 馈线将天线连接到连接点处，使用"变非直角为直角"命令调整连接线角度，美化 F1 层的布局，如图 8-5-1（a）所示。

② 某广场办公楼 2 层分布图布局。

键盘输入"I"，执行"插入图块"命令，调入办公楼 2 层平面图，调用连接点命令，把连接点放入弱电竖井合适位置，调用天线命令，把 PRRU 天线放置到勘测点，在 DP07 和 DP08 天线处安装定向板状天线，综合利用缩放（SC）、移动（M）、复制（CO）等命令完成 F2 层天线布放，然后用 1/2 馈线将天线连接到连接点处，使用"变非直角为直角"命令调整连接线角度，F2 层的布局图如图 8-5-1（b）所示。

③ 重复①②的操作步骤完成某广场办公楼 3、4～13、14、15、16、17 层分布图布局，如图 8-5-1（c）～图 8-5-1（h）所示。

④ 键盘输入"I"，执行"插入图块"命令，调入办公楼电梯、2 号楼电梯布局平面图，调用天线命令，把对数周期天线放置到勘测点，综合利用缩放（SC）、移动（M）、复制（CO）、多行文字（MT）等命令完成办公楼电梯、2 号楼电梯天线布放，分布图如图 8-5-2 所示。

（2）依据勘测报告，核实各天线连接馈线尺寸，完成器件统一编号。

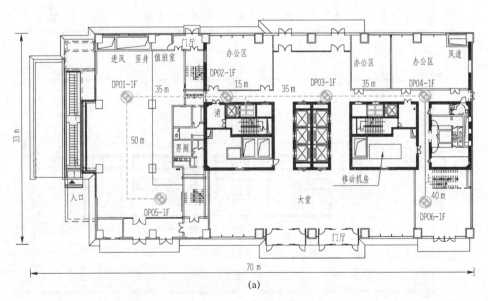

(a)

图 8-5-1　某广场办公楼分布图

（a）某广场办公楼 1 层分布图

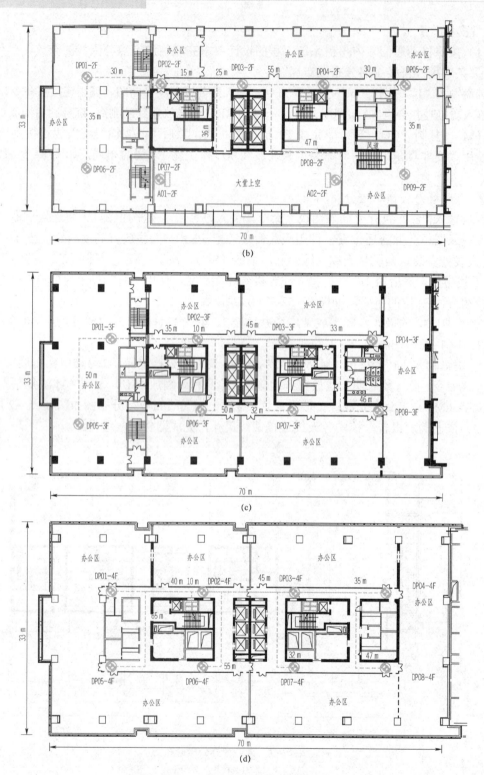

图 8-5-1 某广场办公楼分布图（续）

（b）某广场办公楼 2 层分布图；（c）某广场办公楼 3 层分布图；（d）某广场办公楼 4~13 层分布图

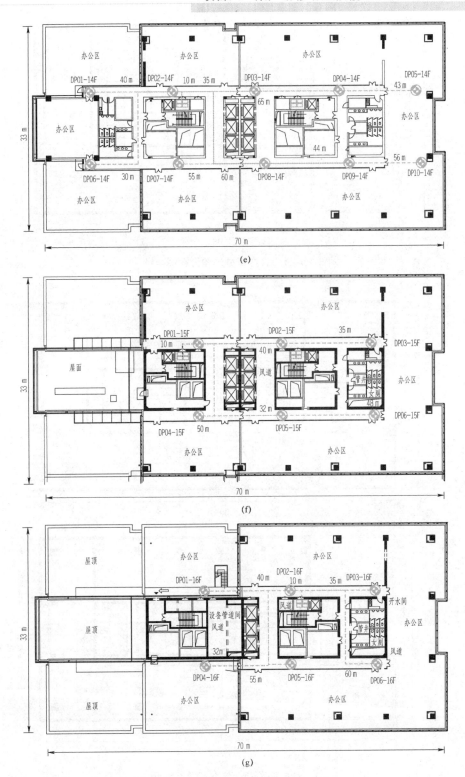

图 8-5-1　某广场办公楼分布图（续）

（e）某广场办公楼 14 层分布图；（f）某广场办公楼 15 层分布图；（g）某广场办公楼 16 层分布图

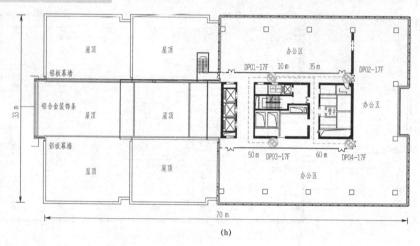

(h)

图 8-5-1　某广场办公楼分布图（续）

（h）某广场办公楼 17 层分布图

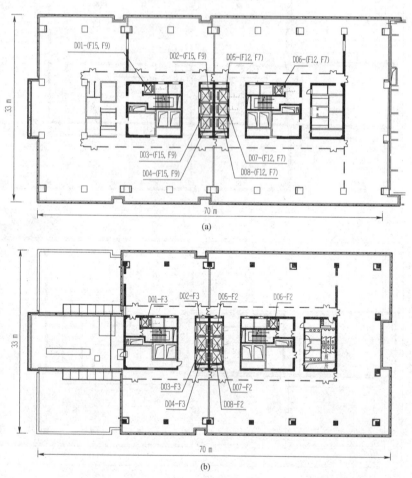

(a)

(b)

图 8-5-2　某广场移动通信室覆盖系统线缆的长度

（a）办公楼电梯覆盖分布图；（b）办公楼电梯覆盖分布图

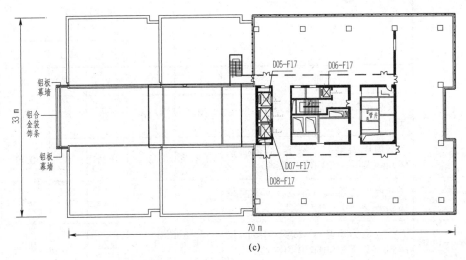

图 8-5-2 某广场移动通信室覆盖系统线缆的长度（续）

（c）2 号楼电梯覆盖分布图

任务 8.6 编制某广场移动通信室内覆盖系统工程概预算表

【任务要求】

本楼宇覆盖面积为 3.927 万 m²，该站共使用 127 副独立型 PRRU，22 副合路型 PRRU，室内定向板状天线 2 副，按照通信工程概预算定额，完成该工程的概预算表编制工作。

【任务实施】

查询通信工程的概预算定额，利用概预算软件完成工程量统计。

启动概预算软件，完成工程量统计。

（1）打开概预算软件，新建项目工程，工程名为 5G 覆盖（某广场）项目。再新建单位项目工程，选择无线通信设备安装定额，单击"确定"，工程文件已建好。

（2）填写工程相关信息。

（3）进行参数设置、费用设置。

（4）识读某广场通信室内覆盖系统工程分布图和系统图完成工程量统计，如表 8-8 所示，计算人工费。

表 8-8　建筑安装工程量表（表三）甲

设项目名称：5G 覆盖（某广场）

序号	定额编号	项目名称	单位	数量	单位定额值（工日）		合计值（工日）	
					技工	普工	技工	普工
I	II	III	IV	V	VI	VII	VIII	IX
5	TSW2-052	安装基站主设备（机柜/箱嵌入式）（BBU）	台	2.00	1.08	0	2.16	0
6	TSW1-060	室内电力电缆（双芯）（截面积 16 mm² 以下）（BBU 电源线）	10 米条	2	0.24	0	0.49	0
7	TSW1-060	室内电力电缆（单芯）（截面积 16 mm² 以下）（BBU 地线）	10 米条	2	0.18	0	0.36	0
8	TSW1-060	室内电力电缆（双芯）（截面积 16 mm² 以下）（RHUB 电源线）	10 米条	3.4	0.24	0	0.83	0
9	TSW2-071	扩装基站设备板件（基带板）	块	2.00	0.5	0	1.00	0
10	TSW1-032	安装防雷器	个	2.00	0.25	0	0.50	0
11	TSW1-053	室内放绑软光纤（15 m 以下）（BBU 至 ODF）（RRU 至终端盒）	条	102.00	0.29	0	29.58	0
12	TSW1-053	室内放绑软光纤（15 m 以下）（BBU 至 PTN960）	条	2.00	0.29	0	0.58	0
14	TSW2-080	配合基站系统调测	站	2	4.22	0	8.44	0
15	TSW2-094	配合联网调测	站	1	2.11	0	2.11	0
16	TSW2-095	配合基站割接、开通	站	2	1.30	0	2.60	0
17	TSY2-019	安装测试光电转换模块（RHUB\BBU 光模块）	端口	40	0.50	0	20.00	0
18	TSW2-105	无线局域网交换机安装（RHUB 安装）	台	19.00	1.25	0	23.75	0
19	TSW2-106	无线局域网交换机调测（RHUB 调测）	台	19.00	1.20	0	22.80	0
20	TSW2-024	安装室内天线 高度 6 m 以下（PRRU 安装）	副	149	0.83	0	123.67	0
23	TSY3-018	调测无线局域网接入点（AP）设备（PRRU 调测）	台	149	0.50	0	74.50	0
24	TSW1-046	数据电缆（10 芯以下）（布放网线）	百米条	140.00	0.71	0	99.40	0

续表

序号	定额编号	项目名称	单位	数量	单位定额值（工日）		合计值（工日）	
					技工	普工	技工	普工
I	II	III	IV	V	VI	VII	VIII	IX
25	STW1-051	编扎、焊（绕、卡）数据电缆（10芯以下）	条	200.00	0.08	0	16.00	0
26	TXL6-210	电缆链路测试	链路	200.00	0.10	0	20.00	0
27	TSW1-086	打穿楼墙洞 混凝土墙	处	74.00	0.11	0	8.14	0
28	TSD7-016	封堵孔洞	处	11.00	0.80	0	8.80	0
29	TSW1-036	敷设硬质 PVC 管/槽	10 m	35.00	0.17	0.00	5.95	
		小计					483.54	0.00

项目总结

　　利用 AutoCAD、天越软件平台、移动通信覆盖系统规划、移动通信覆盖系统勘测、移动通信覆盖系统设计、通信工程概预算等相关知识，对某广场进行勘察测量，依据勘测数据进行覆盖系统设计，选取相应的器件及分布系统完成移动通信覆盖系统工程设计与实施。创建移动通信覆盖系统工程图样版文件，创建并使用通信工程符号图块，绘制"某广场所有楼宇的通信覆盖系统图及平面分布图、系统图"。最终完成了"某广场移动通信室内覆盖系统工程图"的绘制及概预算的编制。项目实施过程中，绘制要求与企业岗位实际需求相对接，强调键盘输入方式启动命令（即快捷键使用）和辅助工具的使用，以提高绘图效率和准确率。

拓展项目

某大厦酒店和办公楼通信覆盖系统设计

项目说明及任务划分

　　某大厦酒店和办公楼，为 1 栋 21 层酒店和 5 层办公楼，有电梯及地下室，建筑面积约 3.4 万 m²，用户规模约 1 400 人。利用 AutoCAD 及天越软件平台为某大厦进行勘察测量，依据勘测数据进行覆盖系统设计，选取相应的器件及分布系统。根据通信工程设计标准，绘制"某大厦所有楼宇的通信覆盖系统图及概预算编制"。完成文字注释，布局合理美观，工程概预算编制准确。某大厦酒店覆盖系统图如图 8-E-1 所示，某大厦办公楼覆盖系统图如图 8-E-2 所示。

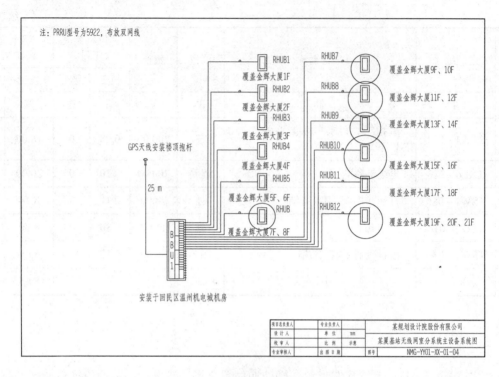

注：PRRU型号为5922，布放双网线

RHUB1 覆盖金辉大厦1F
RHUB2 覆盖金辉大厦2F
RHUB3 覆盖金辉大厦3F
RHUB4 覆盖金辉大厦4F
RHUB5 覆盖金辉大厦5F、6F
RHUB 覆盖金辉大厦7F、8F

RHUB7 覆盖金辉大厦9F、10F
RHUB8 覆盖金辉大厦11F、12F
RHUB9 覆盖金辉大厦13F、14F
RHUB10 覆盖金辉大厦15F、16F
RHUB11 覆盖金辉大厦17F、18F
RHUB12 覆盖金辉大厦19F、20F、21F

GPS天线安装楼顶抱杆

25 m

BBU1

安装于回民区温州机电城机房

项目总负责人		专业负责人		某规划设计院股份有限公司
设 计 人		单 位	mm	
校 审 人		比 例	示意	某厦基站无线网室分系统主设备系统图
专业审核人		出图日期		图号 NMG-YY01-XX-01-04

图 8-E-1 某大厦酒店覆盖系统图

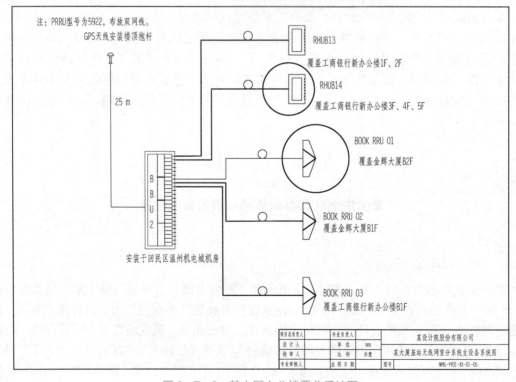

注：PRRU型号为5922，布放双网线。
GPS天线安装楼顶抱杆

25 m

RHUB13 覆盖工商银行新办公楼1F、2F
RHUB14 覆盖工商银行新办公楼3F、4F、5F

BOOK RRU 01 覆盖金辉大厦B2F
BOOK RRU 02 覆盖金辉大厦B1F
BOOK RRU 03 覆盖工商银行新办公楼B1F

BBU2

安装于回民区温州机电城机房

项目总负责人		专业负责人		某设计院股份有限公司
设 计 人		单 位	mm	
校 审 人		比 例	示意	某大厦基站无线网室分系统主设备系统图
专业审核人		出图日期		图号 NMG-YY01-XX-01-05

图 8-E-2 某大厦办公楼覆盖系统图

项目任务分解：

本项目共分为以下 2 个任务进行：

（1）绘制某大厦移动通信室内覆盖系统工程系统图。

（2）编制某大厦移动通信室内覆盖系统工程概预算。

世界首例 5G 通信支持下的灾难救援

2019 年 6 月，一场猝不及防的地震降临在宜宾长宁。

灾难的肆虐固然令人心痛，但你知道吗？在这场灾难中，成都医生们创下了一个世界第一！

6 月 18 日，也就是地震发生的第二天下午 13：25，由四川省人民医院与通信运营商及产业研究院组成的联合救援团队搭乘全国首辆 5G 急救车（图 8-E-3）抵达灾区长宁县中医院。

在工程人员的通力合作下，四川省人民医院医生在全球首次实施了 5G 技术支持下的灾难医学救援行动，其中远程会诊的 1 例严重创伤患者，通过 5G 实时超声检查发现，双侧胸腔积液，腹腔大量积液，腹腔内出血，决定实施直升机空中快速转运。

这是世界首个将 5G 技术运用于灾难医学救援的案例，是成都的医生们对世界灾难医学的贡献！

有了 5G 技术助力，应急救援如何不一样？

传统的应急救援，在救护车赶至现场后，急救人员只在现场和救护车上为伤者/患者进行初步处理，更详尽的相关疾病检查和诊治必须到了医院之后才能开展。

而在 5G 应急救援时代来临之后，从急救人员接触到伤者/患者的那一刻起，生理数据、现场发病情况等信息就能实时传输到医院。

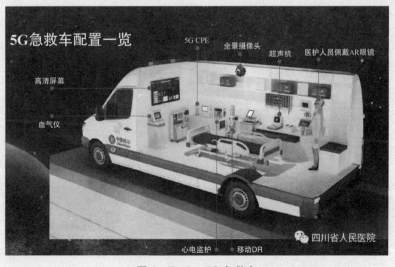

图 8-E-3　5G 急救车

以 5G 急救车为基础，配合人工智能、AR、VR 和无人机等应用，打造全方位医疗急救体系。可以利用 5G 医疗设备第一时间完成验血、心电图、B 超等一系列检查，并通过 5G 网络将医学影像、病人体征、病情记录等大量生命信息实时回传到医院，实现院前院内无缝联动，快速制定抢救方案，提前进行术前准备，大大缩短抢救响应时间，为病人争取更大生机。把"远"拉"近"，5G 技术远程会诊说到 5G 技术的时候，很多人第一反应也许是"以后手机下载电影就在一瞬间"。但是，相对于日常的娱乐，有什么比营救生命、维护健康更重要的事情呢？在一个医疗条件相对落后的地方，当一个人突发重病又无法安全转运到大医院时，如何才能及时得到救治？5G 技术在医疗上的运用将解决这一问题。这边是成都的超声专家，那边是偏远地方的超声科医生，他们通过 5G 技术，利用手机、电脑等多种设备进行放射扫描影像的适时交流与讨论，最后成都的专家提出医疗解决建议。

5G 技术下，大医院专家在和基层医院医生远程会诊时，不会出现声音断续、视频卡顿的问题，让会诊就像在现场一般。

5G 技术下，远程超声机器人已经进入临床试用阶段，不久的将来，大医院专家可以用远程超声机器人为缺少超声医生的乡镇医院或偏远地区患者进行适时超声检查。

5G 技术下，医生不仅可以对患者进行远程诊断、远程会诊，甚至可以完成远程手术操作。

5G 技术下，医疗将实现大数据管理，在对医疗数据的深度挖掘下让疾病的治疗越来越精确，医疗资源的分配也将越来越合理……

5G 技术就是这样消灭空间距离，让"远在天边"变成"近在眼前"，使大众的生命健康安全得到更充分的保护。

为科技进步喝彩！为运用 5G 技术和死神赛跑的医生喝彩！

（文字资源来自：https://article.xuexi.cn/articles/index.html?art_id=2501767858593090315&study_style_id=feeds_default&t=1561099957341&showmenu=false&ref_read_id=af5cddad-4366-4e4f-9dc1-119b295c6aeb_1618876950281&pid=&ptype=1&source=share&share_to=wx_single）

参 考 文 献

[1] 王灵珠. AutoCAD2014 机械制图实用教程 [M]. 北京：机械工业出版社，2020.

[2] 钱坤. AutoCAD 机械绘图 [M]. 北京：机械工业出版社，2020.

[3] 李丽，毕杨. 移动通信室内覆盖系统工程设计与实践 [M]. 西安：西安电子科技大学出版社，2018.

[4] 雍丽英. AutoCAD 电气工程制图 [M]. 北京：电子工业出版社，2019.

[5] 王欣. AutoCAD 2014 电气工程制图 [M]. 北京：机械工业出版社，2019.

[6] 杨雨松. AutoCAD2008 中文版电气制图教程 [M]. 北京：化学工业出版社，2015.

[7] 龙马高新教育. AutoCAD2019 宝典 [M]. 北京：北京大学出版社，2019.

[8] 张志毅，穆继卫，郁志宏. 现代工程制图 [M]. 呼和浩特：内蒙古大学出版社，2006.

[9] 杜文龙，乔琪. 通信工程制图与勘察设计 [M]. 北京：高等教育出版社，2019.